Eureka Math®
Դասարան 1
Մոդուլներ 1–3

Great Minds PBC is the creator of Eureka Math®,
Wit & Wisdom®, Alexandria PlanTM, and PhD ScienceTM.

Published by Great Minds PBC. greatminds.org

Copyright © 2020 Great Minds PBC. All rights reserved. No part of this work may be reproduced or used in any form or by any means—graphic, electronic, or mechanical, including photocopying or information storage and retrieval systems—without written permission from the copyright holder.

ISBN 978-1-64929-161-5

1 2 3 4 5 6 7 8 9 10 XXX 25 24 23 22 21 20

Printed in the USA

Ուսուցում ♦ Պրակտիկա ♦ Արդյունք

«Eureka Math»-ի® «A Story of Units»® աշակերտական նյութերը (K–5) հասանելի են *Ուսուցում, Պրակտիկա, Արդյունք* եռյակում: Այս շարքը ապահովում է նյութերի բազմազանությունը և փոփոխումը՝ միաժամանակ դրանք կանոնակարգված և մատչելի թողնելով: Ուսուցիչները կբացահայտեն, որ *«Ուսուցում, Պրակտիկա և Արդյունք»* շարքը առաջարկում է նաև համապարփակ և, հետևաբար, ավելի արդյունավետ եղանակ՝ անհատական մոտեցման ցուցաբերման, լրացուցիչ աշխատանքների և ամառային ուսուցման կազմակերպման համար:

Ուսուցում

«Eureka Math-ի Ուսուցում» բաժինը ծառայում է որպես աշակերտի սովորելու ուղեցույց, որը բացահայտում է նրա մտածողությունը, գիտելիքները և ամեն օր զարգացնում դրանք: *«Ուսուցում» բաժնում* ներառված ամենօրյա դասարանային աշխատանքները՝ գործնական խնդիրները, գնահատման տոմսակները, խնդիրները, ձևանմուշները, ներկայացված են դյուրահաս ձևով և ծավալով:

Գործնական աշխատանք

Յուրաքանչյուր «*Eureka Math*»*-ի դաս* սկսվում է մի շարք ակտիվ, իմացության ստուգման ուրախ վարժություններով՝ այդ թվում *«Eureka Math Պրակտիկա» բաժնում ներառված:* Այն աշակերտները, ովքեր ավելի շատ գիտելիքներ ունեն մաթեմատիկայից, կարող են ավելի շատ նյութ յուրացնել առավել խորությամբ: «Փործ» բաժնում *Practice,*աշակերտները զարգացնում են նոր ձեռք բերված գիտելիքի կիրառման հմտությունները և ամրապնդում են նախորդ դասը՝ նախապատրասվելով հաջորդին:

«Ուսուցում» և *«Պրակտիկա»* բաժինները միասին աշակերտներին տրամադրում են տպագիր բոլոր նյութերը, որոնք նրանք կօգտագործեն մաթեմատիկայի հիմնական դասընթացի համար:

Արդյունք

«Eureka Math-ի Արդյունք» բաժինը աշակերտներին հնարավորություն է տալիս ինքնուրույն վարպետանալ: Լրացուցիչ խնդիրները համահունչ են դասի նյութին և հարմար են որպես տնային կամ լրացուցիչ աշխատանք հանձնարարելու համար: Խնդիրներն ուղեկցվում են «Տնային աշխատանքի օգնականով», որն իրենից ներկայացնում է խնդիրների լուծման օրինակներ՝ ցույց տալով, թե ինչպես պետք է լուծել նմանատիպ խնդիրները:

Ուսուցիչներն ու դասավանդողները կարող են օգտագործել նախորդ մակարդակների *«Արդյունք» բաժնի* դասագիրքը՝ որպես ուսուցման ծրագրի մաս՝ հիմնարար գիտելիքների բացը լրացնելու համար: Աշակերտներն ավելի արագ կընկալեն ու կյուրացնեն, քանի որ ծանոթ նյութի կրկնությունը դյուրացնում է ընթացիկ մակարդակի բովանդակության կապի ստեղծումը նախորդի հետ:

EUREKA MATH®

Աշակերտներ, ընտանիքի անդամներ և դասավանդողներ.

Շնորհակալություն *Eureka Math* ®թիմի անդամ դառնալու համար. այստեղ մենք վայելում ենք մաթեմատիկայի պարգևած ուրախությունը, բերկրանքը և սուր զգացմունքները:

Ոչինչ չի գերազանցում սովորողի հաջողության բավարարվածությանը այնքան, որքան նրա ավելի գրագետ դառնալը, և հենց դրանով էլ էլ ավելի են մեծանում նրա դրդապատճառը և պարտավորվածությունը: *Eureka Math Արդյունք* գիրքը ապահովում է առաջնորդություն և հավելյալ փորձ, այն աշակերտների համար, որոնք կարիք ունեն զարգացնելու հիմարար գիտելիքներ և ձևավորելու վարպետություն նոր նյութեր ուսումնասիրելիս:

Ի՞նչ է «Արդյունք» գիրքը:

«Eureka Math-ի Արդյունք» գրքերը ներկայացնում են աջակցվող պրակտիկ հավաքածուներ, որոնք զուկակցում են *Միավորների Պատմություն*® դասերին: *Արդյունքի* յուրաքանչյուր դասը սկսվում է մի շարք մշակված օրինակներով, որոնք կոչվում են *Տնային Աշխատանքի Օգնականներ*, որոնք ցուցադրում են այն կաղապարները և տրամաբանությունը, որոնք կիրառվում են ուսումնական ծրագրում՝ ընկալում ձևարելու համար: Այնուհետև, աշակերտները ձեռք են բերում պրակտիկ հմտություններ՝ պարզից աստիճանաբար բարդին անցնող հաջորդականությամբ ընտրված խնդիրների միջոցով:

Ինչպե՞ս պետք է օգտվել «Արդյունք» *բաժնից:*

«Արդյունք» դասագրքերի *հավաքածուն* կարող է օգտագործվել որպես այլընտրանքային ուսուցման, վարժությունների, տնային աշխատանքների և օժանդակ նյութ: Զուգակցելով *Eureka Math-ի Affirm*®, *թվային գնահատման համակարգը* «Արդյունք» *դասագրքի դասերի* հետ՝ հնարավորություն է տալիս դասավանդողներին թիրախային պրակտիկա իրականացնել և գնահատել աշակերտի առաջադիմությունը: *«Արդյունք»* բաժնում կիրառված մաթեմատիկական մոդելներն ու բառապաշարը նույնն են, ինչ *«Միավորների պատմության»* մեջ, ինչը թույլ է տալիս, որպեսզի աշակերտները զգան իրենց ամենօրյա ուսուցման հետ կապն ու առնչությունը՝ անկախ այն հանգամանքից՝ աշխատում են հիմնարար գիտելիքների ամրապնդման, թե ընթացիկ նյութի լրացուցիչ վարժությունների վրա:

Որտե՞ղ կարող եմ ավելի շատ տեղեկություններ ստանալ «Eureka Math»-ի *նյութերի վերաբերյալ:*

Great Minds® թիմը ձգտում է աջակցել աշակերտներին, ընտանիքի անդամներին և դասավանդողներին մշտապես հարստացվող նյութերի շտեմարանով, որը հասանելի է՝ eureka-math.org կայքում: Վեբկայքում զետեղված են նաև *Eureka Math-ի* խմբի ոգեշնչող հաջողության պատմություններ: Կիսվեք ձեր տպավորություններով և ձեռքբերումներով այլ օգտատերերի հետ՝ դառնալով *Eureka Math-ի* չեմպիոն:

Լավագույն մաղթանքներ Eureka պահերով լի տարում:

Ջիլ Դինից
Մաթեմատիկայի բաժնի տնօրեն
Great Minds

Բովանդակություն

Մոդուլ 1. Գումարներ և տարբերություններ մինչև 10-ը

Թեմա A. Զետեղված թվեր և բաժանումներ

Դաս 1 3

Դաս 2 7

Դաս 3 11

Թեմա B: Շարունակել հաշվել զետեղված թվերից

Դաս 4 15

Դաս 5 19

Դաս 6 23

Դաս 7 27

Դաս 8 33

Թեմա C: Գումարման բառային խնդիրներ

Դաս 9 37

Դաս 10 41

Դաս 11 47

Դաս 12 51

Դաս 13 55

Թեմա D: Առաջ հաշվելու ռազմավարություններ

Դաս 14 59

Դաս 15 63

Դաս 16 67

Թեմա E: Գումարման և հավասարման նշանի կումուլատիվ հատկանիշը

Դաս 17 71

Դաս 18 75

Դաս 19 79

Դաս 20 83

Դասարան 1 մոդուլներ 1–3 — Արդյունք

Թեմա F: Գումարման գործողությունների մեջ վարժեցում մինչև 10-ը

Դաս 21 87

Դաս 22 91

Դաս 23 95

Դաս 24 99

Թեմա G: Հանումը որպես անհայտ գումարելիի խնդիր

Դաս 25 103

Դաս 26 107

Դաս 27 111

Թեմա H: Հանման բառային խնդիրներ

Դաս 28 115

Դաս 29 119

Դաս 30 123

Դաս 31 127

Դաս 32 131

Թեմա I: Բաժանման օրինաչափությունները բաժանման գործողությունների համար

Դաս 33 135

Դաս 34 139

Դաս 35 143

Դաս 36 147

Դաս 37 151

Թեմա J: Հանման հմտությունների զարգացում մինչև 10-ը

Դաս 38 155

Դաս 39 159

Մոդուլ 2. Արժեքի տեղադրում գումարման և հանման միջոցով 20-ի սահմանում

Թեմա A: Առաջ հաշվելը կամ տասով գործողություններ լուծելը *անհայտ արդյունքով* և *ընդհանուր անհայտով* խնդիրներ

Դաս 1 167

Դաս 2 171

Դաս 3 175

Դաս 4 179

Դաս 5 183

Դաս 6	187
Դաս 7	191
Դաս 8	195
Դաս 9	199
Դաս 10	203
Դաս 11	207

Թեմա B: Առաջ հաշվելը կամ տասից հանման գործողություն լուծելը *Անհայտ արդյունքով* և *ընդհանուր անհայտով* խնդիրներ

Դաս 12	211
Դաս 13	215
Դաս 14	219
Դաս 15	223
Դաս 16	227
Դաս 17	231
Դաս 18	235
Դաս 19	239
Դաս 20	243
Դաս 21	247

Թեմա C: Փոփոխական *անհայտ կամ գումարելիով խնդիրների* լուծման ռազմավարություններ

Դաս 22	251
Դաս 23	255
Դաս 24	259
Դաս 25	263

Թեմա D: Մեկից տասը թվերի բաժանման տարբերակույթ խնդիրներ՝ որպես 1 տաս և մի քանի մեկեր

Դաս 26	267
Դաս 27	271
Դաս 28	275
Դաս 29	279

Մոդուլ 3. Երկարության չափումների դասավորում և համեմատություն՝ որպես թվեր

Թեմա A. Երկարության անուղղակի համեմատություն

Դաս 1	285
Դաս 2	289
Դաս 3	297

Թեմա B. Երկարության ստանդարտ միավորներ

Դաս 4 305

Դաս 5 311

Դաս 6 317

Թեմա C. Երկարության ոչ ստանդարտ և ստանդարտ միավորներ

Դաս 7 321

Դաս 8 325

Դաս 9 329

Թեմա D: Տվյալների մեկնաբանություն

Դաս 10 335

Դաս 11 339

Դաս 12 343

Դաս 13 347

1-ին Դասարան, Մոդուլ 1

1. Շրջանակի մեջ վերցրե՛ք 5-ը: Այնուհետև՝ թվային զույգ ստեղծեք:

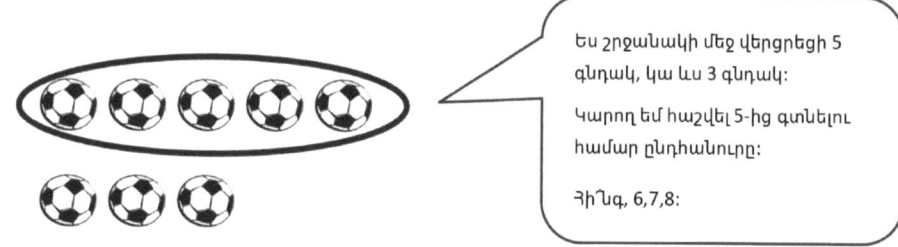

Ես շրջանակի մեջ վերցրեցի 5 գնդակ, կա ևս 3 գնդակ:
Կարող եմ հաշվել 5-ից գտնելու համար ընդհանուրը:
Հի՜նգ, 6,7,8:

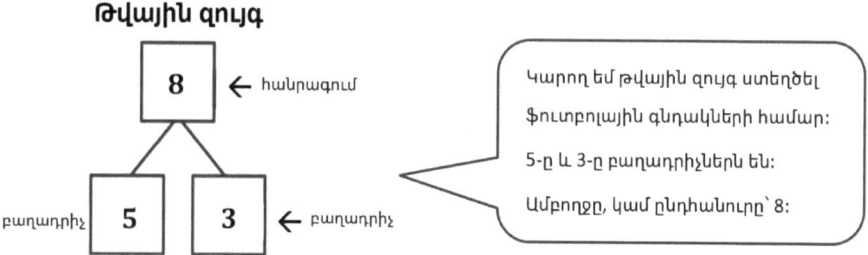

Թվային զույգ
8
5
3
բաղադրիչ
բաղադրիչ
Կարող եմ թվային զույգ ստեղծել ֆուտբոլային գնդակների համար:
5-ը և 3-ը բաղադրիչներն են:
Ամբողջը, կամ ընդհանուրը՝ 8:

2. Թվային զույգ ստեղծեք դոմինոյի համար:

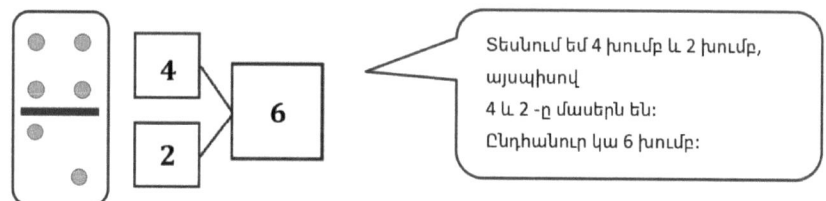

4
2
6
Տեսնում եմ 4 խումբ և 2 խումբ, այսպիսով
4 և 2 -ը մասերն են:
Ընդհանուր կա 6 խումբ:

Դաս 1: Վերլուծե՛ք և նկարագրե՛ք զետեղված թվերը (մինչև 10)՝ կիրառելով 5-ական խմբեր և թվային զույգեր:
3

Անուն ______________________ Ամսաթիվ ____________

Շրջանակի մեջ վերցրե՛ք 5-ը. այնուհետև՝ թվային զույգ ստեղծեք:

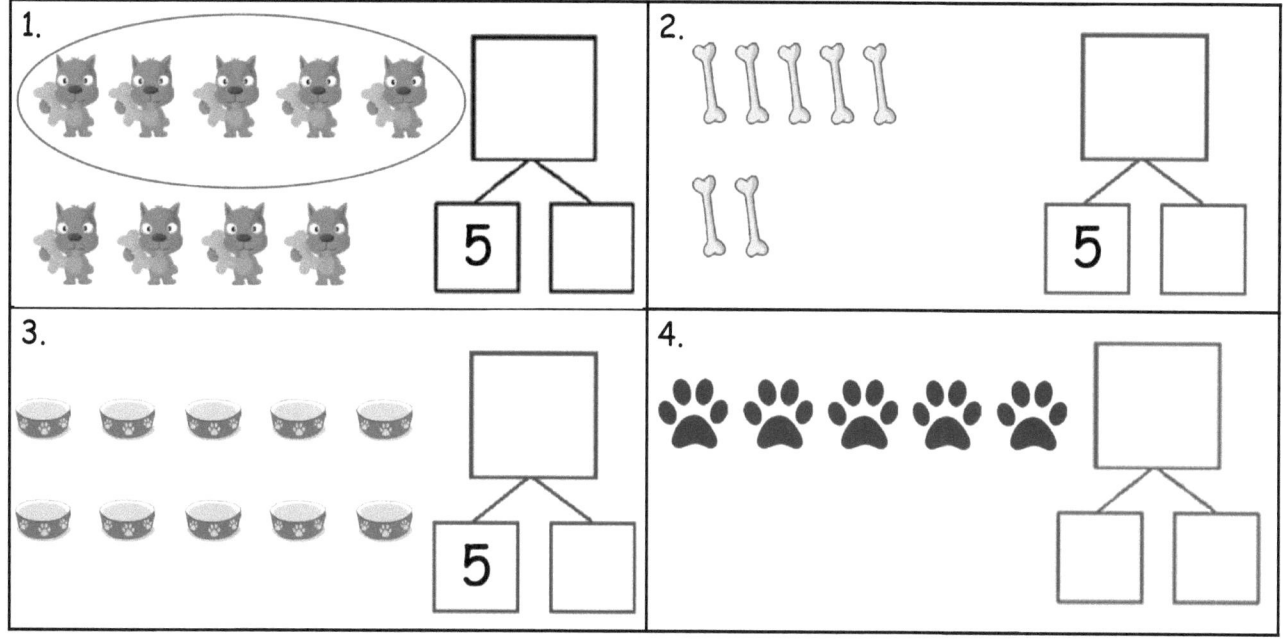

1.

2.

3.

4.

Զուգավորե՛ք թվերը, որի մի մասը 5-ն է:

5.

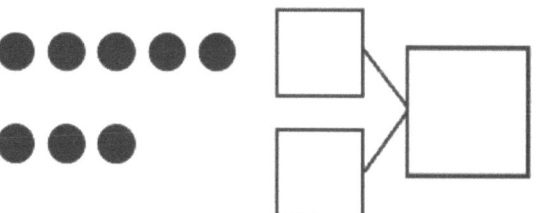

6.

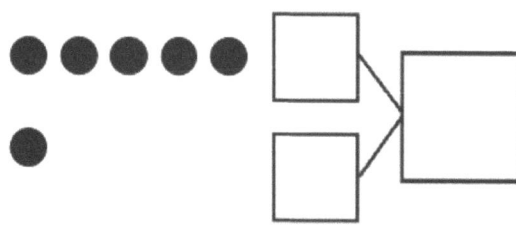

7.

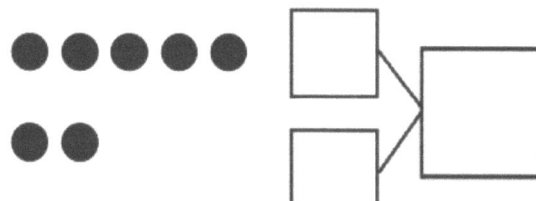

8.

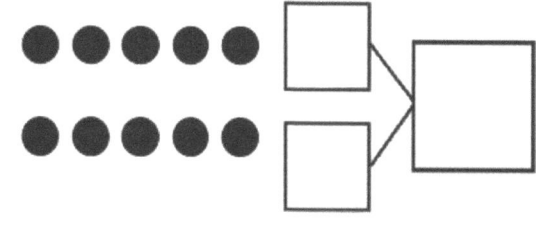

Թվային զույգ ստեղծեք դոմինոների համար:

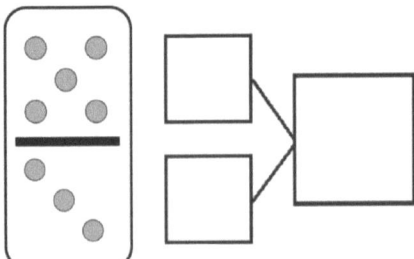

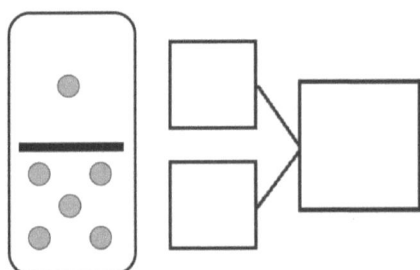

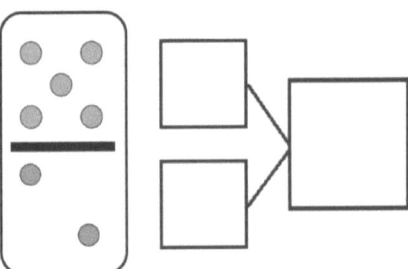

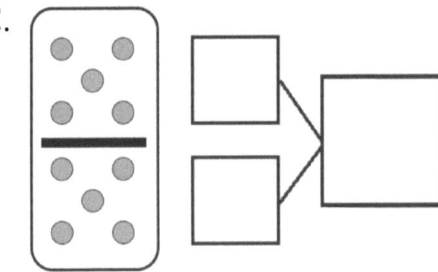

9.
10.
11.
12.
Շրջանակի մեջ վերցրե՛ք 5-ը և հաշվե՛ք: Այնուհետև՝ թվային զույգ ստեղծեք:

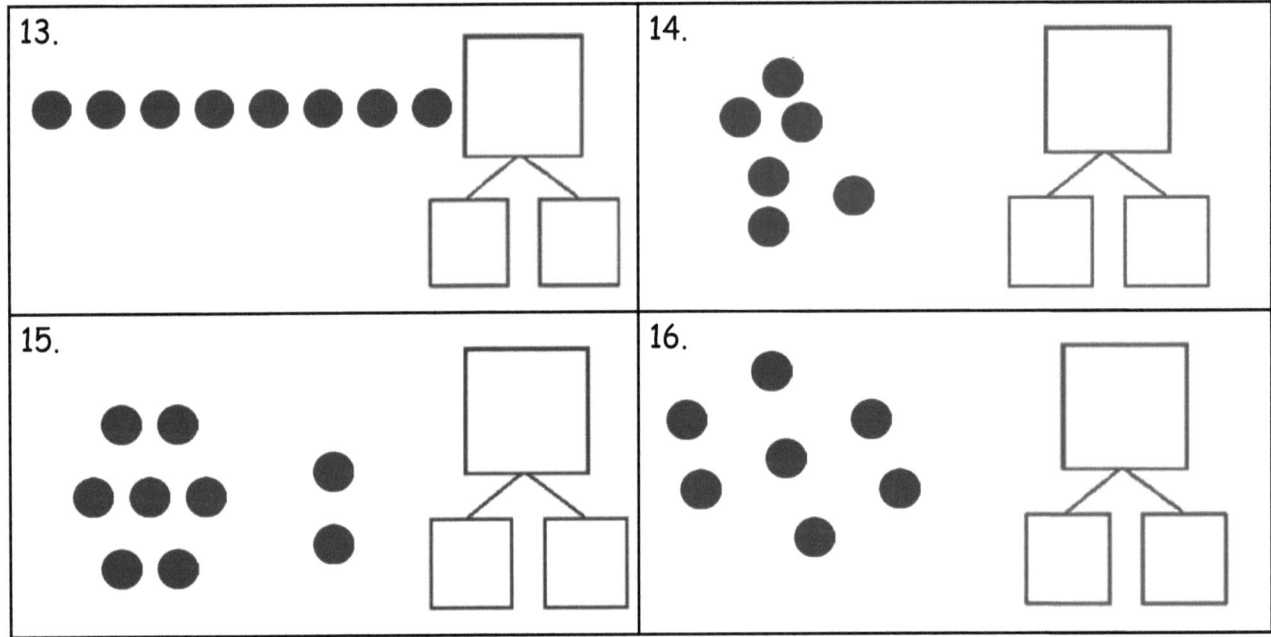

13.
14.
15.
16.

1. Շրջանակի մեջ վերցրե՛ք 2 մասերը, որ տեսնում եք։ Թվային զույգ կազմե՛ք՝ համապատասխանելու համար։

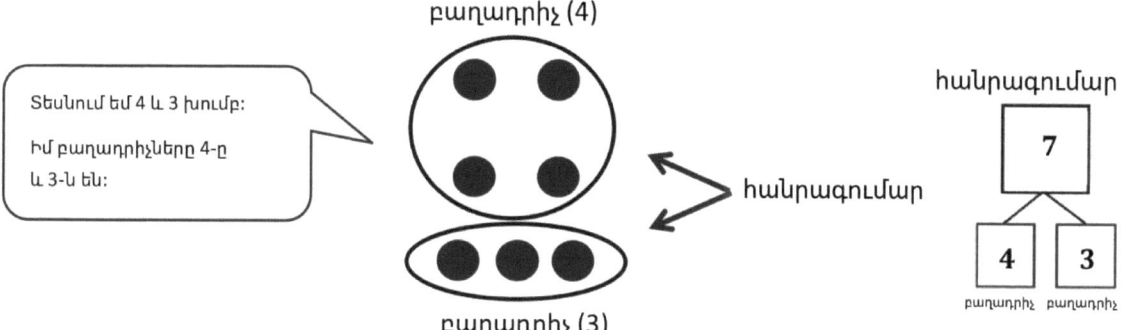

2. Քանի՞ միրգ եք տեսնում։ Գրե՛ք առնվազն 2 տարբեր թվային զույգեր՝ ցույց տալու համար տարբեր ձևեր՝ ընդհանուրը բաժանելու համար։

Անուն _____   Ամսաթիվ _____

Շրջանակի մեջ վերցրե՛ք 2 մաս, որ տեսնում եք: Թվային զույգ կազմե՛ք՝ համապատասխանելու համար:

1.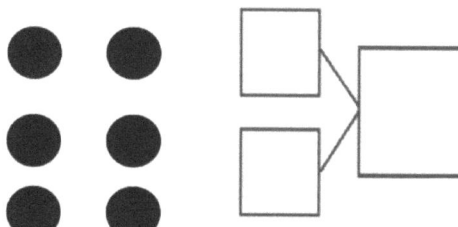

2.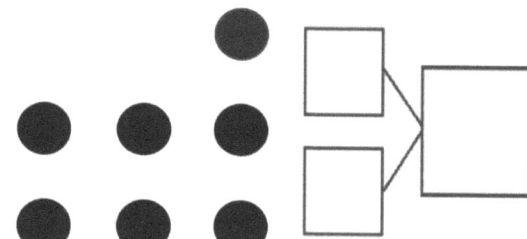

3.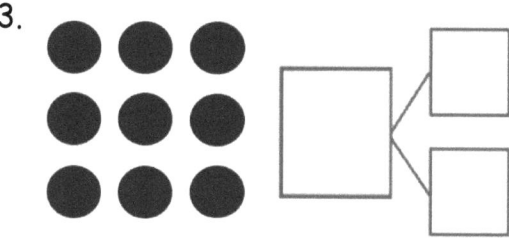

4.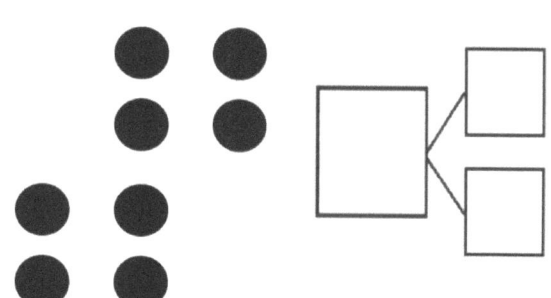

5.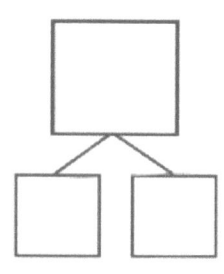

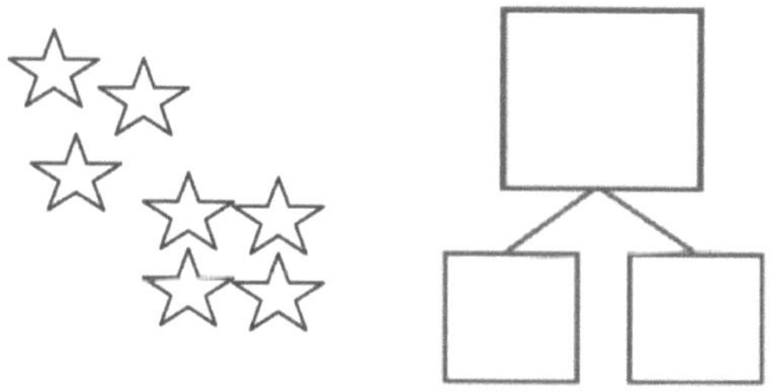

6.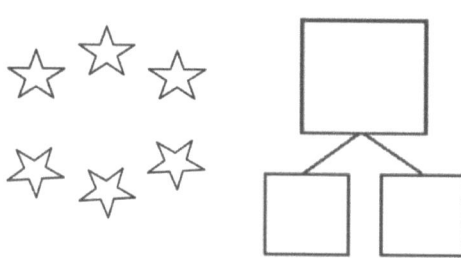

7.

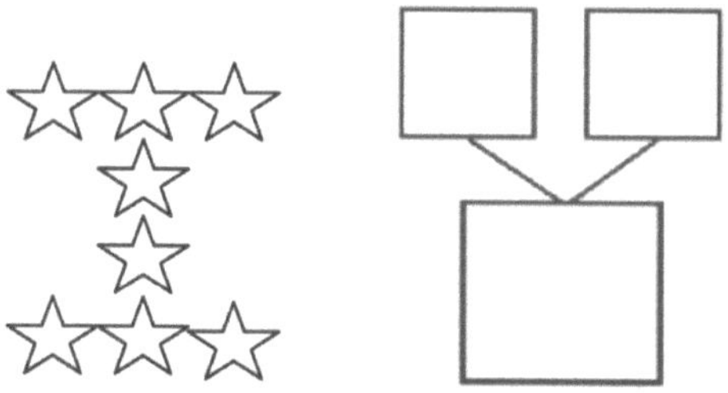

8.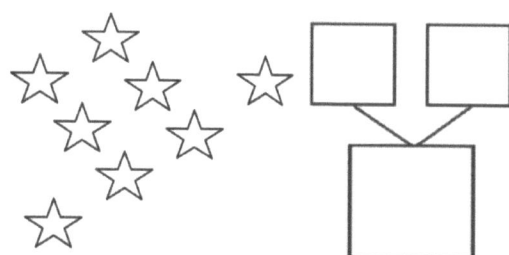

Քանի՞ կենդանի ես տեսնում։ Գրե՛ք առնվազն 2 տարբեր թվային զույգեր՝ ցույց տալու համար տարբեր ձևեր ընդհանուրը բաժանելու համար։

9.

10.

ԲԱԺԻՆՆԵՐԻ ՊԱՏՄՈՒԹՅՈՒՆ Դաս 3 Տնային աշխատանքի օգնական 1•1

Գծե՛ք ևս մեկը 5-ական խմբում: Վանդակում, գրե՛ք թվերը՝ նկարագրելու համար նոր նկարը:

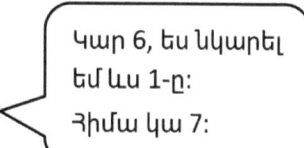

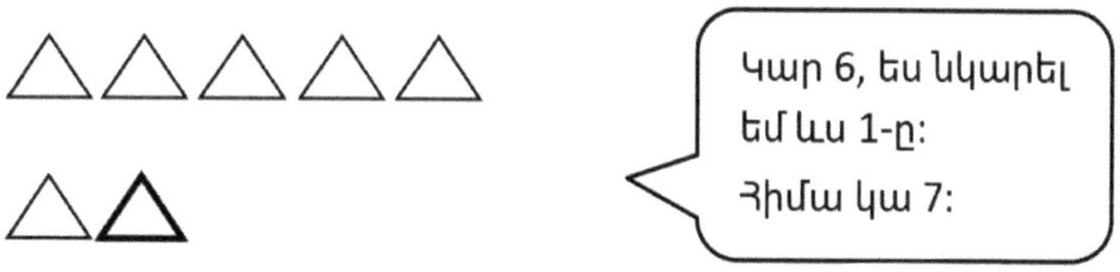

Կար 6, ես նկարել եմ ևս 1-ը: Հիմա կա 7:

6-ից և _7_-ից մեկով ավել, հավասար է.
6 + 1 = _7_

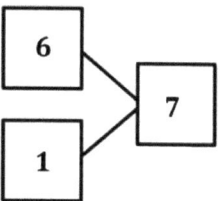

Դաս 3: Տեսե՛ք և նկարագրե՛ք առարկաների թիվը՝ օգտագործելով ևս 1 5 խմբային միավորումներումներում:

Անուն ______________________________ Ամսաթիվ ____________

Քանի՞ առարկա եք տեսնում: Գծե՛ք ևս մեկը: Քանի՞ առարկա կա հիմա:

1.

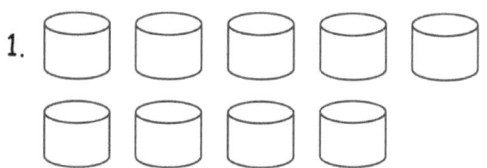

9-ից մեկով ավել, հավասար է: _____.

9 + 1 = ______

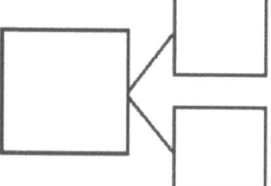

2.

_____ Հավասար է 7-ից 1-ով ավելի:

______ = 7 + 1

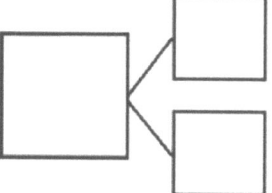

3.

_____ Հավասար է 5-ից 1-ով ավելի:

______ = 5 + 1

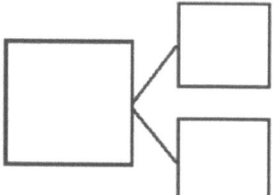

4.

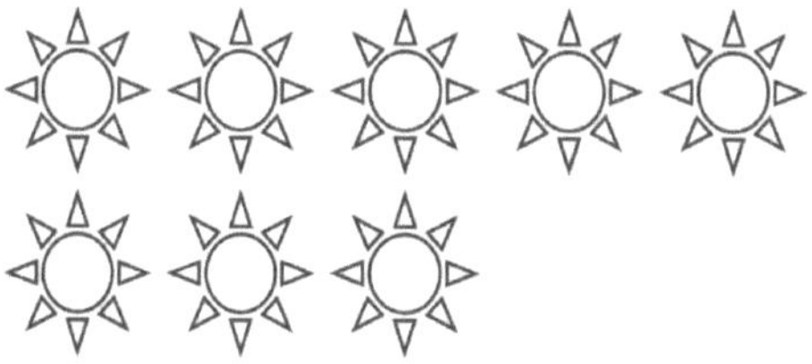

8-ից մեկով ավել, հավասար է _____.

______ + 1 = ______

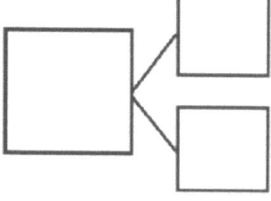

EUREKA MATH
Դաս 3: Տեսե՛ք և նկարագրե՛ք առարկաների թիվը՝ օգտագործելով ևս 1 5 խմբային միավորումներումներում:
13

ԲԱԺԻՆՆԵՐԻ ՊԱՏՄՈՒԹՅՈՒՆ   Դաս 3 Տնային աշխատանք   1•1

5. Պատկերացրե՛ք, որ ավելացնում եք ևս 1 մատիտ նկարին։
   Այնուհետև՝ գրե՛ք թվերը, թե քանի մատիտ կլինի։

   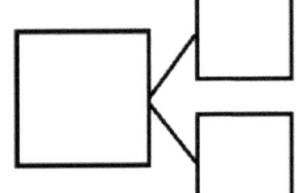

5-ից մեկով ավել հավասար է։ ___ .
5 + 1 = _____

6. Պատկերացրե՛ք, որ ավելացնում եք ևս 1 ծաղիկ նկարին։
   Այնուհետև՝ գրե՛ք թվերը, թե քանի ծաղիկ կլինի։

_____ Հավասար է 8-ից 1-ով ավելի։
_____ + 1 = _____

   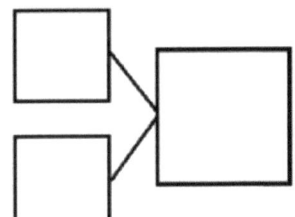

Դաս 3: Տես՛ք և նկարագրե՛ք առարկաների թիվը՝ օգտագործելով ևս 1 5 խմբային միավորումներում։

Մինչև առաջին դասարանի ավարտը՝ աշակերտները պետք է իմանան մինչև 10 թվի գումարման և հանման բոլոր գործողությունները 10:

Դաս 4-ի համար տնային աշխատանքը հնարավորություն է տալիս աշակերտներին կազմել ֆլեշքարտեր, ինչը կօգնի նրանց հմտություններ ձեռք բերել բոլոր եղանակներով 6 թիվը ստանալու համար՝ 6 (6 և 0, 5 և 1, 4 և 2, 3 և 3):

- Ֆլեշքարտերից մի քանիսը կարող են ունենալ ամբողջական թվային զույգ և թվային արտահայտություն:

Առջև՝ թվի արտահայտություն

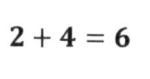

$2 + 4 = 6$

Այս թվային արտահայտությունում բաղադրիչները 2-ը և 4-ն են: , Ընդհանուրը 6-ն է:

Հետև՝ թվային զույգ

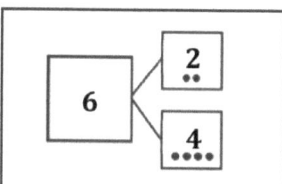

6
4

- Մյուսները կարող են ունենալ թվային զույգ և պարզապես արտահայտություն:

Առջև՝ արտահայտություն

$2 + 4$

2 + 4? Հմմմ ...
Երկու՜, 3,4,5,6:
Ընդհանուրը 6-ն է:

Հետև՝ թվային զույգ

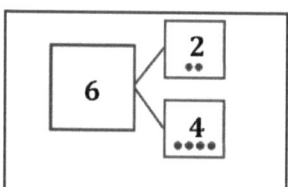

6
4

Դաս 4 : Ներկայացրե՛ք, *միավորե՛ք* իրավիճակներ թվային զույգերով: Հաշվե՛ք մեկ զետեղված թվից կամ մասից մինչև ընդամենը 6 և 7, և ձևավորե՛ք բոլոր գումարման արտահայտությունները յուրաքանչյուրի համար՝ ընդհանուր:

Անուն ______________________________ Ամսաթիվ ______________

Այսօր մենք սովորեցինք տարբեր համակցություններ, որոնց արդյունքում ստացվում է 6: Որպես տնային աշխատանք՝ կտրեք ֆլեշքարտերը ստորև և ետևում գրեք թվային արտահայտությունները, որոնք դուք սովորեցիք այսօր: Պահե՛ք այդ ֆլեշքարտերը այնտեղ, որտեղ դուք անում եք տնային աշխատանքը՝ մինչև 6-ը հաշվել սովորելու համար, մինչև դուք լիովին տիրապետեք դրան: Մինչ մենք սովորում ենք 7, 8, 9 և 10 թվերը տարբեր ձևերով ստանալը առաջիկա օրերին, շարունակեք պատրաստել նոր ֆլեշքարտեր:

*Նշում ընտանիքների համար. հոգ տարեք, որ աշակերտները կազմեն 6 թիվը ստանալու բոլոր համակցությունները: Ֆլեշքարտերը կարող են ունենալ հետևյալ տեսքը՝

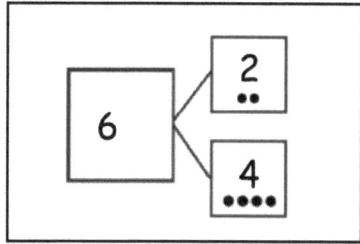

Քարտի դիմացի կողմը

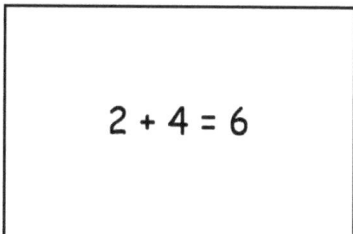

2 + 4 = 6

Քարտի հակառակ կողմը

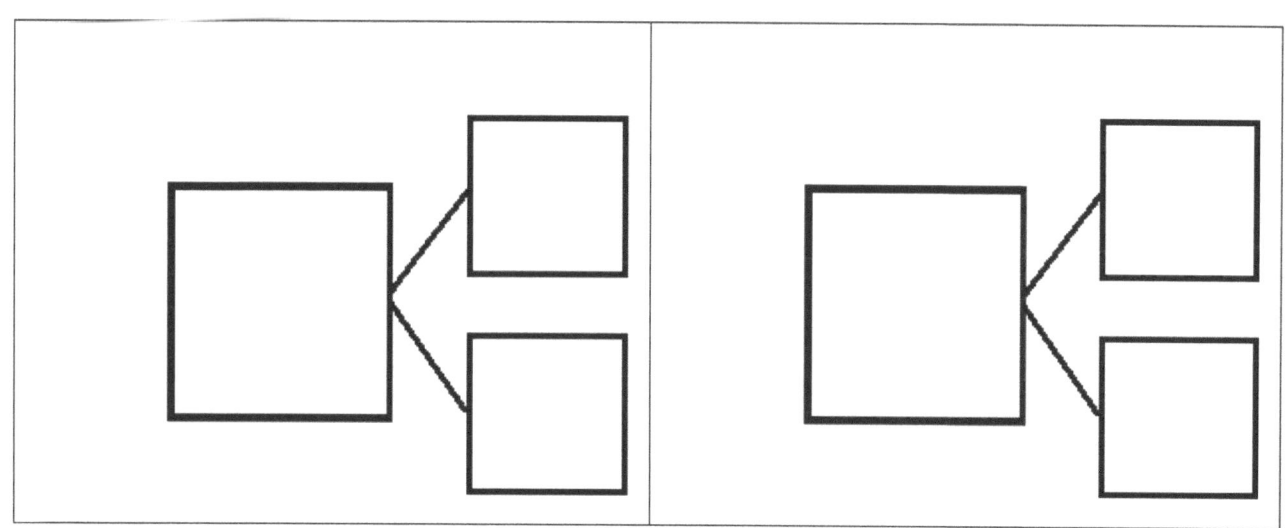

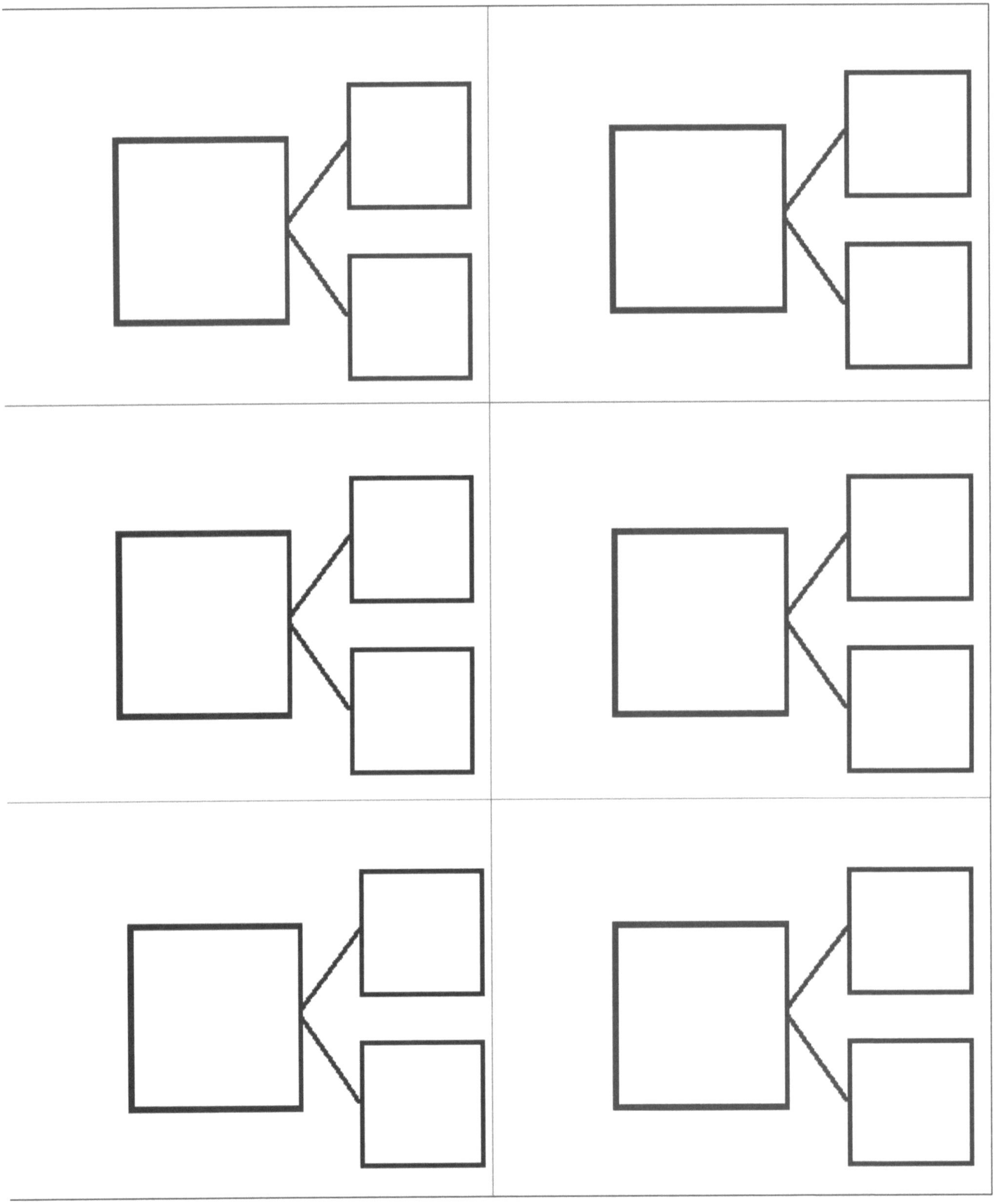

ԲԱԺԻՆՆԵՐԻ ՊԱՏՄՈՒԹՅՈՒՆ   Դաս 4 Տնային աշխատանք 1•1

Դաս 4 ։ Ներկայացրե՛ք, *միավորե՛ք* իրավիճակներ թվային գրչգերով։ Հաշվե՛ք մեկ գտոտեղված թվից կամ մասից մինչև ընդամենը 6 և 7, և ձևավորե՛ք բոլոր գումարման արտահայտությունները յուրաքանչյուրի համար՝ ընդհանուր։

ԲԱԺԻՆՆԵՐԻ ՊԱՏՄՈՒԹՅՈՒՆ Դաս 5 Տնային աշխատանքների օգնական 1•1

1. Կազմե՛ք 2 թվի թվային արտահայտությունները: Օգտագործե՛ք թվային զույգերն օգնության համար:

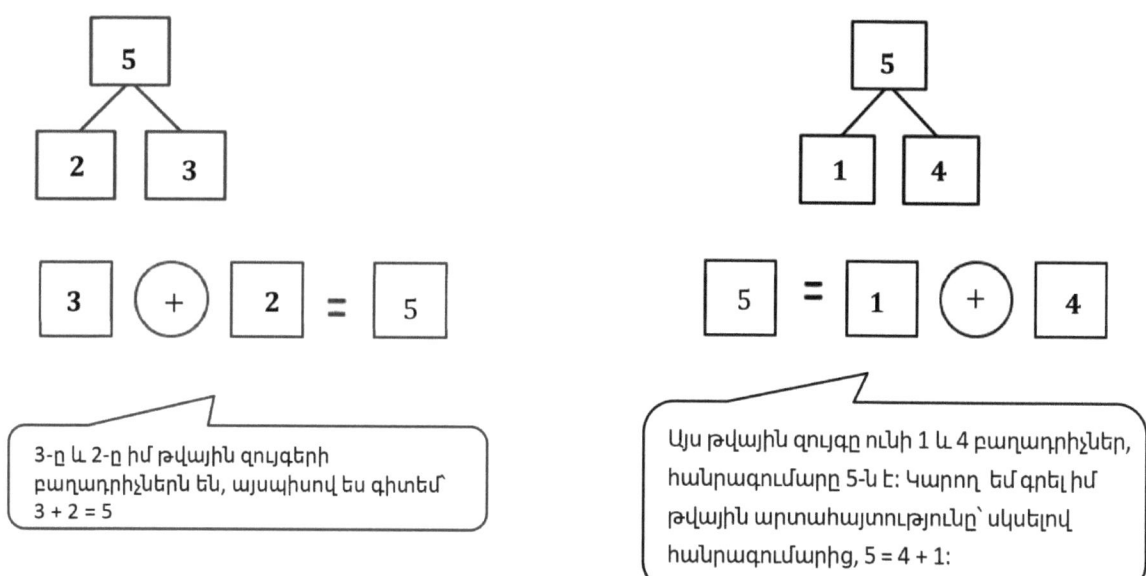

2. Լրացրե՛ք բաց թողնված թիվը՝ թվային զույգում: Այնուհետև՝ գրե՛ք գումարման թվային արտահայտություններ ձեր կազմած թվով թվային զույգի համար:

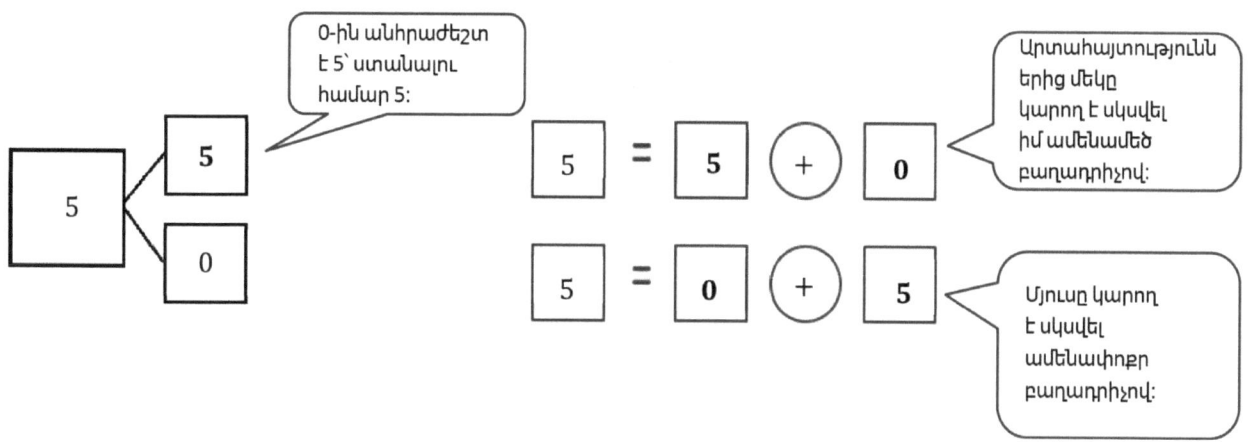

Բացի այսօրվա տնային աշխատանքից, աշակերտները կարող են պատրաստել ֆլեշքարտեր, որոնք կօգնեն նրանց հմտություններ ձեռք բերել՝ ստանալու 7 թիվը բոլոր հնարավոր ձևերով 7 (7 և 0, 6 և 1, 5 և 2, 4 և 3):

Դաս 5: Ներկայացրե՛ք, միավորե՛ք իրավիճակներ թվային զույգերով: Հաշվե՛ք մեկ գետեղված թվից կամ մասից մինչև ընդամենը 6 և 7, և ձևավորե՛ք բոլոր գումարման արտահայտությունները յուրաքանչյուրի համար՝ ընդհանուր:

Անուն ______________________________ Ամսաթիվ ______________

1. Զառով ցույց տվեք 7-ի բոլոր համակցությունները: Այնուհետև՝ գծե՛ք թվային զույգ զառի յուրաքանչյուր զույգի համար:

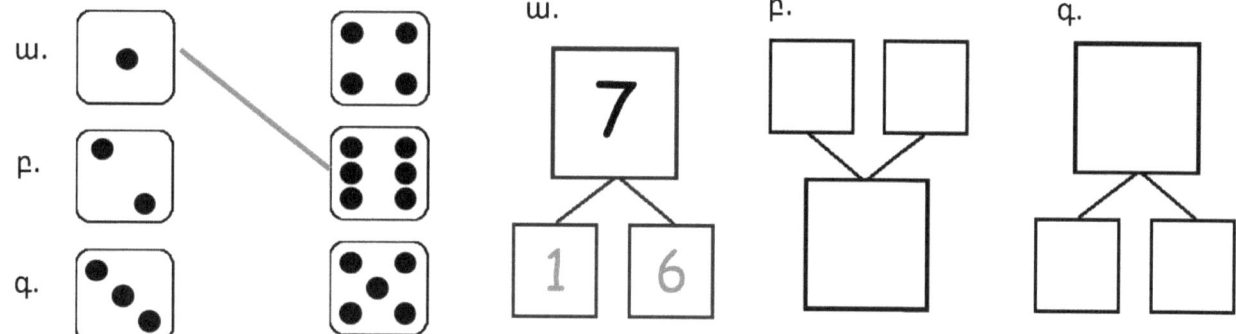

ա.

բ.

գ.

2. Կազմե՛ք 2 թվային արտահայտություն: Օգտագործե՛ք վերոնշյալ թվային զույգերը՝ օգնության համար:

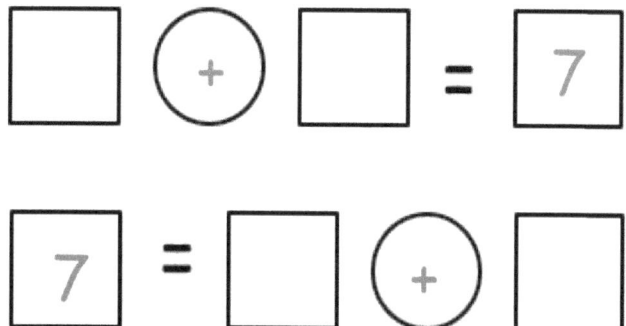

3. Լրացրե՛ք բաց թողնված թիվը թվային զույգում: Այնուհետև՝ գրե՛ք գումարման թվային արտահայտություններ ձեր կազմած թվի թվային զույգի համար:

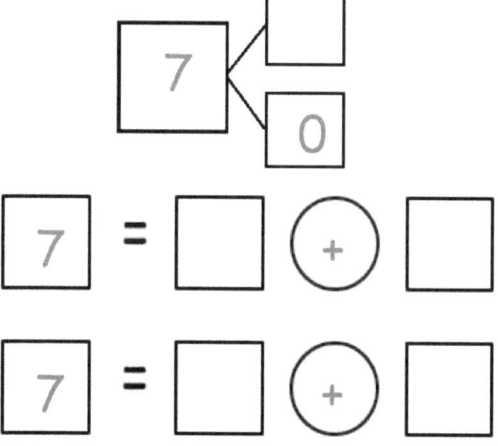

4. Ներկե՛ք դոմինոները, որոնք կազմում են 7:

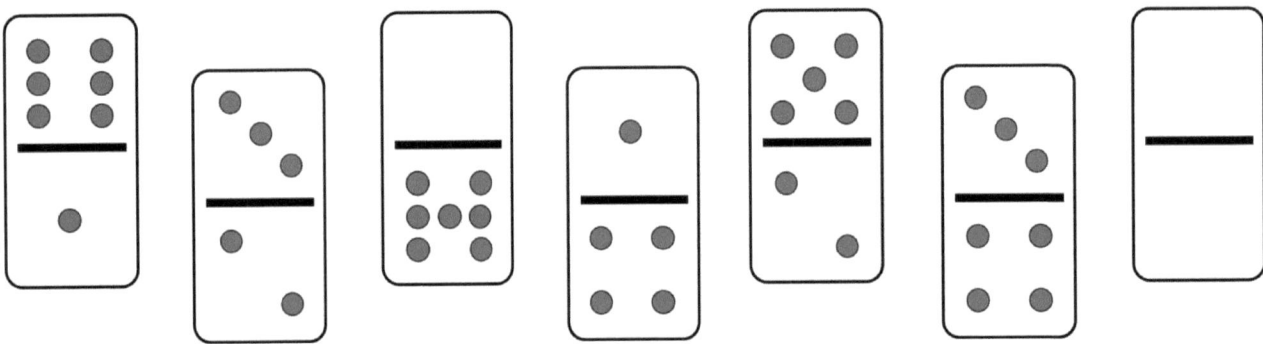

5. Լրացրե՛ք թվային զույգերը այն դոմինոների համար, որոնք դուք ներկել եք:

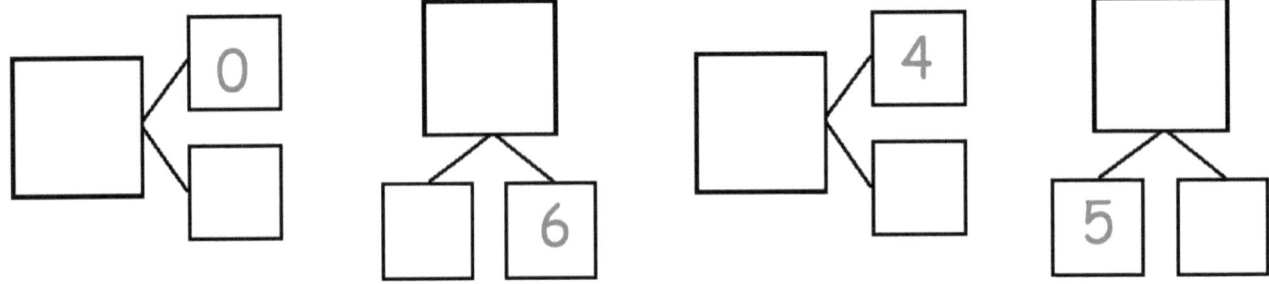

1. Ցույց տվե՛ք 2 եղանակ կազմելու համար 7: Օգտագործե՛ք թվային զույգը՝ օգնության համար:

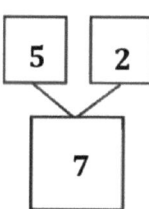

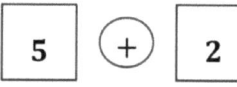

7

Երբ պարզապես գրում եմ 5 + 2,
առանց գրելու ամբողջ թվային
արտահայտությունն, այն կոչվում է՝
արտահայտություն:
Տեսեք՝ այն չունի հավասարի նշանը:

2. Լրացրե՛ք բաց թողնված թիվը թվային զույգում: Գրե՛ք 2 գումարման արտահայտություններ թվային զույգի համար:

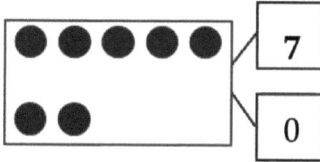

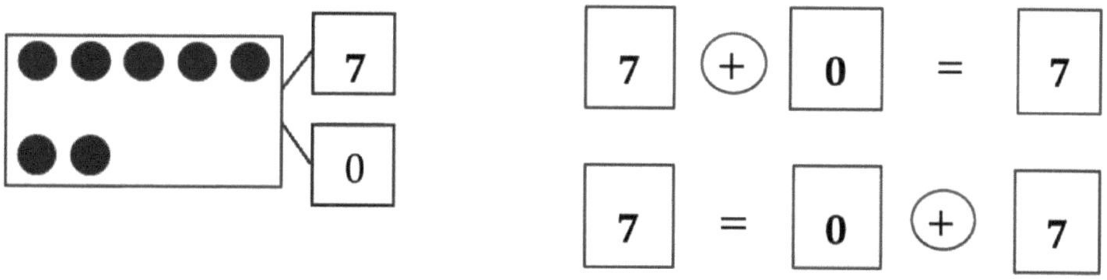

7
0
7 + 0 = 7
7 = 0 + 7

Երբ ավելացնում եմ հավասարի
նշանը և հանրագումարը,
այն կոչվում է թվային
արտահայտություն:

Դաս 6 : Ներկայացրեք իրավիճակներ թվային զույգերով: Հաշվե՛ք մեկ զետեղված թվից կամ մասից մինչև ընդամենը 8 և 9, և ձևավորե՛ք բոլոր արտահայտությունները յուրաքանչյուրի համար՝ ընդհանուր:

3. Թվային զույգերը դրվում են հերթականությամբ՝ սկսած ամենափոքր թվից։ Գրե՛ք ցույց տալու համար, թե որ թվային զույգերն են բացակայում:

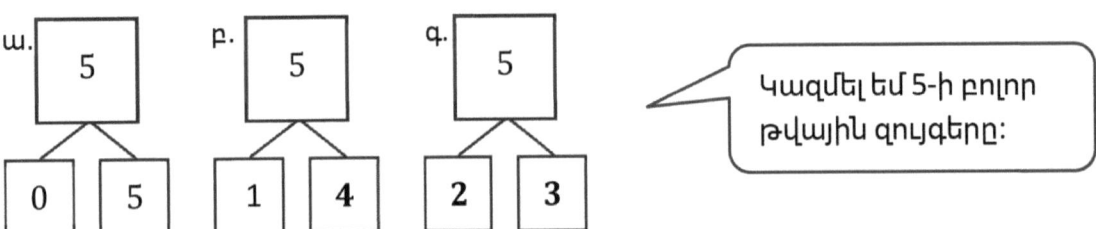

Կազմել եմ 5-ի բոլոր թվային զույգերը:

4. Կիրառե՛ք արտահայտություն՝ գրելու համար թվային զույգ և նկարեք նկար, որի արդյունքում ստացվում է 8:

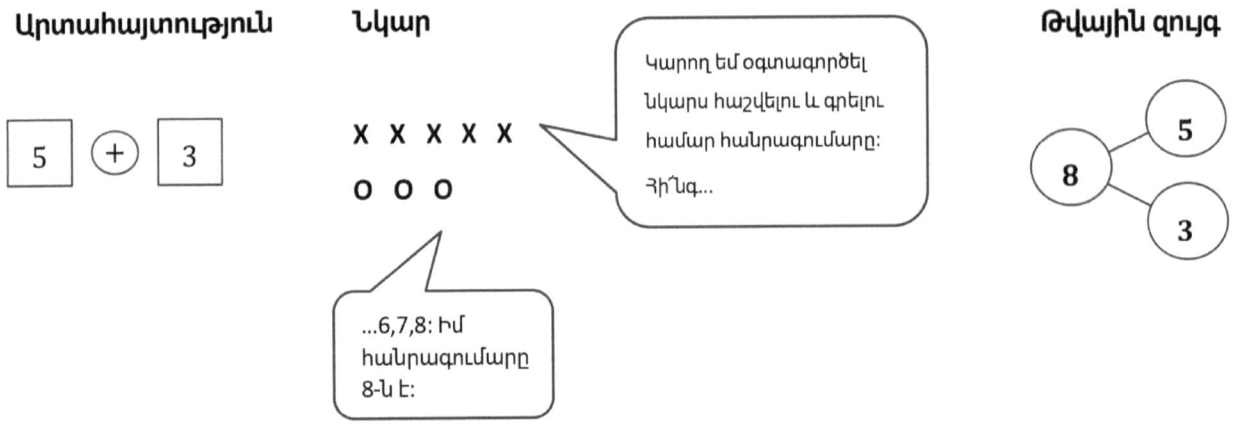

Բացի այսօրվա տնային աշխատանքից, աշակերտները կարող են պատրաստել ֆլեշքարտեր, ինչը կօգնի նրանց հմտություններ ձեռք բերել բոլոր եղանակներով 8 թիվը ստանալու համար՝ 8 (8 և 0, 7 և 1, 6 և 2, 5 և 3, 4 և 4):

Անուն _____ Ամսաթիվ _____

1. Միավորեք կետերը՝ ցույց տալու համար, թե ինչպես կարելի է տարբեր ձևերով ստանալ 8։ Այնուհետև՝ գծեք թվային զույգ յուրաքանչյուր զույգի համար։

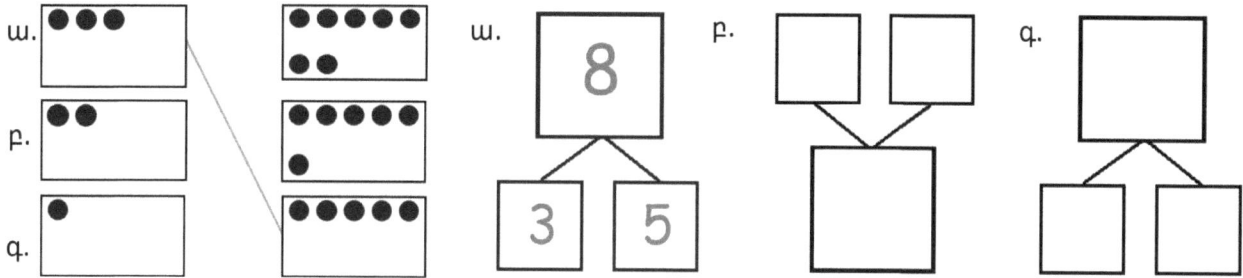

2. Ցույց տվե՛ք 2 եղանակ՝ 8 թիվը ստանալու համար։ Օգտագործե՛ք վերոնշյալ թվային զույգերը՝ օգնության համար։

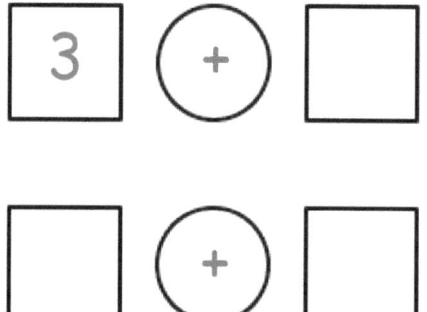

3. Լրացրե՛ք բաց թողնված թիվը թվային զույգում։ Գրե՛ք 2 գումարման արտահայտություն՝ ձեր կազմած թվային զույգի համար։ Ուշադրություն դարձրե՛ք հավասարման նշանին, որը ցույց է տալիս, որ արտահայտությունը ճիշտ է։

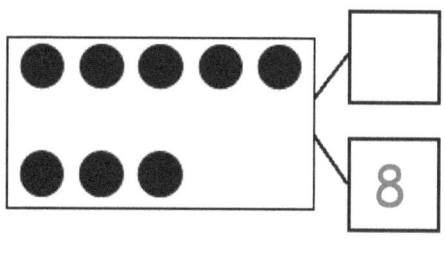

4. Այս թվային զույգերը հերթականությամբ են՝ սկսած ամենափոքրից: Գրե՛ք ցույց տալու համար, թե որ թվային զույգերն են բացակայում:

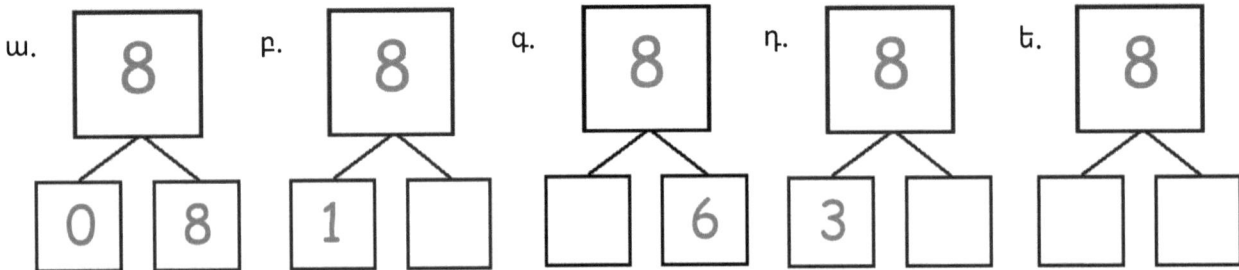

ա.
8
0
8

բ.
8
1

գ.
8
6

դ.
8
3

ե.
8

5. Կիրառե՛ք արտահայտություն՝ գրելու համար թվային զույգ և նկարեք նկար, որի արդյունքում ստացվում է 8:

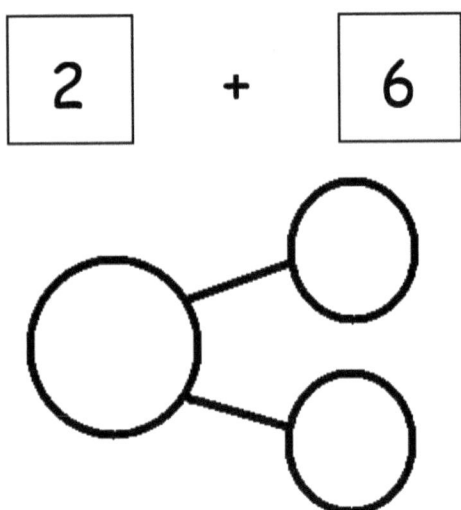

2 + 6

6. Կիրառե՛ք արտահայտություն՝ գրելու համար թվային զույգ և նկարեք նկար, որի արդյունքում ստացվում է 8:

0 + 8

Դաս 6: Ներկայացրե՛ք*միավորե՛ք* իրավիճակներ թվային զույգերով: Հաշվե՛ք մեկ զետեղված թվից կամ մասից մինչև ընդամենը 8 և 9, և ձևավորե՛ք բոլոր արտահայտությունները յուրաքանչյուրի համար՝ ընդհանուր:

EUREKA MATH

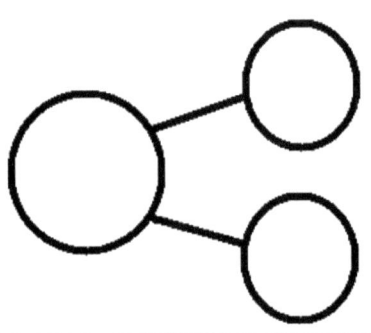

Կիրառեք ջրային ավազանի նկարը՝ օգնելու համար գրել արտահայտություններ և թվային զույգեր, որոնցով հնարավոր է կազմել 8:

3 կենդանիներ լճակում են:
5 կենդանիներ ցամաքում են:

Կենդանիներից 1-ը չմփացնում էր:
7-ը ոչ:
Ընդհանուր կա 8 կենդանի:

Թվային զույգ

3 և 5 → 8

Արտահայտություններ

3 + 5

5 + 3

Այս թվային զույգերը և արտահայտությունները՝ ցույց են տալիս մեկ ճանապարհ ստանալու համար 8:

Թվային զույգ

1 և 7 → 8

Արտահայտություններ

1 + 7

7 + 1

Այս թվային զույգերը և արտահայտությունները՝ ցույց են տալիս այլ ճանապարհ ստանալու համար 8:

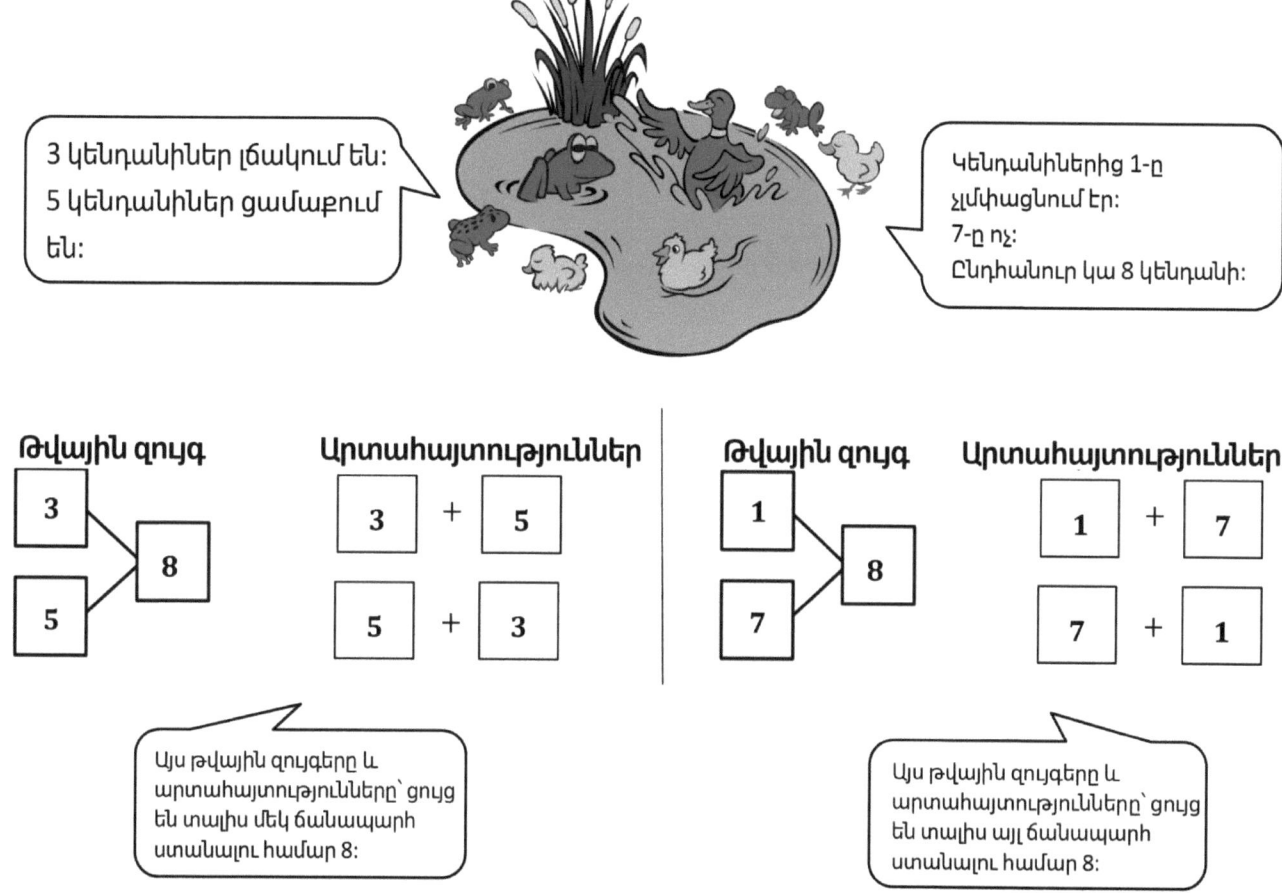

Բացի այսօրվա տնային աշխատանքից, աշակերտները կարող են պատրաստել ֆլեշքարտեր, որոնք կօգնեն նրանց հմտություններ ձեռք բերել՝ ստանալու 9 թիվը բոլոր հնարավոր ձևերով 9 (9 և 0, 8 և 1, 7 և 2, 6 և 3, 5 և 4):

Անուն ________________________________ Ամսաթիվ ________________

9 թիվը կազմելու եղանակներ

Օգտվելով գրապահարանի նկարից՝ գրեք արտահայտություններ և թվային զույգեր, որոնցով հնարավոր է կազմել 9։

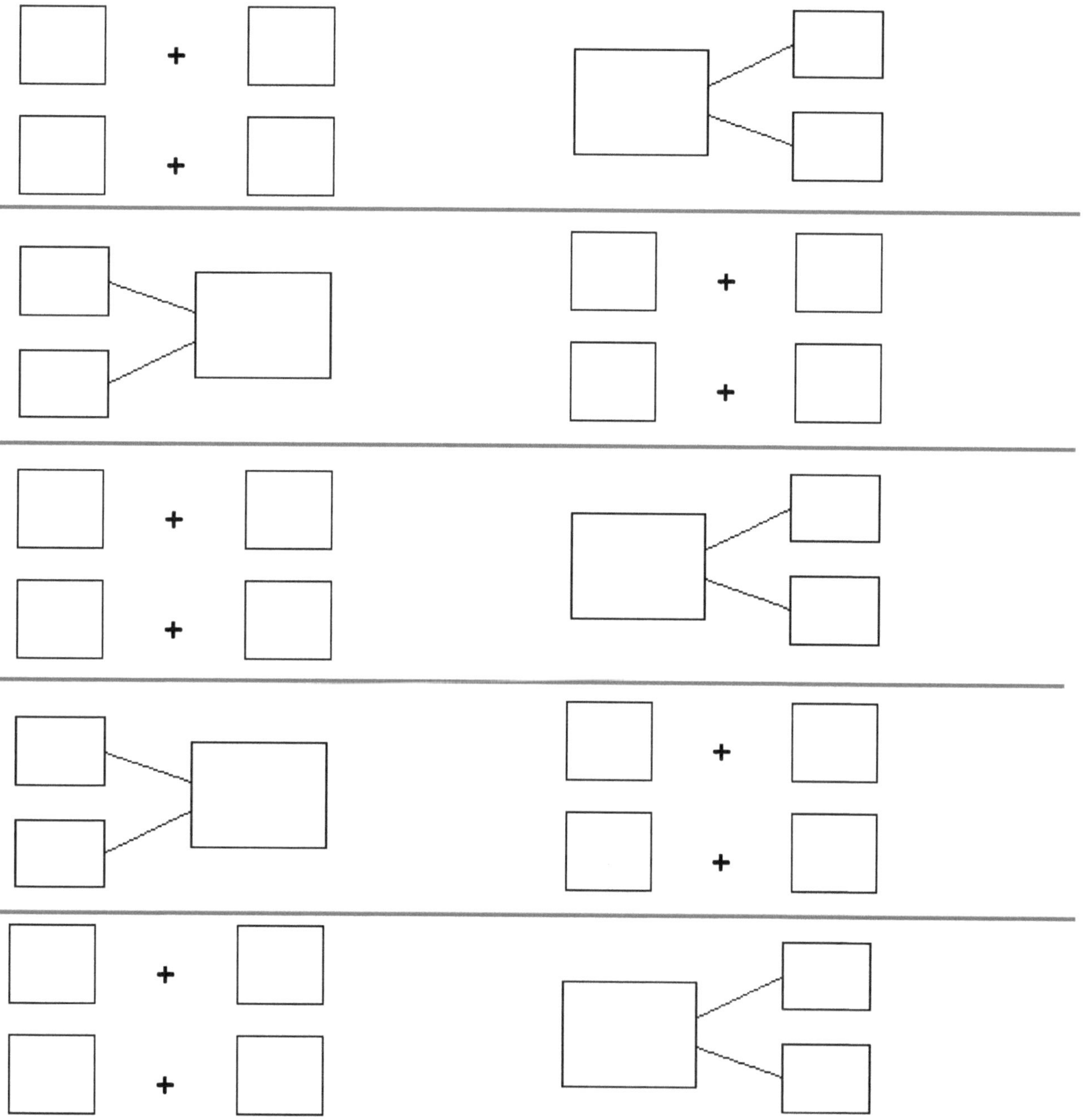

Դաս 7: Ներկայացրե՛ք, միավորե՛ք իրավիճակներ թվային զույգերով: Հաշվե՛ք մեկ զետեղված թվից կամ մասից մինչև ընդամենը 8 և 9, և ձևավորե՛ք բոլոր արտահայտությունները յուրաքանչյուրի համար՝ ընդհանուր:

9 գրքերի նկարների քարտ

Դաս 7: Ներկայացրե՛ք, միավորե՛ք իրավիճակներ թվային զույգերով: Հաշվե՛ք մեկ զետեղված թվից կամ մասից մինչև ընդամենը 8 և 9, և ձևավորե՛ք բոլոր արտահայտությունները յուրաքանչյուրի համար՝ ընդհանուր:

1. Ռեքսը գտավ 10 ոսկոր զբոսանքի ժամանակ: Նա չի կարողանում որոշել, թե քանիսը բերի իր շանը և քանիսը թաղի հողի մեջ: Օգնեք ցույց տալու Ռեքսին իր տարբերակները՝ լրացնելով թվային զույգերի բաց թողնված մասերը:

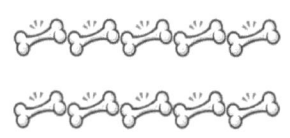

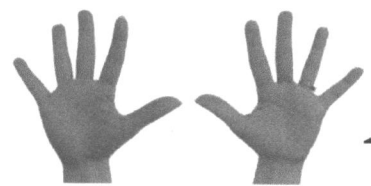

Իմ 10 մատները կարող են ներկայացնել 10 ոսկորներ:

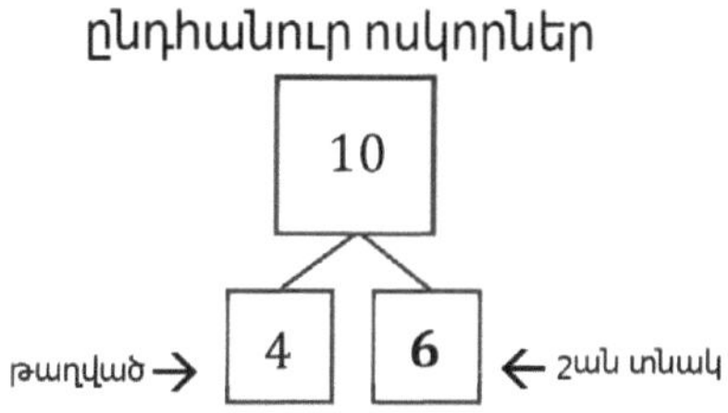

ընդհանուր ոսկորներ
10
թաղված
4
6
շան տնակ

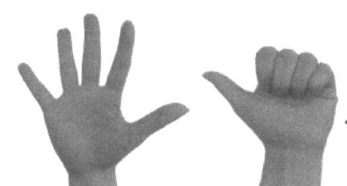

Եթե Ռեքսը թաղում է 4 ոսկոր, ապա նա կդնի 6-ը իր տնակում:

2. Գրեք գումարման բոլոր արտահայտությունները, որոնք համապատասխանում են այս թվային զույգին:

$4 + 6 = 10$ $10 = 4 + 6$

$6 + 4 = 10$ $10 = 6 + 4$

Բացի այսօրվա տնային աշխատանքից, աշակերտները կարող են պատրաստել ֆլեշքարտեր, որոնք կօգնեն նրանց հմտություններ ձեռք բերել՝ ստանալու 10 թիվը բոլոր հնարավոր ձևերով 10 (10 և 0, 9 և 1, 8 և 2, 7 և 3, 6 և 4, 5 և 5):

Դաս 8: Ներկայացրե՛ք 10 թվի բոլոր թվային զույգերը՝ տրված սցենարից, և ձևավորե՛ք բոլոր արտահայտությունները, որոնք հավասար են 10-ի:

Անուն ______________________________ Ամսաթիվ ______________

1. Ռեքսը գտավ 10 ոսկոր զբոսանքի ժամանակ: Նա չի կարողանում որոշել, թե քանիսը բերի իր շանը և քանիսը թաղի հողի մեջ: Օգնեք ցույց տալու Ռեքսին իր տարբերակները՝ լրացնելով թվային զույգերի բաց թողնված մասերը:

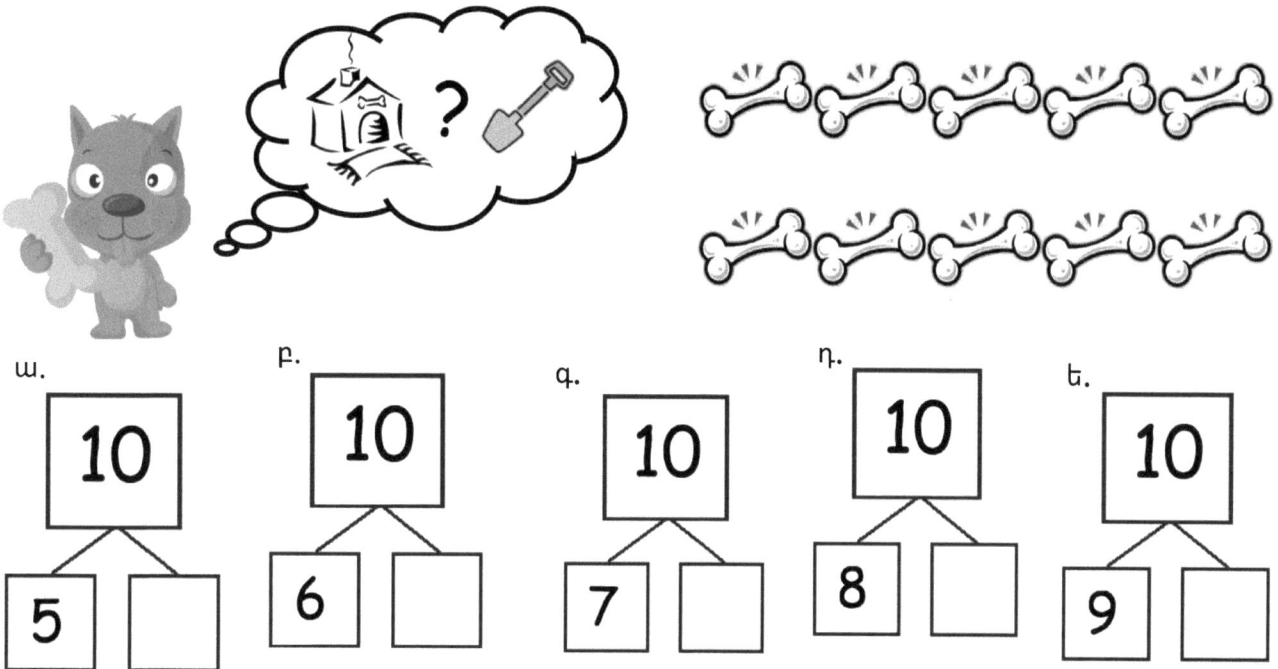

ա. 10 → 5, □

բ. 10 → 6, □

գ. 10 → 7, □

դ. 10 → 8, □

ե. 10 → 9, □

2. Նա որոշեց թաղել 3-ը և 7-ը՝ բերել տուն: Գրեք գումարման բոլոր արտահայտությունները, որոնք համապատասխանում են այս թվային զույգին:

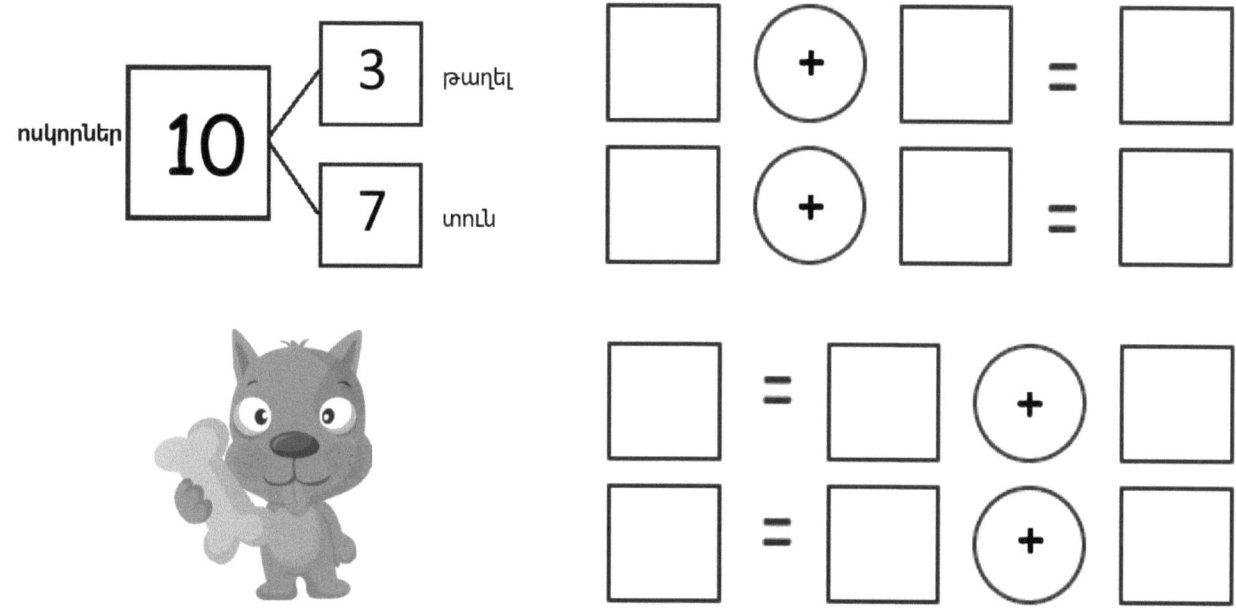

ոսկորներ 10 → 3 թաղել, 7 տուն

□ + □ = □

□ + □ = □

□ = □ + □

□ = □ + □

1. ա. Օգտագործեք նկարը՝ մաթեմատիկական պատմություն պատմելու համար:

Կար 5 գնդակ:
Եվս 2-ը գլորվեցին:
Այժմ կա 7 գնդակ:

բ. Գրե՛ք թվային զույգ՝ պատմությանը համապատասխան:

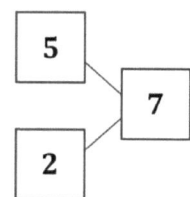

5, 2 → 7

գ. Գրե՛ք թվային արտահայտություն՝ պատմությունը պատմելու համար:

5 + 2 = 7

դ. Կա _7_ գնդակ:

2. Մարկուսն ունի 5 կարմիր բլոկ և 3դեղին բլոկ: Քանի՞ բլոկ ունի Մարկուսը:

կարմիր

դեղին

5, 3 → 8

Կարող եմ նկարել մաթեմատիկական գծապատկեր և թվային զույգ համապատասխանեցնելու համար պատմությունը:

5 + 3 = 8

Մարկոսն ունի _8_ քորթուկ:

Ապա կարող եմ պատասխանել հարցին թվային արտահայտությունով և բառային արտահայտությունով:

ԲԱԺԻՆՆԵՐԻ ՊԱՏՄՈՒԹՅՈՒՆ   Դաս 9 Տնային աշխատանք   1•1

Անուն _____   Ամսաթիվ _____

1. Օգտագործե՛ք նկարը՝ մաթեմատիկական պատմություն պատմելու համար։

Գրե՛ք թվային զույգ՝ պատմությանը համապատասխան։

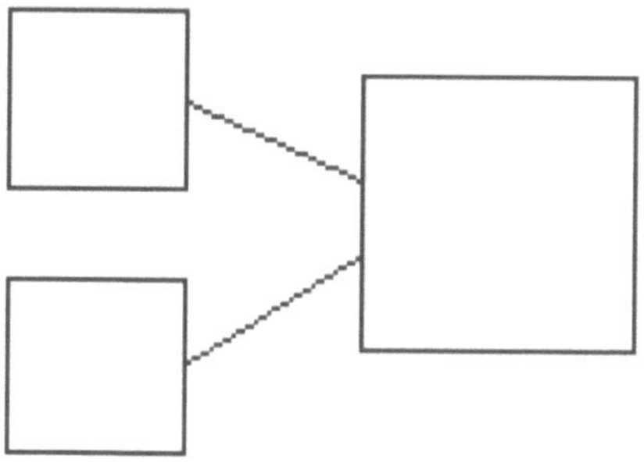

Գրե՛ք թվային արտահայտություն՝ պատմությունը պատմելու համար։

☐ + ☐ = ☐

Կա ____ շնաձուկ։

2. Օգտագործե՛ք նկարը՝ մաթեմատիկական պատմությունը պատմելու համար։

Գրե՛ք թվային զույգ՝ պատմությանը համապատասխան։

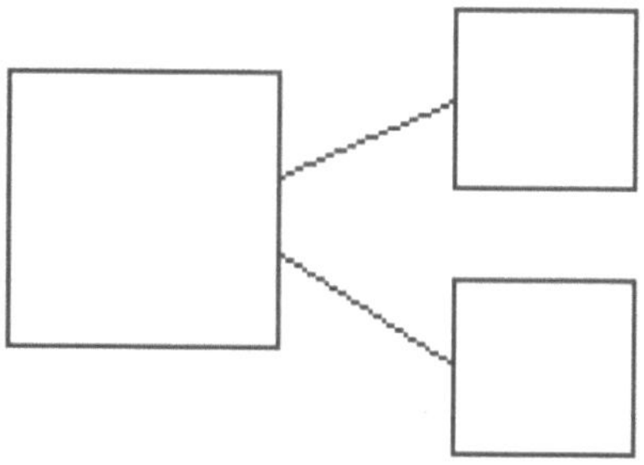

Գրե՛ք թվային արտահայտություն՝ պատմությունը պատմելու համար։

☐ = ☐ + ☐

Կա ____ ուսանող։

Դաս 9: Լուծե՛ք անհայտ արդյունքով գումարման խնդիրները և դրանք համապատասխանացրե՛ք անհայտ արդյունքով մաթեմատիկական պատմությունների հետ՝ նկարելով, գրելով հավասարումներ և կատարելով լուծումների քննարկումներ։

Նկարե՛ք նկար՝ պատմությանը համապատասխան։

3. Ջիմն ունի 4 մեծ շուն և 3 փոքր շուն։ Քանի՞ շուն ունի Ջիմը։

Ջիմն ունի _____ շուն։

4. Լիվը խաղում է այգում։ Նա խաղում է 3 աղջիկների և 6 տղաների հետ։ Քանի՞ երեխայի հետ է նա խաղում այգում։

Լիվը խաղում է _____ երեխաների հետ։

1. ա. Լուծման համար օտագործե՛ք 5-ական խմբերի քարտերը:

Տեսնում եմ 4 փոքրիկ կրիա և 3 մեծ կրիա:

4	+	3	=	7

Իմ թվային արտահայտությունը ցույց է տալիս, որ 4 փոքրի կրիա, գումարած 3 մեծ կրիա հավասար է 7 ընդհանուր կրիայի:

բ. Նկարե՛ք մյուս 5-ական խմբերի - քարտերը ցույց տալու համար, թե ինչ եք արել:

4	o o o

Իմ 5 խմբային քարտերը կարող են օգնել ինձ ավելացնել: Սկսում եմ 4-ից և հաշվում 3-ով ավել: Չո՜րս..., 5,6, 7.

2. Կիրան ունի 3 կատու և 4 շուն: Նկարելով ցույց տվեք, թե քանի ընտանի կենդանի նա ունի:

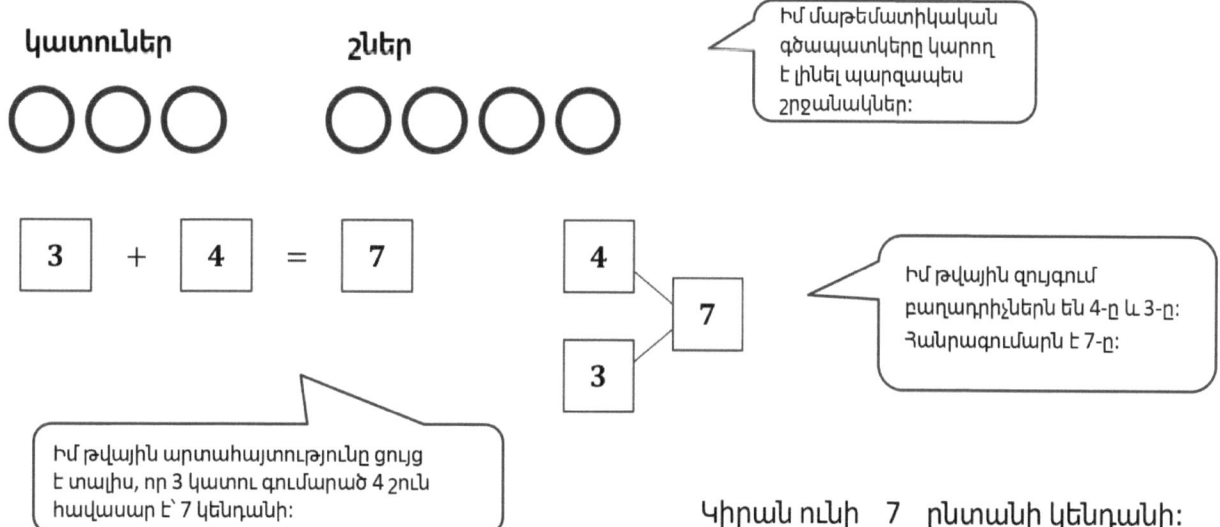

կատուներ   շներ

Իմ մաթեմատիկական գծապատկերը կարող է լինել պարզապես շրջանակներ:

3	+	4	=	7

Իմ թվային արտահայտությունը ցույց է տալիս, որ 3 կատու գումարած 4 շուն հավասար է՝ 7 կենդանի:

Իմ թվային զույգում բաղադրիչներն են 4-ը և 3-ը: Հանրագումարն է 7-ը:

Կիրան ունի __7__ ընտանի կենդանի:

Անուն ______________________________ Ամսաթիվ ______________

1. Լուծման համար օտագործե՛ք 5-խմբային քարտերը։

Նկարե՛ք մյուս 5-ական խմբերի քարտը՝ ցույց տալու համար, թե ինչ եք արել։

☐ + ☐ = ☐

5 ☐

2. Լուծման համար օգտագործե՛ք 5-խմբային քարտերը։

Նկարեք մյուս 5-ական խմբերի քարտը՝ ցույց տալու համար, թե ինչ եք արել։

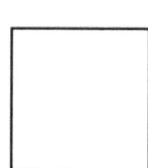

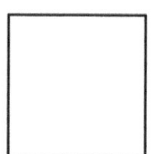

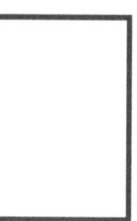

☐ = ☐ + ☐

4 ☐

3. Կան 4 բարձրահասակ տղա և 5 կարճահասակ տղա: Նկարելով ցույց տվեք, թե ընդհանուր քանի տղա կա:

Կա ընդհանուր _______ տղա:

Գրեք թվային արտահայտություն՝ ցույց տալու համար, թե ինչ եք արել:

☐ + ☐ = ☐

Գրեք թվային զույգ՝ պատմությանը համապատասխան:

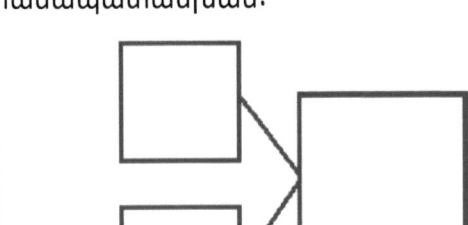

4. Կան 3 աղջիկ և 5 տղա: Նկարելով ցույց տվեք, թե ընդհանուր քանի երեխա կա:

Կա ընդհանուր _______ երեխա:

Գրեք թվային արտահայտություն՝ ցույց տալու համար, թե ինչ եք արել:

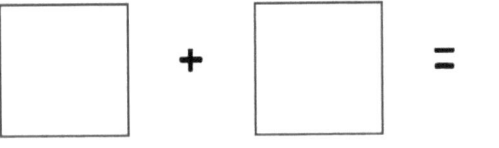

☐ + ☐ = ☐

Գրեք թվային զույգ՝ պատմությանը համապատասխան:

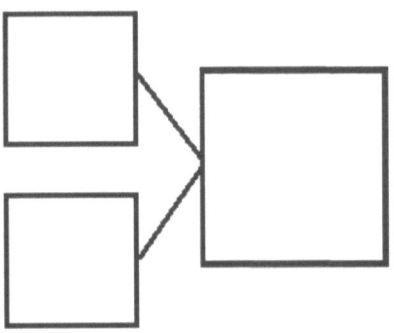

EUREKA MATH

0	1	2	3
4	5	<u>6</u>	7
8	<u>9</u>	10	10
	10	5	5

5-ական խմբերի քարտեր - 5-րդ դասից

Դաս 10: Լուծե՛ք, միմյանց միացրեք անհայտ արդյունքով մաթեմատիկական պատմություններ՝ նկարելով և օգտագործելով 5-ական խմբերի քարտեր։

ԲԱԺԻՆՆԵՐԻ ՊԱՏՄՈՒԹՅՈՒՆ   Դաս 10 Զևանմուշ 1   1•1

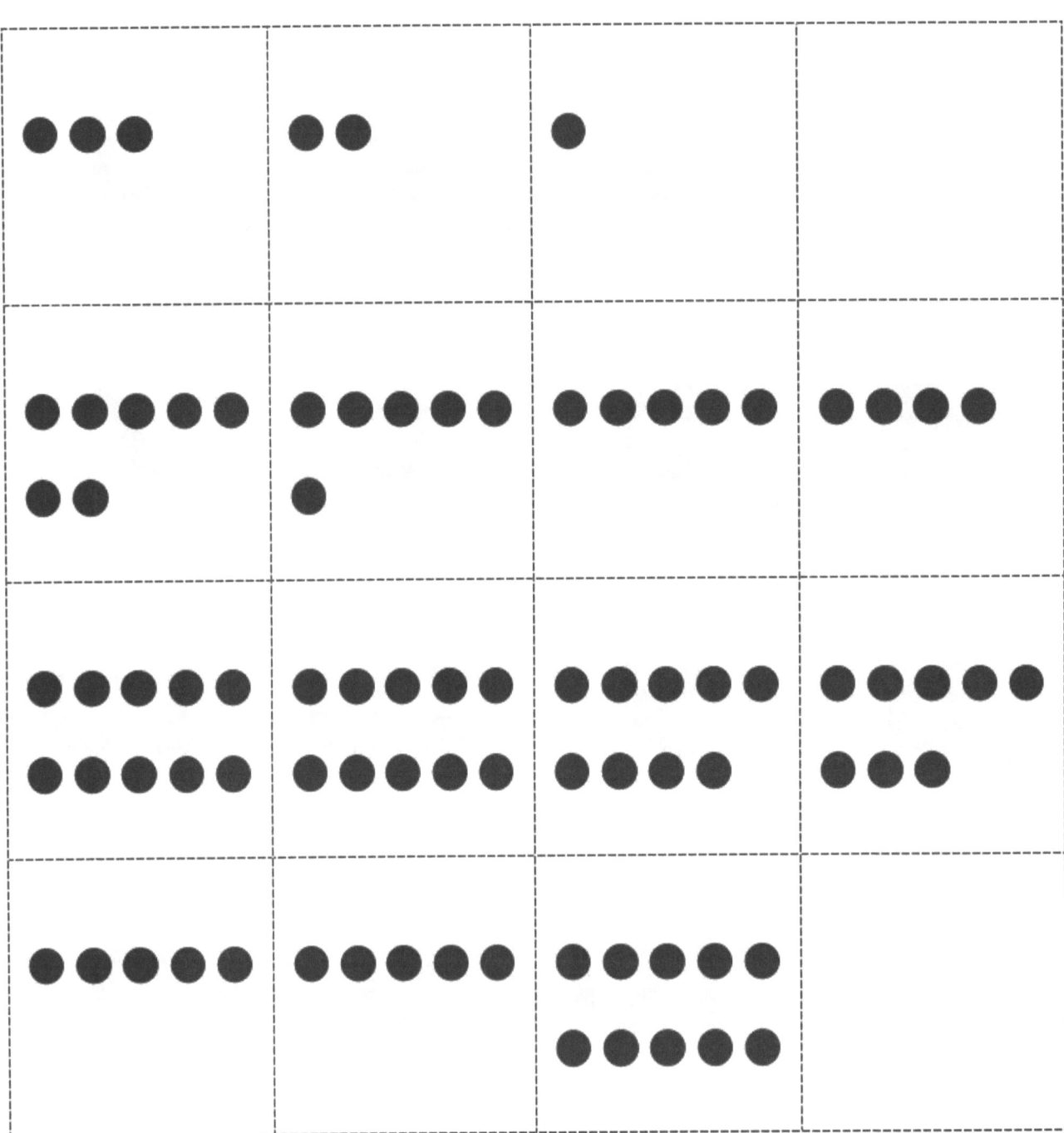

5-ական խմբերի քարտեր, կետեր կողքերին - 5-րդ դասից

46   Դաս 10:   Լուծե՛ք, միմյանց միացրեք անհայտ արդյունքով մաթեմատիկական պատմություններ՝ նկարելով և օգտագործելով 5-ական խմբերի քարտեր:

EUREKA MATH

1. Օգտագործե՛ք 5-խմբային քարտերը՝ հաշվելով գտեք թվային արտահայտության բացակայող թիվը:

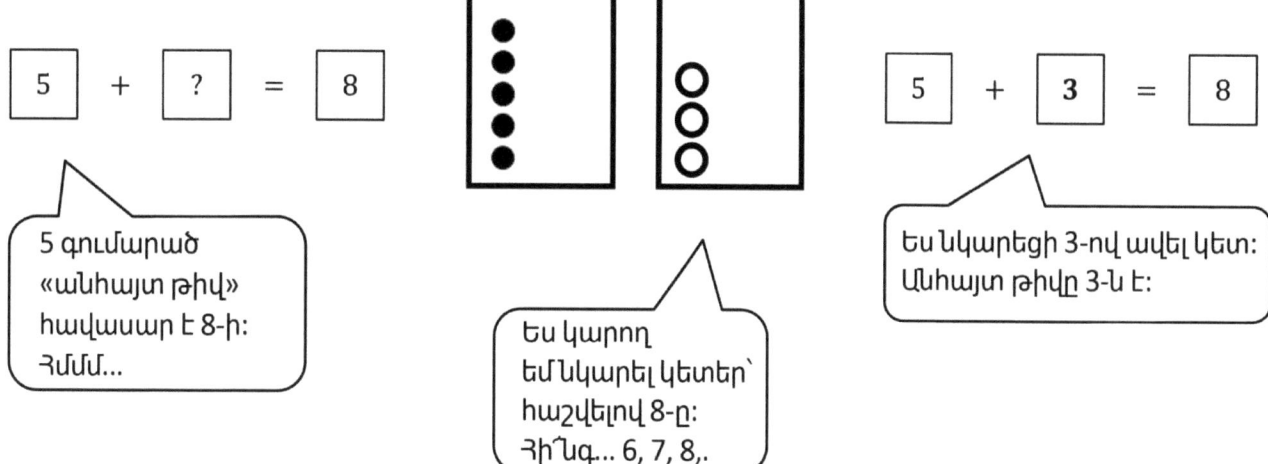

5 + ? = 8

5 գումարած «անհայտ թիվ» հավասար է 8-ի: Հմմմ...

Ես կարող եմ նկարել կետեր՝ հաշվելով 8-ը: Հի՜նգ... 6, 7, 8,.

5 + **3** = 8

Ես նկարեցի 3-ով ավել կետ: Անհայտ թիվը 3-ն է:

2. Համապատասխանեցրեք թվային արտահայտությունը մաթեմատիկական պատմության հետ: Լուծման համար նկարե՛ք և օգտագործե՛ք 5-ական խմբային քարտերը:

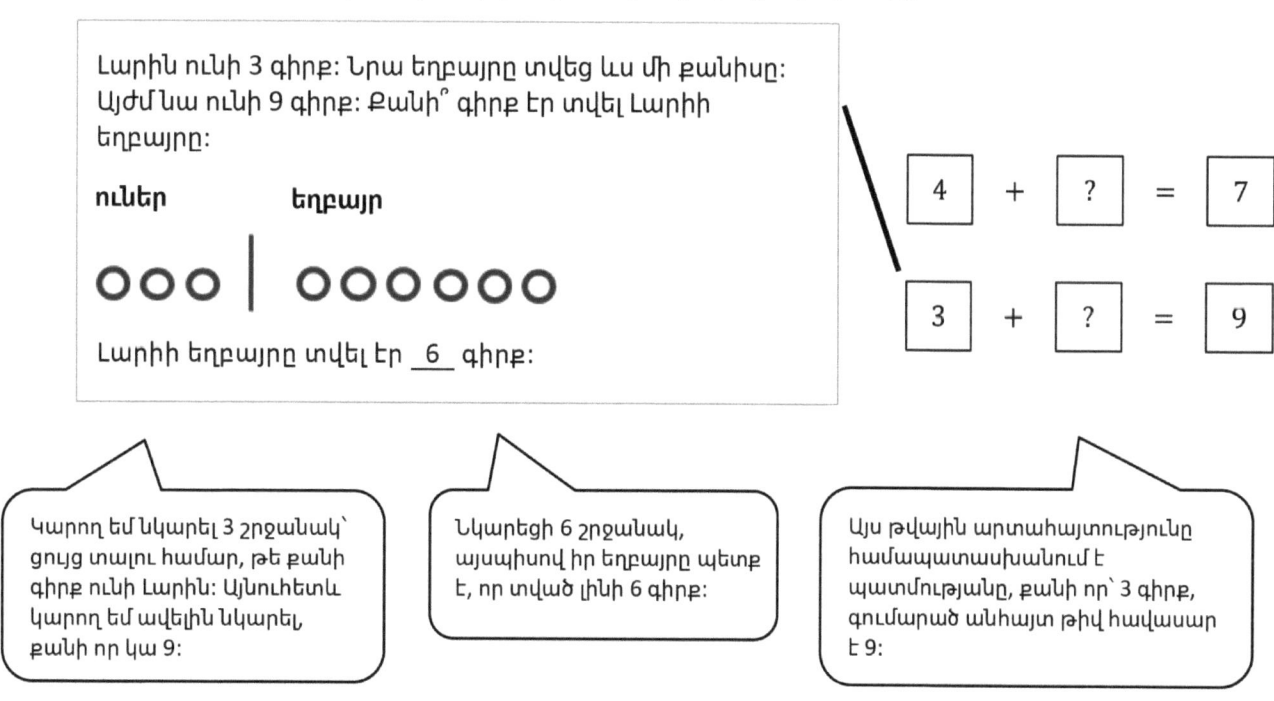

Լարին ունի 3 գիրք: Նրա եղբայրը տվեց ևս մի քանիսը: Այժմ նա ունի 9 գիրք: Քանի՞ գիրք էր տվել Լարիի եղբայրը:

ուներ **եղբայր**

Լարիի եղբայրը տվել էր _6_ գիրք:

4 + ? = 7

3 + ? = 9

Կարող եմ նկարել 3 շրջանակ՝ ցույց տալու համար, թե քանի գիրք ունի Լարին: Այնուհետև կարող եմ ավելին նկարել, քանի որ կա 9:

Նկարեցի 6 շրջանակ, այսպիսով իր եղբայրը պետք է, որ տված լինի 6 գիրք:

Այս թվային արտահայտությունը համապատասխանում է պատմությանը, քանի որ՝ 3 գիրք, գումարած անհայտ թիվ հավասար է 9:

Դաս 11: Լուծե՛ք անհայտ արդյունքով գումարման խնդիրները, երբ հաշվում եք՝ նկարելով, գրելով հավասարումներ և կատարելով լուծումների պնդումներ: 47

ԲԱԺԻՆՆԵՐԻ ՊԱՏՄՈՒԹՅՈՒՆ   Դաս 11 Տնային աշխատանք 1•1

Անուն _____   Ամսաթիվ _____

1. Օգտագործե՛ք 5-ական խմբային քարտերը՝ հաշվելով գտեք թվային արտահայտության բացակայող թիվը:

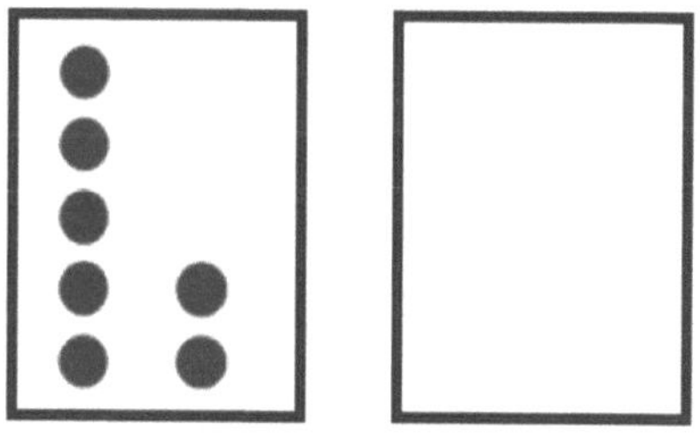

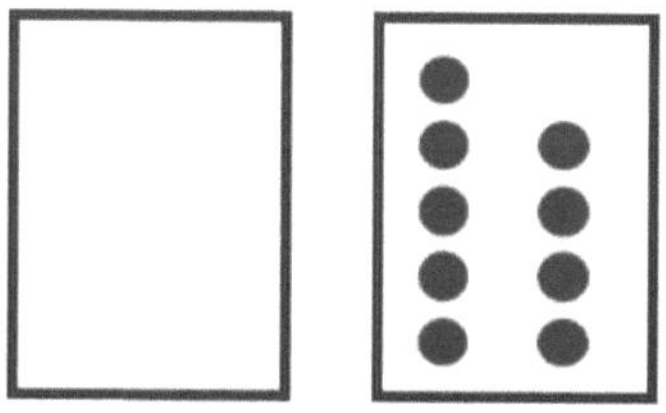

ա. $2 + \boxed{} = 7$

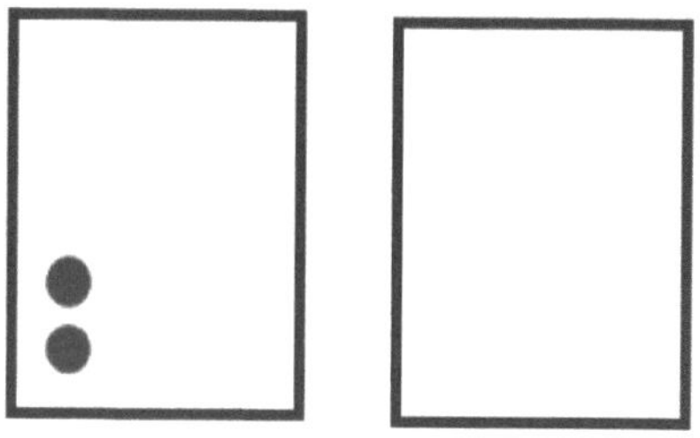

բ. $8 = 5 + \boxed{}$

գ. $9 = 7 + \boxed{}$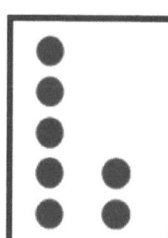

դ. $9 = \boxed{} + 9$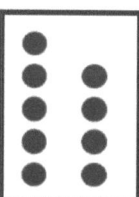

2. Համապատասխանեցրեք թվային արտահայտությունը մաթեմատիկական պատմության հետ: Լուծման համար նկարե՛ք և օգտագործեք 5-ական խմբերի քարտերը:

ա. Սքոթն ունի 3 խմորեղեն: Նրա մայրիկը նրան տվեց ևս մի քանիսը: Այժմ նա ունի 8 խմորեղեն: Քանի՞ խմորեղեն տվեց մայրիկը նրան:

Սքոթի մայրիկը տվեց նրան ______ խմորեղեն:

6 + ? = 9

3 + ? = 8

բ. Քիմը տեսնում է 6 թռչուն ծառի վրա:

Որոշ թռչուններ թռչում են դեպի ծառը:

Քիմը տեսնում է 9 թռչուն ծառի վրա: Քանի՞ թռչուն թռան դեպի ծառը:

______ թռչուն թռան դեպի ծառը:

4 + ? = 8

Դաս 11: Լուծե՛ք անհայտ արդյունքով գումարման խնդիրները, երբ հաշվում եք՝ նկարելով, գրելով հավասարումներ և կատարելով լուծումների պնդումներ:

EUREKA MATH

1. Օգտագործե՛ք 5-ական խմբերի քարտերը՝ հաշվելով գտեք թվային արտահայտության բացակայող թիվը:

5 + ? = 9

Անհայտ թիվը 4

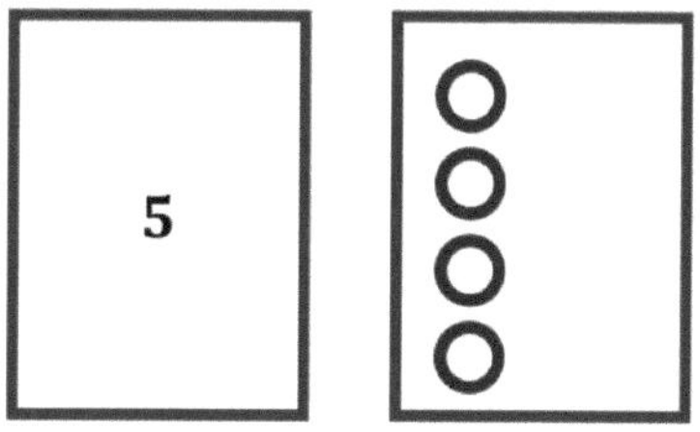

5

Կարող եմ հաշվել մինչև 5-ը՝ գտնելու համար անհայտ թիվը:
Հի՜նգ... 6,7,8,9.
Հաշվեցի ևս 4-ը, այնպես որ անհայտ թիվը 4-ն է:

2. Շանան ունի 5 գլխարկ: Այնուհետև նա գնեց ևս մի քանիսը:
Հիմա նա ունի 8 գլխարկ: Քանի՞ գլխարկ էր նա գնել:

5 գումարած անհայտ թիվ հավասար է 8:
Հմմ...

Կարող եմ սկսել 5-ից և նկարել կետեր՝ հաշվելով 8-ը:
Հի՜նգ..., 6, 7,8.

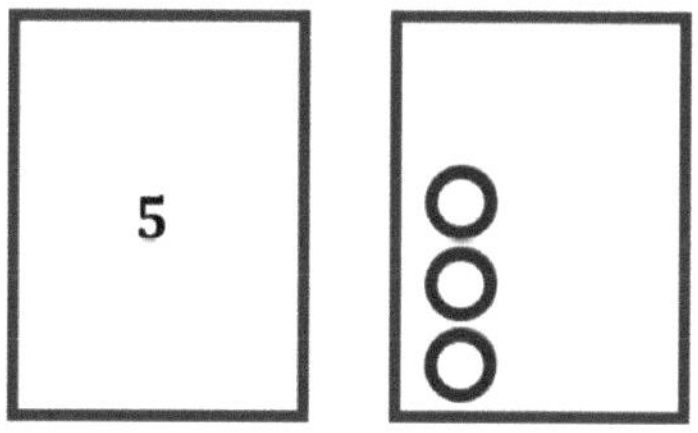

5

5 + 3 = 8

Շանան գնել է 3 գլխարկ:
Ես նկարեցի 3-ով ավել կետ:

Անհայտ թիվը 3 -ն է:

Դաս 12: Լուծե՛ք անհայտ արդյունքով գումարման խնդիրները և անհայտ փոփոխության արդյունքով մաթեմատիկական պատմություններով՝ նկարելով և օգտագործելով 5-ական խմբերի քարտեր:

Անուն _____ Ամսաթիվ _____

 Օգտագործե՛ք 5-ական խմբերի քարտերը՝ հաշվելով գտեք թվային արտահայտության բացակայող թիվը:

1. $5 + ? = 7$

   Անհայտ թիվը

   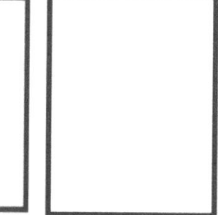 5

2. $2 + ? = 8$

   Անհայտ թիվը

   2

3. $6 + ? = 9$

   Անհայտ թիվը

    6

Դաս 12: Լուծե՛ք անհայտ արդյունքով գումարման խնդիրները և անհայտ փոփոխության արդյունքով մաթեմատիկական պատմություններով՝ նկարելով և օգտագործելով 5-ական խմբերի քարտեր:

ԲԱԺԻՆՆԵՐԻ ՊԱՏՄՈՒԹՅՈՒՆ Դաս 12 Տնային աշխատանք 1•1

Օգտագործե՛ք 5-ական խմբերի քարտերը՝ հաշվելու և մաթեմատիկական պատմությունները լուծելու համար: Ձեր 5-ական խմբերի քարտերը ցույց տալու համար օգտագործեք վանդակներ:

4. Ջեքը 4 գիրք կարդաց երկուշաբթի օրը: Նա ևս մի քանիսը կարդաց երեքշաբթի: Նա ընդհանուր կարդում է 7 գիրք: Քանի՞ գիրք է կարդում Ջեքը երեքշաբթի օրը:

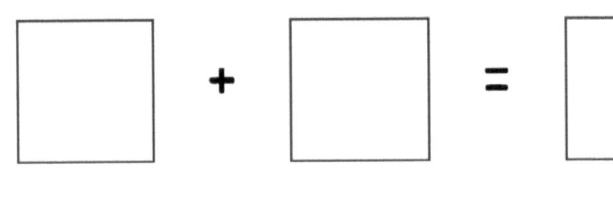

☐ + ☐ = ☐

Ջեքը կարդում է _____ գիրք երեքշաբթի օրը:

5. Քեյթն ունի 1 քույր և մի քանի եղբայրներ: Ընդհանուր նա ունի 7 եղբայրներ և քույրեր: Քանի՞ եղբայր ունի Քեյթը:

☐ + ☐ = ☐

Քեյթն ունի _____ եղբայր:

6. Այգում կա 6 շուն և մի քանի կատու: Ընդհանուր այգում կան 9 շներ և կատուներ: Քանի՞ կատու կա այգում:

☐ + ☐ = ☐

Կա ընդհանուր _____ կատու:

 Դաս 12: Լուծե՛ք անհայտ արդյունքով *գումարման խնդիրները* և *անհայտ փոփոխության արդյունքով* մաթեմատիկական պատմություններով՝ նկարելով և օգտագործելով 5-ական խմբերի քարտեր:

EUREKA MATH

Նկար նկարելու համար օգտագործե՛ք թվային արտահայտություններ, հետո լրացրեք թվային զույգը՝ մաթեմատիկական պատմություն պատմելու համար:

1. $3 + 3 = 6$

Հմմ... Ի՞նչ պատմություն կարող եմ պատմել համապատասխանեցնելու համար 3 + 3 = 6 թվային արտահայտությանը:

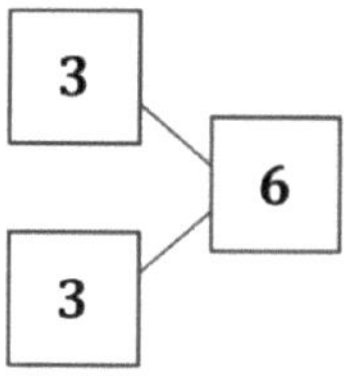

Գաղափար ունեմ: Ես թխեցի 3 կլոր բլիթ և 3 սրտիկաձև բլիթ: Ընդհանուր թխեցի 6 բլիթ: Կարող եմ նկարել բլիթները՝ ցույց տալու համար իմ պատմությունը:

Կարող եմ կազմել թվային զույգեր՝ համապատասխանեցնելով իմ պատմությանը:

2. $4 + ? = 6$

Հմմ... այս պատմությունն ունի անհայտ թիվ: Ես գիտեմ պատմություն, որը կհամապատասխանի: Եղբայրս ունի 4 գունավոր ապակե գնդակ: Հ

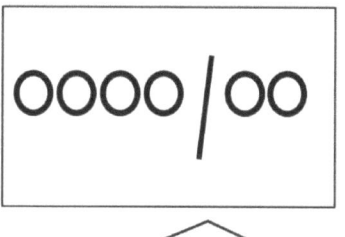

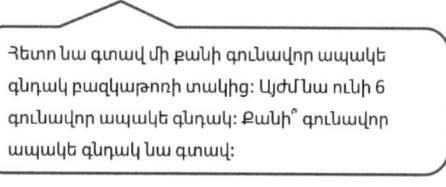

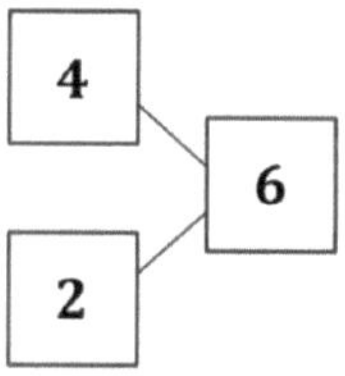

Հետո նա գտավ մի քանի գունավոր ապակե գնդակ բազկաթոռի տակից: Այժմ նա ունի 6 գունավոր ապակե գնդակ: Քանի՞ գունավոր ապակե գնդակ նա գտավ:

Անուն _____ Ամսաթիվ _____

Նկար նկարելու համար օգտագործե՛ք թվային արտահայտություններ, հետո լրացրեք թվային զույգը՝ մաթեմատիկական պատմություն պատմելու համար:

1. 5 + 2 = 7

 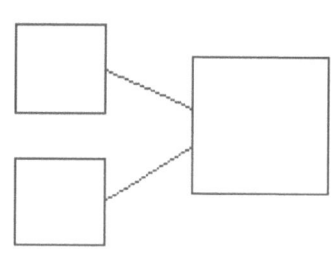

2. 3 + 6 = 9

 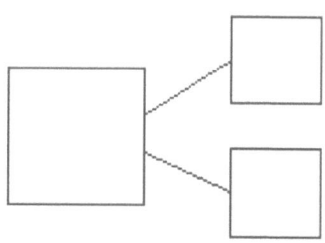

3. 7 + ? = 9

 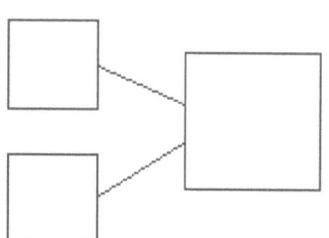

ԲԱԺԻՆՆԵՐԻ ՊԱՏՄՈՒԹՅՈՒՆ   Դաս 14 Տնային աշխատանքերի օգնական   1•1

Շարունակեք հաշվել գումարելով:

6 + 2,1-ին ավելացնելու համար հարկավոր չէ հաշվել իմ բոլոր մատները։ Կարող եմ պարզապես սկսել 6-ից և հաշվել 2 մատով:

Վե՛ց...

..., 7,8

Գրեք, թե ինչ եք ասում հաշվելիս:

6, ..., 7,8

a. $6 + 2 = 8$

Այս խնդրում կա 2 բաց թողնված թիվ։ Կարող եմ կազմել իմ սեփական հաշիվը խնդրում:

Վե՛ց...

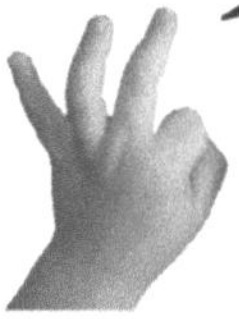

...6,7,8.

5, ...6,7,8

b. $8 = 5 + 3$

Դաս 14: Հաշվե՛ք մինչև և 3-ը` օգտագործելով թիվ և 5-ական խումբ քարտեր և մատներ` փոփոխություններին հետևելու համար:

Անուն ______________________ Ամսաթիվ ____________

Շարունակեք հաշվել գումարելով:

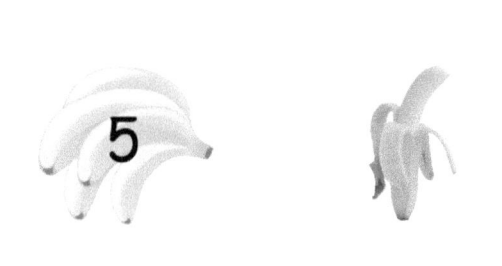

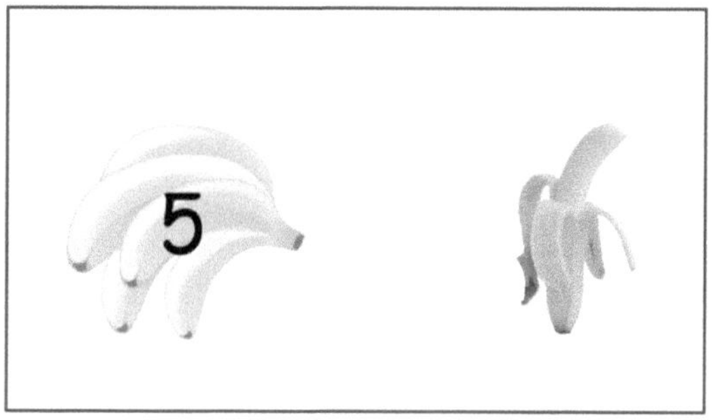

5

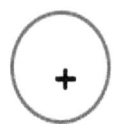

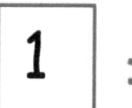

a. $5 + 1 = \square$

Գրեք, թե ինչ եք ասում հաշվելիս:

b. $5 + 2 = \square$

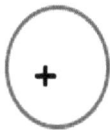

c. $7 + 2 = \square$

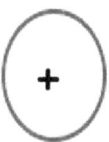

d. $\square = 6 + 3$

e. $\square = 7 + \square$

Դաս 14: Հաշվե՛ք մինչև ևս 3-ը՝ օգտագործելով թիվ և 5-ական խումբ քարտեր և մատներ՝ փոփոխություններին հետևելու համար:

Օգտագործե՛ք 5-ական խմբերի քարտերը կամ մատները՝ շարունակելով հաշվել լուծելու համար:

1.

5 + 2 = 7

Կարող եմ սկսել 5-ից և հաշվել 2 մատով:
Հի՜նգ...

...6,7.

Ցույց տվեք կարճ ճանապարհ, որն օգտագործել եք գումարելու համար:

5 + 2 = 7

Ես օգտագործեցի մատերս՝ որպես կարճ ճանապարհ, այսպիսով կարող եմ նկարել դրանք:

2.

6 + 3 = 9

Ես կսկսեմ 6-ից՝ հաշվելով երեք կետից իմ հինգ խմբային քարտի վրա:
Վե՜ց...

7,8,9.

Ցույց տվեք կարճ ճանապարհ, որն օգտագործել եք գումարելու համար:

6 + 3 = 9

Ես օգտագործեցի իմ 5 խմբային քարտը՝ որպես կարճ ճանապարհ: Կարող եմ նկարել քարտը:

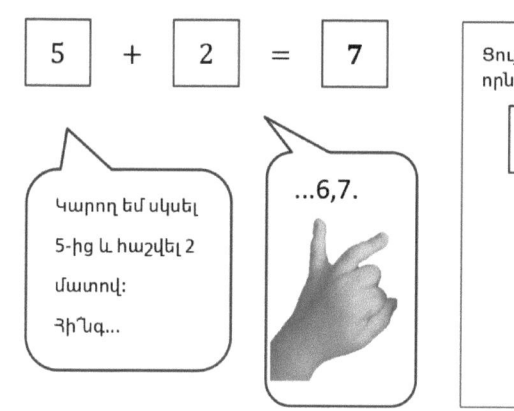

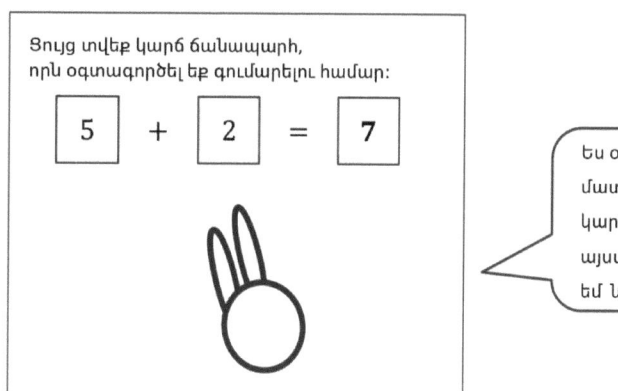

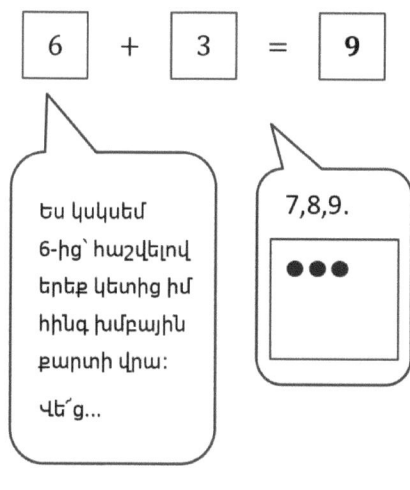

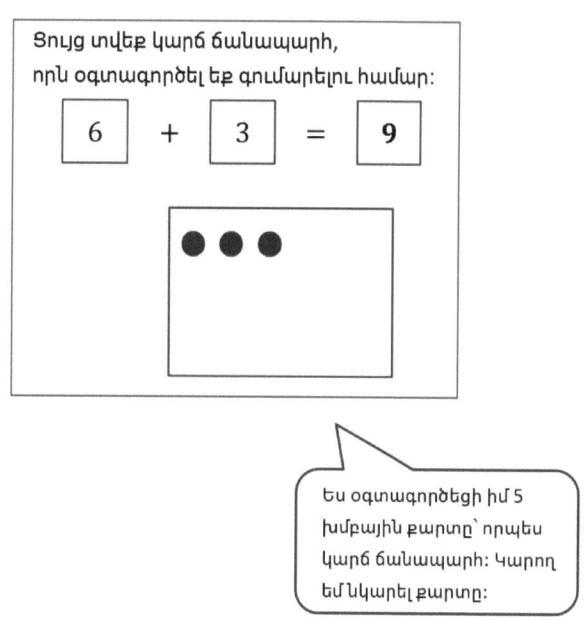

Անուն ______________________________ Ամսաթիվ ________________

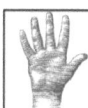

Օգտագործե՛ք Ձեր 5-ական խմբերի քարտերը կամ մատները՝ շարունակելով հաշվել լուծելու համար:

Ցույց տվե՛ք կարճ հղումը, որն օգտագործել եք գումարելու համար:

1. 5 + 3 = ☐
2. 6 + 2 = ☐
3. 7 + 3 = ☐

6 + 2 = ☐

Ցույց տվե՛ք ինչ ռազմավարությամբ եք գումարել:

4. ☐ = 8 + 2
5. ☐ = 6 + 3
6. ☐ = 7 + 2

☐ = 7 + 2

Դաս 15: Հաշվե՛ք մինչև ևս 3՝ օգտագործելով թիվ և 5-խմբային քարտեր և մատներ՝ փոփոխություններին հետևելու համար:

1. Օգտագործեք պարզ մաթեմատիկական գծագրեր: Ավելին գծեք ցույց տալու համար 6 + ?= 9.

Կարող եմ սկսել հաշվել 6-ից՝ ինչպես նկարել եմ: Երբ հասնեմ 9-ի կդադարեցնեմ: Վե՛ց...

= 9

...7,8,9.

6 + 3 = 9

Նկարեցի ևս 3 շրջանակ, այնպես որ 6 + 3 = 9:

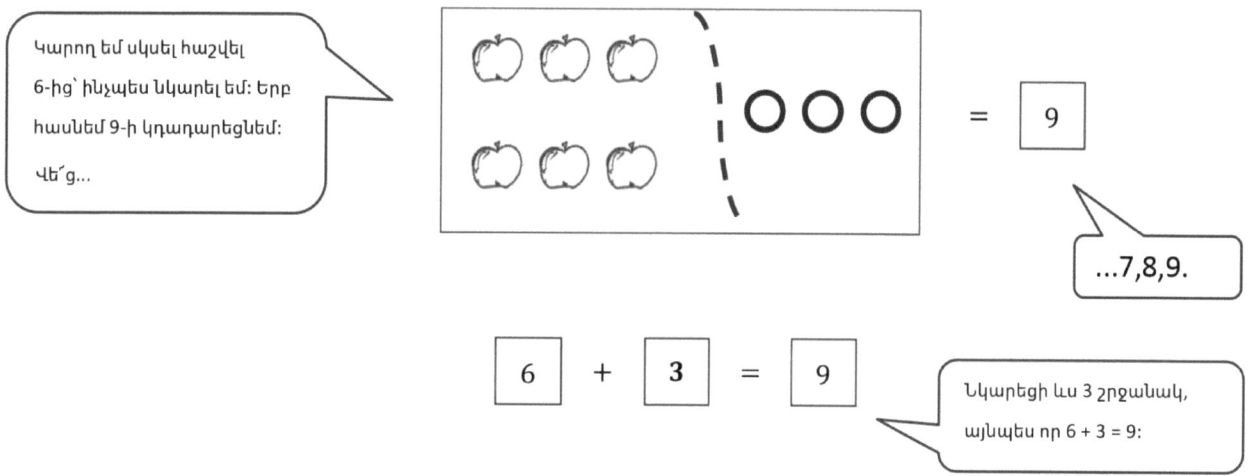

2. Օգտագործե՛ք 5-ական խմբերի քարտերը՝ լուծելու 4 + ?= 6:

Կարող եմ սկսել 4-ից և նկարել այն կետերը՝ որոնք 5 խմբային քարտի ետևում են:
Չո՛րս...

= 6

...5,6.

4 + 2 = 6

Նկարեցի 2 կետ, այսպիսով 4 + 2 = 6:

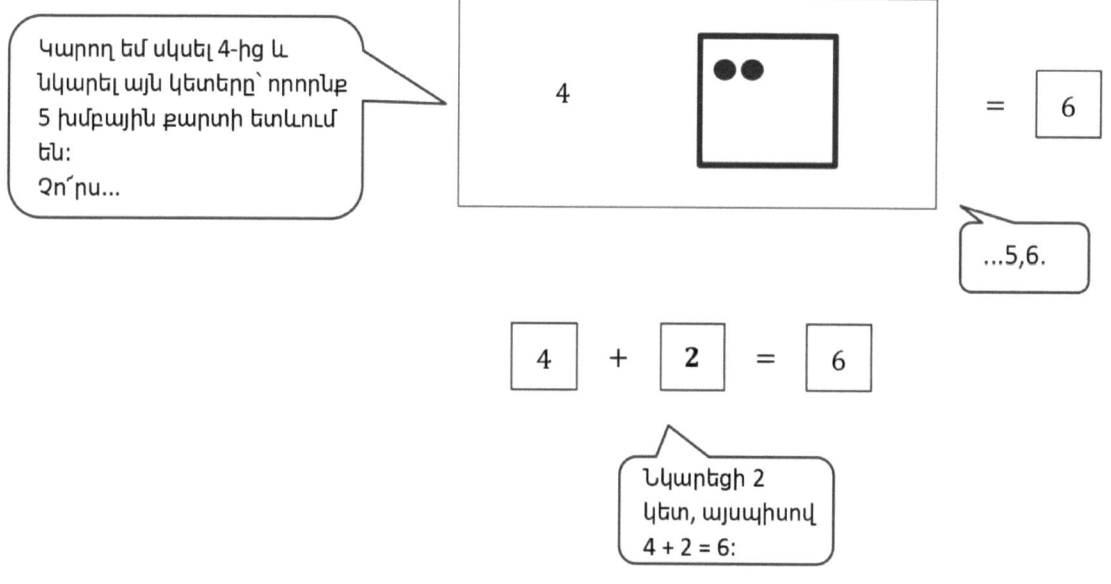

Անուն ____________________________ Ամսաթիվ ______________

1. Օգտագործեք պարզ մաթեմատիկական գծագրեր: Գծեք ավելին՝ լուծելու համար 4 + ? = 6.

= 6

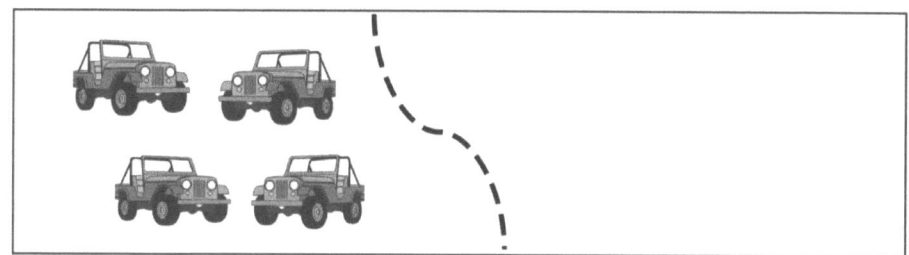

4 + ☐ = 6

2. Օգտագործեք 5-ական խմբերի քարտերը՝ լուծելու համար 6 + ? = 8

6

= 8

6 + ☐ = 8

3. Շարունակե՛ք հաշվել՝ լուծելու համար 7 + ? = 10

7...

7 + ☐ = 10

Դաս 16: Շարունակե՛ք հաշվել՝ գտնելու համար անհայտ մասը գումարման հավասարման մեջ, օրինակ՝ 6 + __ = 9: Պատասխանե՛ք, «Որքա՞ն պետք է ավելացնել՝ ստանալու համար 6, 7, 8, 9 և 10»:

69

1. Համապատասխանեցրե՛ք հավասար դոմինոները: Այնուհետև՝ գրե՛ք թվային արտահայտությունները:

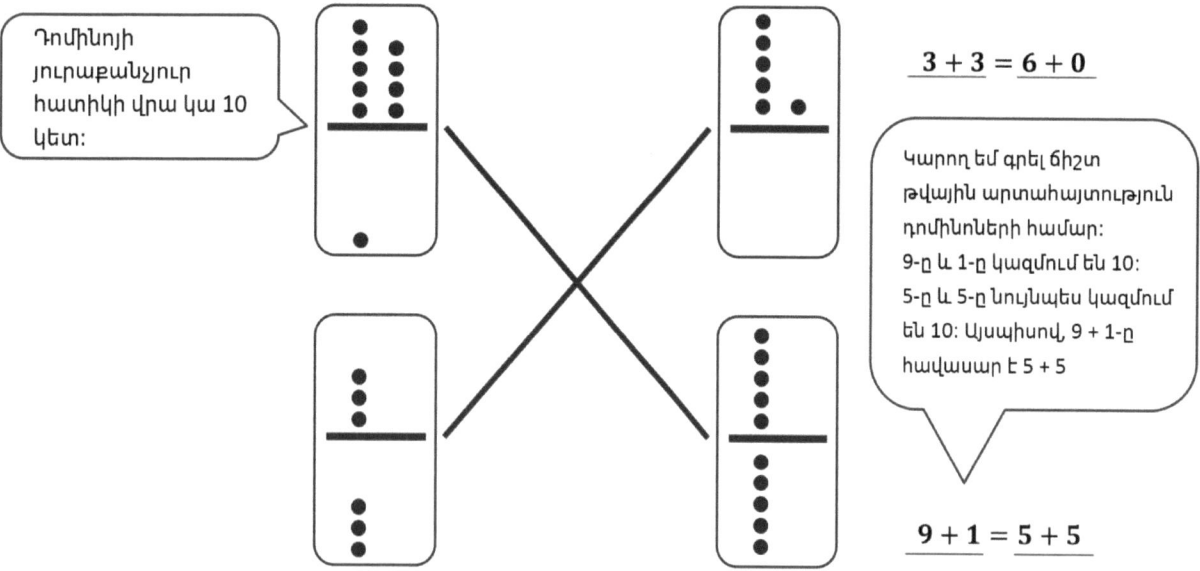

$3 + 3 = 6 + 0$

$9 + 1 = 5 + 5$

2. Գտե՛ք արտահայտություններ, որոնք հավասար են: Օգտագործե՛ք հավասար արտահայտություններ՝ գրելու համար ճիշտ թվով նախադասություններ:

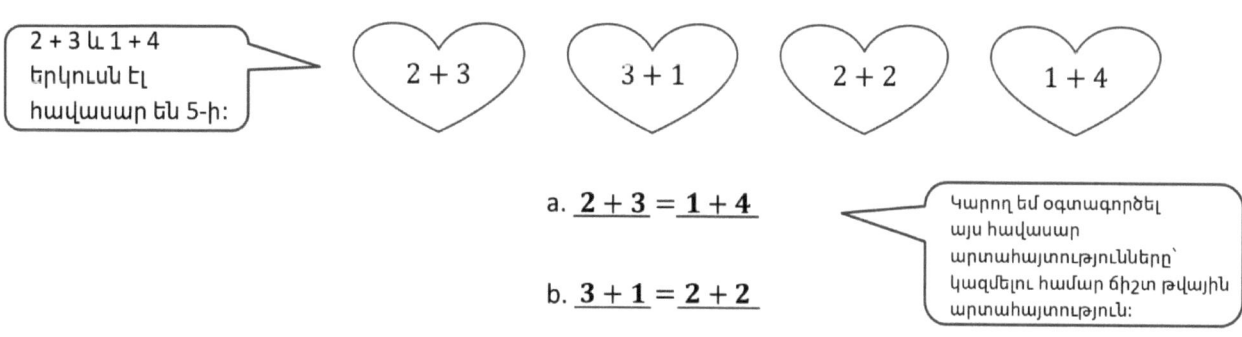

a. $2 + 3 = 1 + 4$

b. $3 + 1 = 2 + 2$

Կարող եմ օգտագործել այս հավասար արտահայտությունները՝ կազմելու համար ճիշտ թվային արտահայտություն:

Անուն ______________________ Ամսաթիվ ____________

1. Համապատասխանեցրեք հավասար դոմինոները: Այնուհետև՝ գրեք ճիշտ թվային արտահայտություններ: 4+4=5+3

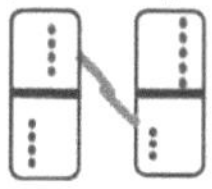

ա. ____________ ____________

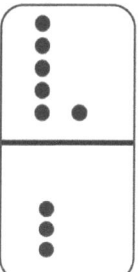

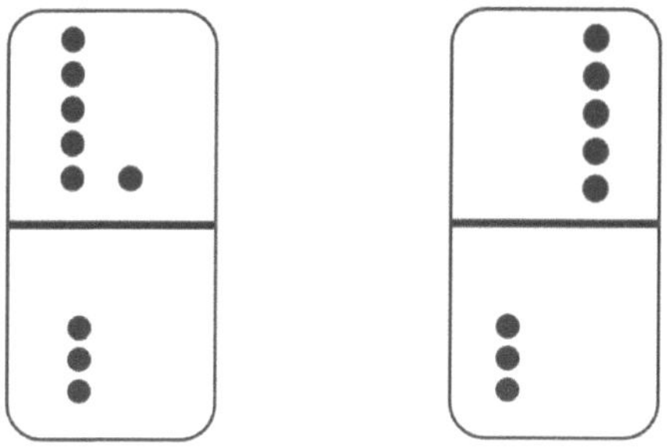

բ. ____________ ____________

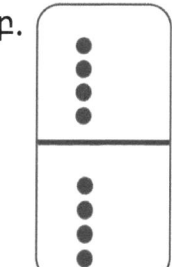

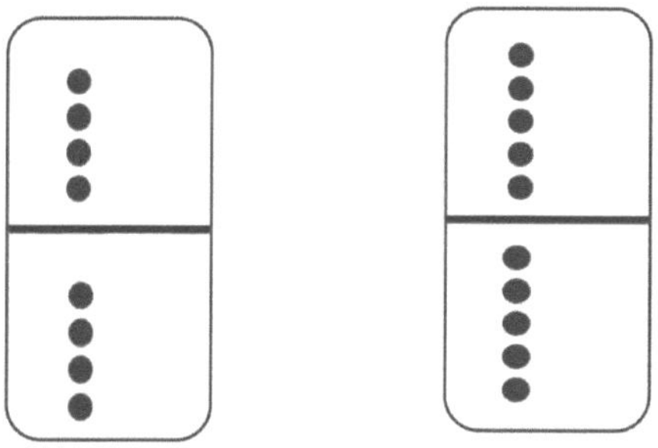

գ. ____________ ____________

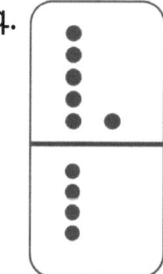

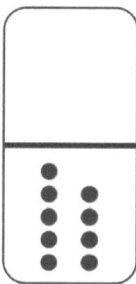

2. Գտե՛ք արտահայտություններ, որոնք հավասար են: Օգտագործե՛ք հավասար արտահայտությունները՝ ճիշտ թվով արտահայտությունները գրելու համար:

8 + 2

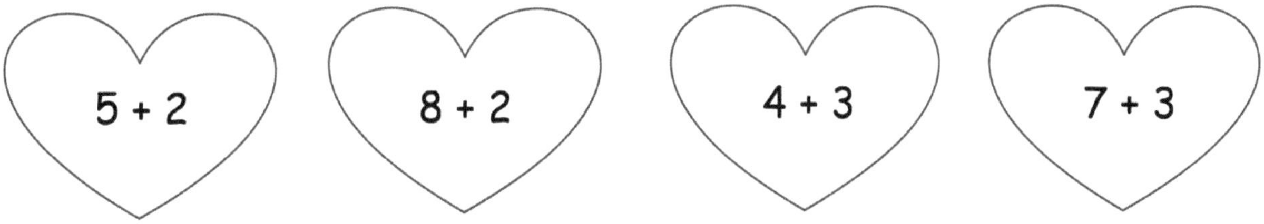

a. ____________ ____________

b. ____________ ____________

Դաս 17: Հասկացե՛ք հավասարման նշանի իմաստը՝ զուգավորելով համապատասխան արտահայտությունները և կազմելով ճիշտ թվով նախադասություններ

1. Ստորև ներկայացված նկարները հավասար չեն: Նկարները հավասարեցրեք և գրեք ճիշտ թվով արտահայտություն:

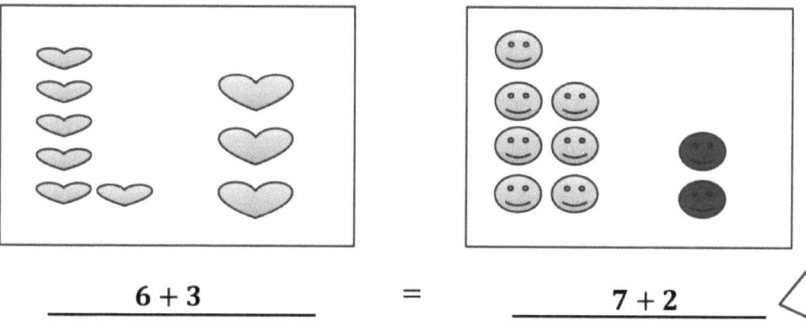

   _____6 + 3_____ = _____7 + 2_____

   Ես գիտեմ, որ 6 + 3 հավասար է 9: Կարող եմ հաշվել 7 ժպտացող դեմք: Եթե ես ևս 2 ժպտացող դեմք նկարեմ, կարող եմ ճիշտ թվային արտահայտություն կազմել, քանի որ 7 + 2-ը նույնպես հավասար է 9-ի:

2. Շրջանակի մեջ վերցրե՛ք ճիշտ արտահայտություն(ներ)ը և նորից գրեք սխալ արտահայտություն(ներ)ը՝ դրանք դարձնելով ճիշտ:

   (6 + 0 = 4 + 2)   5 + 1 = 6 + 1

   _____   5 + 2 = 6 + 1

   Գիտեմ, որ 5 + 1 հավասար է 6, և 6 + 1 հավասար է 7: 6-ը հավասար չէ 7-ի: Կարող եմ դարձնել այս թվային արտահայտությունը ճիշտ՝ փոխելով 5 + 1-ը 5 + 2-ի, այսպիսով այն հավասար է 7-ի:

3. Գտե՛ք բաց թողնված մասերը՝ թվային արտահայտությունը ճիշտ դարձնելու համար:

   7 + 1 = 4 + __4__   4 + 3 = __5__ + 2

   Գիտեմ, որ 7 + 1-ը հավասար է 8-ի: Այսպիսով, մյուս կողմը նույնպես պետք է հավասար լինի 8-ի, որպեսզի սա լինի ճիշտ թվային արտահայտություն: Ես գիտեմ իմ զույգերը. 4 + 4 = 8: Բացակայող բաղադրիչը 4-ն է:

ԲԱԺԻՆՆԵՐԻ ՊԱՏՄՈՒԹՅՈՒՆ   Դաս 18 Տնային աշխատանք   1•1

Անուն _____ Ամսաթիվ _____

1. Ստորև ներկայացված նկարները հավասար չեն: Նկարները հավասարեցրեք և գրեք ճիշտ թվով արտահայտություն:

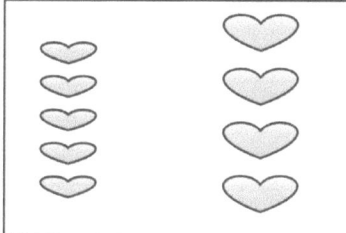   

_____   _____

2. Շրջանակի մեջ վերցեր'ք ճիշտ արտահայտությունները և նորից գրեք սխալ արտահայտությունները` դրանք դարձնելով ճիշտ:

ա. $4 = 4$ բ. $5 + 1 = 6 + 1$ գ. $3 + 2 = 5 + 0$

դ. $6 + 2 = 4 + 4$ ե. $3 + 3 = 6 + 2$ զ. $9 + 0 = 7 + 2$

է. $4 + 3 = 2 + 4$ ը. $8 = 8 + 0$ թ. $6 + 3 = 5 + 4$

3. Գտեք բաց թողնված մասերը՝ թվային արտահայտությունը ճիշտ դարձնելու համար։

ա.

8 + 0 = __ + 4

բ.

7 + 2 = 9 + __

գ.

5 + 2 = 4 + __

դ.

5 + __ = 6 + 0

ե.

6 + __ = 4 + 3

զ.

5 + 4 = __ + 3

Դաս 19 Տնային աշխատանքների օգնական

1. Օգտագործե՛ք նկարը՝ թվային զույգ գրելու համար։ Հետո գրե՛ք համապատասխան թվային արտահայտությունները․

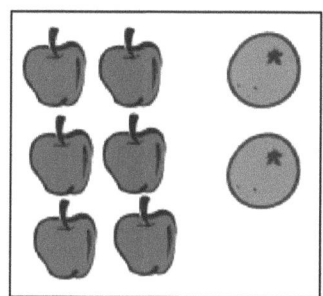 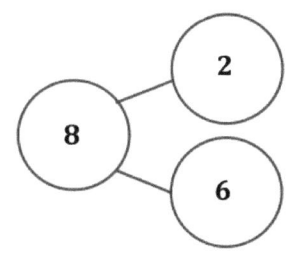

$\underline{2} + \underline{6} = \underline{8}$

$\underline{6} + \underline{2} = \underline{8}$

> Ես կարող եմ ավելացնել ցանկացած կարգով, բայց ավելի հեշտ է սկսել 6-ից և հաշվել 2-ով։ Վե՛ց, յոթ, ութ։ Ես սիրում եմ հաշվել ռազմավարությամբ։

2. Գրեք թվային արտահայտությունները, որոնք համապատասխանում են այս թվային զույգին։

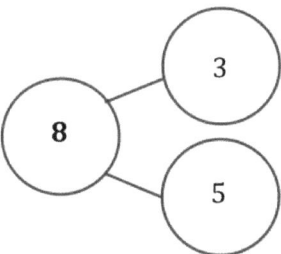

$\underline{3} + \underline{5} = \underline{8}$

$\underline{5} + \underline{3} = \underline{8}$

> Երկու թվային արտահայտությունների համար էլ բաղադրիչները 3-ը և 5-ն են, իսկ համագումարը 8-ը։ Լրացումների կարգը նշանակություն չունի, երբ ես լուծեմ։

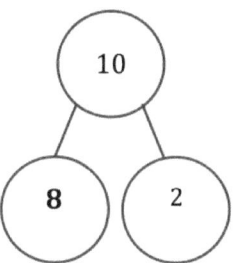

$\underline{8} + \underline{2} = \underline{10}$

$\underline{2} + \underline{8} = \underline{10}$

> Քանի որ 10-ը հանրագումարն է, իսկ մի բաղադրիչը 2,1-ը, իմացեք, մյուս բաղադրիչը պետք է լինի 8։ Ես իմ գործընկերներից գիտեմ 10-ին, և կարող եմ ավելացնել ցանկացած կարգի՝ 8 + 2 կամ 2 + 8։

Դաս 19։ Ներկայացրե՛ք նույն պատմության սցենարը, որտեղ գումարելիները տեղափոխված են (տեղափոխման հատկանիշ)։

Անուն _____ Ամսաթիվ _____

1. Օգտագործե՛ք նկարը՝ թվային զույգ գրելու համար։ Հետո գրե՛ք համապատասխան թվային արտահայտությունները։

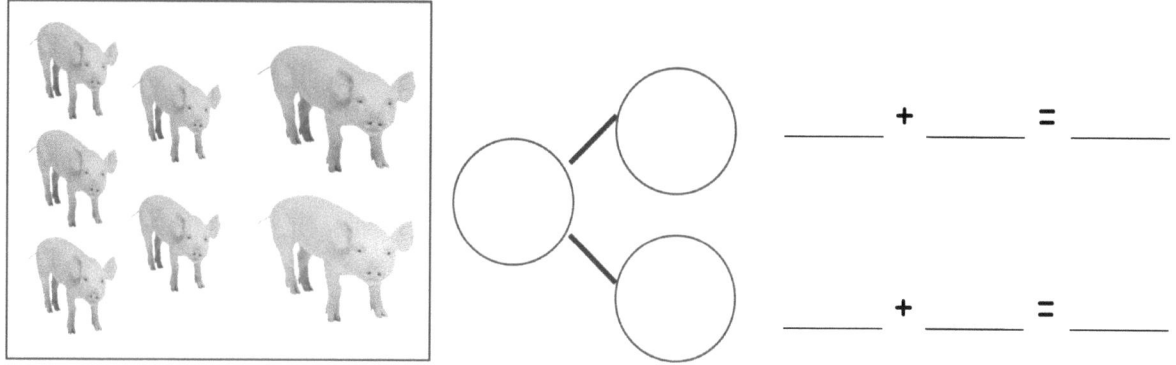

____ + ____ = ____

____ + ____ = ____

2. Գրե՛ք թվային արտահայտությունները, որոնք համապատասխանում են այս թվային զույգին։

ա.

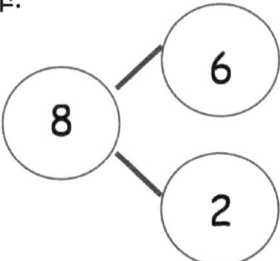

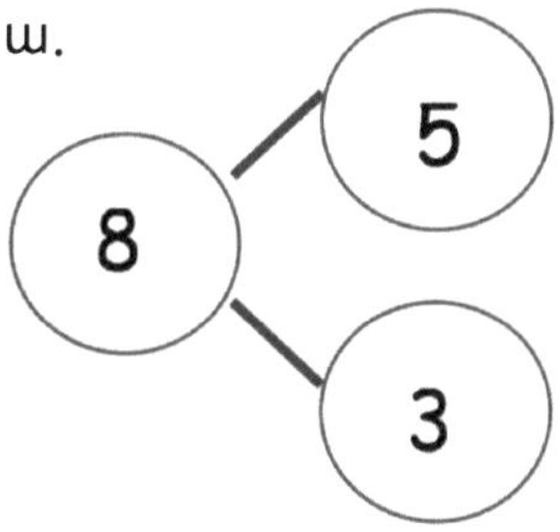

____ + ____ = ____

____ + ____ = ____

բ.

____ + ____ = ____

____ + ____ = ____

Դաս 19: Ներկայացրե՛ք նույն պատմության սցենարը, որտեղ գումարելիները տեղափոխված են (տեղափոխման հատկանիշ)։

գ.

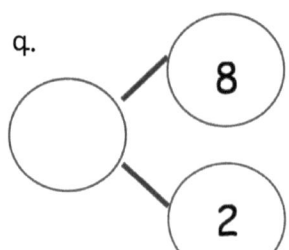

______ + ______ = ______

______ + ______ = ______

դ.

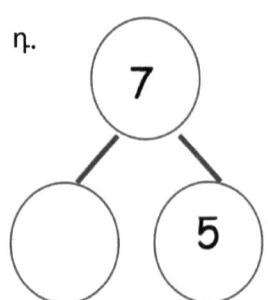

______ + ______ = ______

______ + ______ = ______

ե.

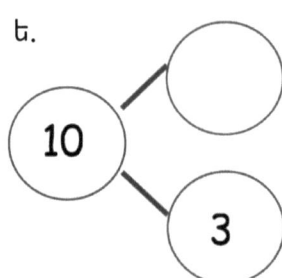

______ + ______ = ______

______ + ______ = ______

զ.

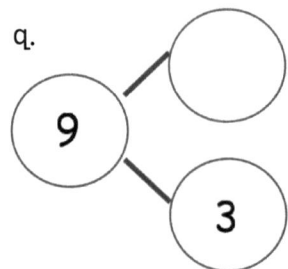

______ + ______ = ______

______ + ______ = ______

1. Ներկե՛ք ավելի մեծ մասը և լրացրե՛ք թվային զույգը: Գրե՛ք թվային արտահայտությունը՝ սկսելով ավելի մեծ մասից:

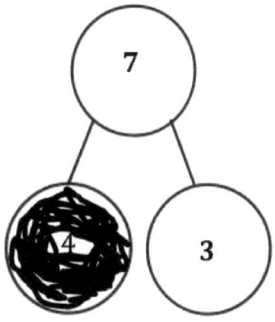

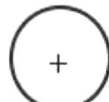

4 + 3 = 7

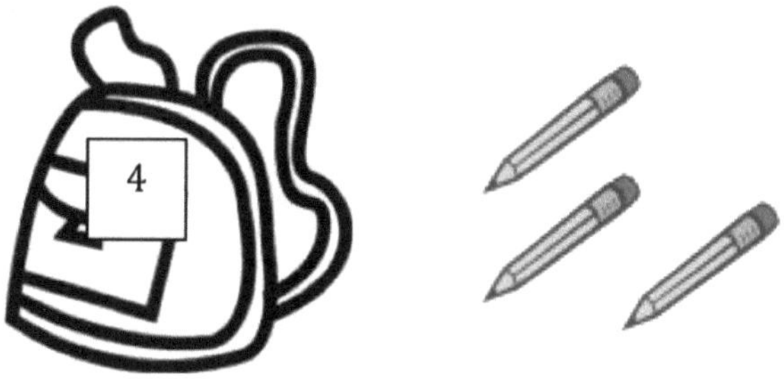

4 + 3-ը նույնն է, ինչ 3 + 4-ը: Ինձ համար շատ ավելի արագ է հաշվել ավելի մեծ լրացումից. չո՛րս, հինգ, վեց, յոթ:

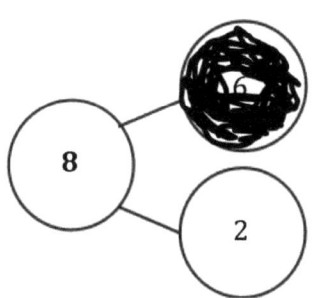

2

6 + 2 = 8

Երբ սկսեմ ավելի մեծ լրացումից, 6,1-ը պետք չէ հաշվել ինչպես՝ վե՛ց, յոթ, ութ:

EUREKA MATH Դաս 20: Կիրառե՛ք տեղափոխման հատկանիշը՝ հաշվելով ավելի մեծ գումարելիից: 83

Անուն ______________________________ Ամսաթիվ ______________

Ներկե՛ք ավելի մեծ մասը և լրացրե՛ք թվային զույգը:
Գրե՛ք թվային արտահայտությունները՝ սկսելով ավելի մեծ մասից:

1.

☐ + ☐ = ☐

2. ☐ + ☐ = ☐

3.

_______ + _______ = _______

4.

_______ + _______ = _______

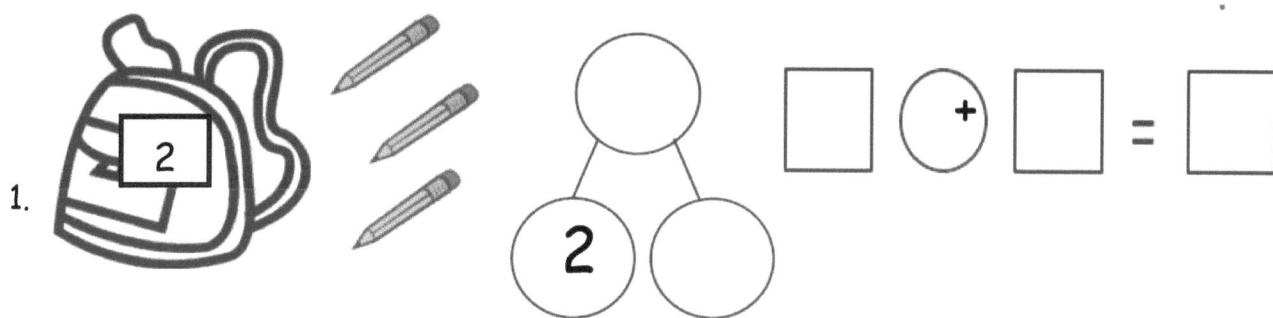

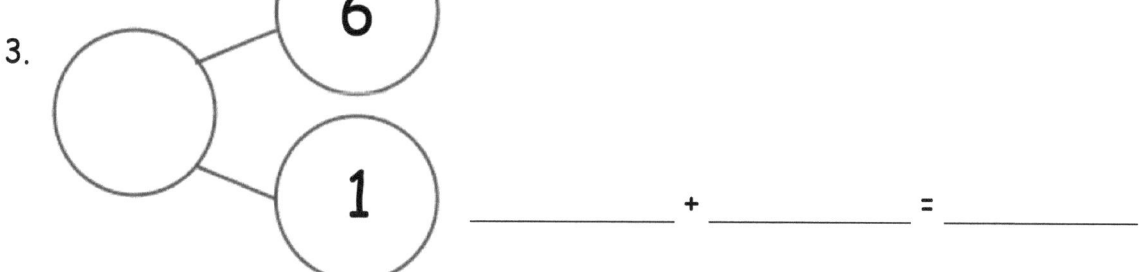

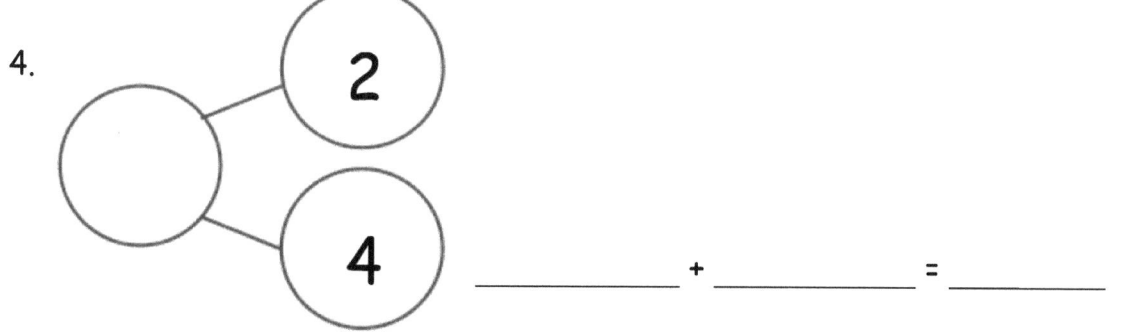

5.

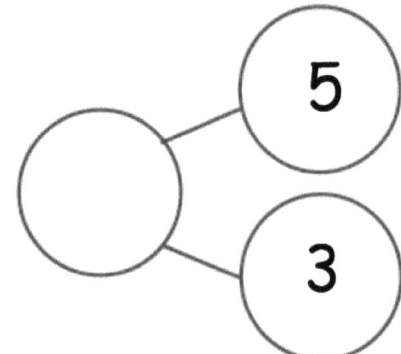

_____ + _____ = _____

6.

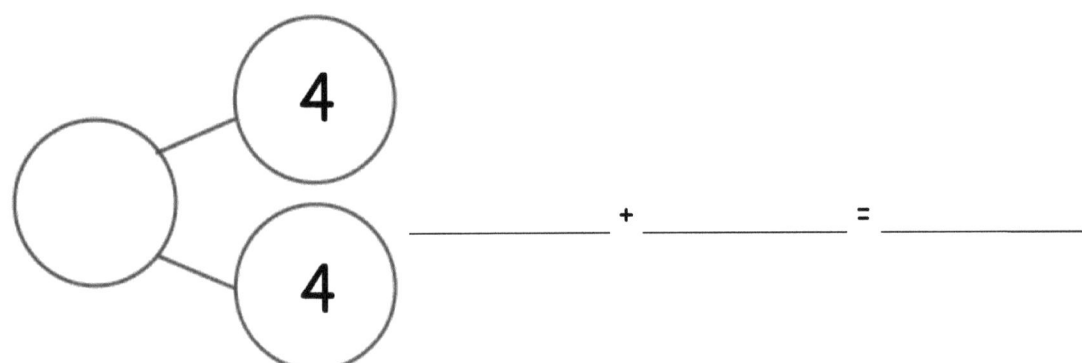

7.

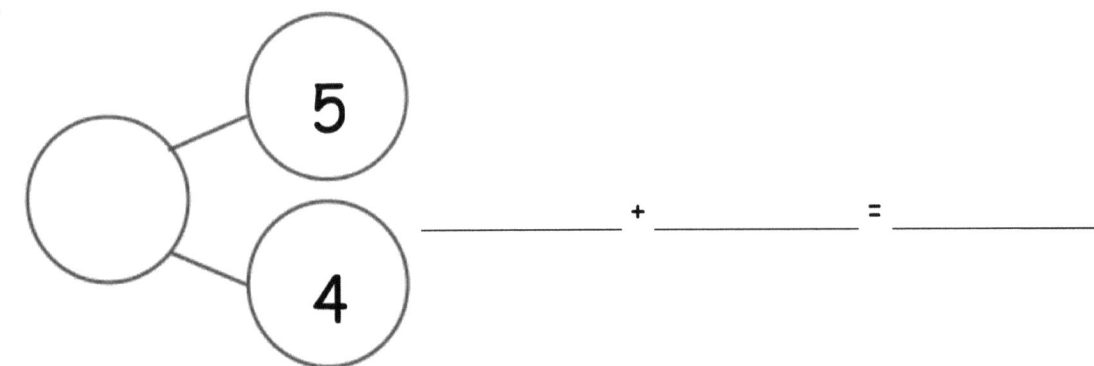

1. Նկարե՛ք 5-խմբանի քարտեր՝ ցույց տալու համար նույն թվերի զույգեր: Գրեք թվային արտահայտություն՝ քարտին համապատասխան:

4

4

4 + 4 = 8

> Կարող եմ ավելացնել նույն թիվը երկու անգամ, ինչպես՝ 4 + 4 = 8 : Սա կոչվում է զույգերի փաստ, պատկերացնում եմ, որ մտքումս կրկնակի մատները կարող եմ ծալել ... 4-ը և 4 -ը կազմում են 8:

2. Լրացրե՛ք 5-խմբանի քարտը՝ փոքրից մեծ հերթականությամբ, կրկնապատկե՛ք թիվը և գրե՛ք թվային արտահայտությունները:

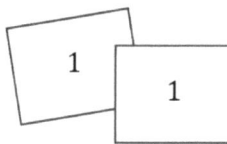

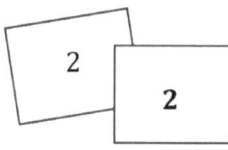

1 1

1 + 1 = 2

2 **2**

2 + 2 = 4

> Ես գիտեմ իմ զույգերի փաստերը .1 + 1 = 2: 2 + 2 = 4. Հաջորդը կլինի՝ 3 + 3 = 6: Սա պարզապես նման է 2-ով հաշվելուն. 2,4,6

3. Համապատասխանեցրե՛ք վերևի քարտերը ներքևի քարտերի հետ՝ ցույց տալու համար նույն թվերի զույգ գումարած 1:

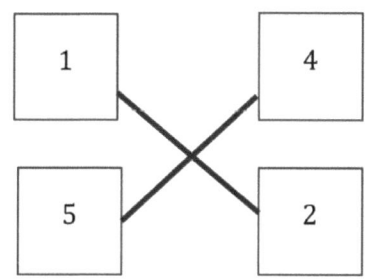

1
5
2

> Քանի որ ես գիտեմ, որ 4 + 4 = 8, այդ դեպքում ես գիտեմ իմ զույգերը՝ 1, 4 + 5 = 9: Կարող եմ նկարել 5 խմբային քարտ, որոնք կօգնեն ինձ լուծել: Զույգերի գումարած 1 փաստը ևս 1 կետ ունի:

4. Լուծեք թվային արտահայտությունը: Գրեք նույն թվերի զույգերին վերաբերող փաստերը, որոնք օգնել են Ձեզ լուծելու նույն թվերի զույգ թիվ գումարած 1 գործողությունը:

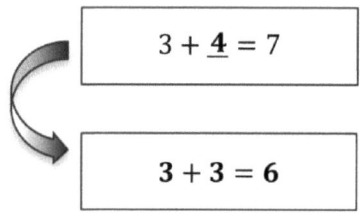

3 + <u>**4**</u> = 7

3 + 3 = 6

> 3 + 4-ը կապված է 3 + 3-ի հետ, քանի որ այն կազմում է զույգեր է և ավելացնում 1: 3 + 4-ի ներսում թաքնված զույգերի փաստ կա:

Դաս 21: Մտապատկերե՛ք և լուծեք նույն թվերի զույգերը և նույն թվերի զույգ գումարած 1՝ 5-խմբանի քարտերով:

2

2

2+2=4

Անուն ______________________ Ամսաթիվ ____________

1. Նկարե՛ք 5-խմբանի քարտեր՝ ցույց տալու համար նույն թվերի զույգեր: Գրեք թվային արտահայտություն՝ համապատասխանեցնելով քարտերին:

ա. 4

բ. 3

գ. 5

________ ________ ________

2. Լրացրեք 5-խմբանի քարտերը՝ փոքրից մեծ հերթականությամբ, կրկնապատկեք թիվը և գրեք թվային արտահայտությունները:

ա. 1 1

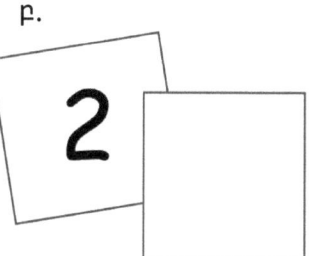

բ. 2

գ.

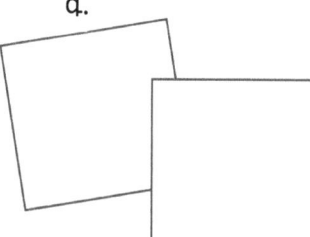

________ ________ ________

դ. 4

ե.

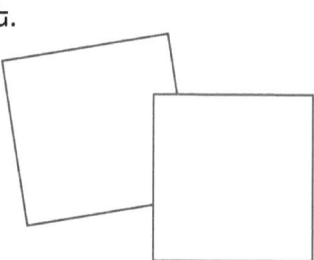

________ ________

Դաս 21: Մտապատկերե՛ք և լուծեք նույն թվերի զույգերը և նույն թվերի զույգ գումարած 1՝ 5-խմբանի քարտերով: 89

3. Լուծեք թվային արտահայտությունները:

ա. 3 + 3 = ____

բ. 5 + ____ = 10

գ. 1 + ____ = 2

դ. 4 = ____ + 2

ե. 8 = 4 + ____

4. Համապատասխանեցրե՛ք վերևի քարտերը ներքևի քարտերի հետ՝ ցույց տալու համար զույգ թվեր գումարած 1:

ա.	բ.	գ.	դ.
1	4	3	2

5	2	3	4

5. Լուծեք թվային արտահայտությունները: Գրեք նույն թվերի զույգ թվերին վերաբերող փաստերը, որոնք օգնել են Ձեզ լուծելու նույն թվերի զույգ թիվ գումարած 1 գործողությունը:

ա. 2 + 3 = ____

բ. 3 + ____ = 7

գ. 4 + ____ = 9

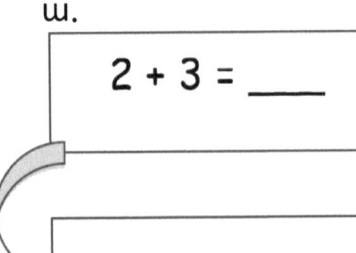

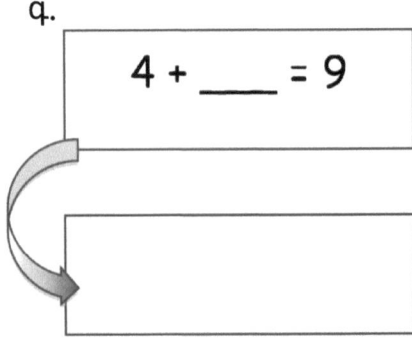

Լուծե՛ք խնդիրները՝ առանց հաշվելու բոլորը: Ներկե՛ք վանդակներն՝ օգտագործելով բանալին:

Քայլ 1: Ներկե՛ք խնդիրերը " + 1" or " 1 +" կապույտ գույնով (B):

Քայլ 2: Ներկե՛ք մնացած խնդիրները " + 2" or " 2 +" կանաչ գույնով (G).

Քայլ 3: Ներկե՛ք մնացած խնդիրները " + 3" or " 3 +" դեղին գույնով (Y).

a. **B** $8 + 1 = \underline{9}$	b. **B** $9 + \underline{1} = 10$	c. **Y** $3 + 5 = \underline{8}$	d. **Y** $5 + 3 = \underline{8}$
e. **G** $6 + \underline{2} = 8$	f. **Y** $4 + \underline{3} = 7$	g. **B** $6 + 1 = \underline{7}$	h. **G** $\underline{2} + 8 = 10$

Գ և Դ մասերում նման է այլ կարգով ավելացմանը: Համագումարը նույնն է:

Ա և բ մասերում ես կարող եմ յուրաքանչյուր անգամ ավելացնել 1, իսկ ընդհանուրը կբարձրանա 1-ով:

Մտածում եմ ամեն անգամ 2-ով հաշվելու մասին՝ ե և ը

Դաս 22: Փնտրե՛ք և կիրառե՛ք կրկնվող լոգիկա գումարման սխեմայի վրա՝ լուծելով և վերլուծելով խնդիրներ, որոնք ունեն ընդհանուր գումարելիներ:

91

Copyright © Great Minds PBC

ԲԱԺԻՆՆԵՐԻ ՊԱՏՄՈՒԹՅՈՒՆ　　　　Դաս 22 Տնային աշխատանք　1•1

Անուն _____　　Ամսաթիվ _____

 Լուծե՛ք խնդիրներ՝ առանց հաշվելու բոլորը։ Ներկե՛ք վանդակները՝ օգտագործելով բանալին․

Քայլ 1: Ներկե՛ք խնդիրները "+ 1" or "1 +" կապույտ գույնով։
Քայլ 2: Ներկե՛ք մնացած խնդիրները "+ 2" or "2 +" կանաչ գույնով։
Քայլ 3: Ներկե՛ք մնացած խնդիրները "+ 3" or "3 +" դեղին գույնով։

ա. 7 + 1 = ___	բ. 8 + ___ = 9	գ. 3 + 1 = ___	դ. 5 + 3 = ___
ե. 5 + ___ = 7	զ. 4 + ___ = 7	է. 6 + 3 = ___	ը. 8 + ___ = 10
թ. 2 + 1 = ___	ժ. 1 + ___ = 2	ի. 1 + ___ = 4	լ. 6 + 2 = ___
խ. 3 + ___ = 6	ծ. 6 + ___ = 7	կ. 3 + 2 = ___	հ. 5 + 1 = ___
ձ. 2 + 2 = ___	ղ. 4 + ___ = 6	ճ. 4 + 1 = ___	մ. 7 + 2 = ___
յ. 2 + ___ = 3	ն. 9 + 1 = ___	շ. 7 + 3 = ___	ո. 1 + ___ = 3

Լրացրե՛ք բաց թողնված վանդակները և գտեք ընդհանուրը բոլոր արտահայտությունների համար: Օգնության համար կիրառե՛ք Ձեր լրացրած գումարման սխեման:

5 + 2 7	5 + 3 8
6 + 2 8	**6 + 3** **9**
7 + 2 9	7 + 3 10
8 + 2 **10**	

Տեսնում եմ, թե որ արտահայտություններն են հավասար 8-ին: Նրանք կազմում են անկյունագիծ: Նայեք, 9-ի և 10-ի համագումարները անում են նույնը:

Գիտեմ, որ 8 + 2-ը այս սյունակի բացակայող արտահայտությունն է, քանի որ սրանք +2 փաստեր են: Երբ նայում եմ առաջին լրացումին, տեսնում եմ, որ ամեն անգամ այն աճում է 1-ով. 5,6,7,... այսպիսով հաջորդը 8-ն է:

3 + 4 7	3 + 5 8	3 + 6 9
4 + 4 8	4 + 5 9	**4 + 6** **10**
5 + 4 9	**5 + 5** **10**	
6 + 4 10		

Յուրաքանչյուր սյունակի ներքևի համագումարները 10-ն են: Դրանք նման են սանդուղքի:

Գիտեմ այս վանդակում գրել 4 + 6: Յուրաքանչյուր շարքում առաջին լրացումը մնում է նույնը, իսկ երկրորդը աճում 1-ով, այսպիսով 4 + 4, 4 + 5, 4 + 6: Համագումարները աճում են 1-ով՝ 8,9,10:

Անուն ______________________________ Ամսաթիվ ______________

Լրացրե՛ք բաց թողնված վանդակները և գտեք ընդհանուրը բոլոր արտահայտությունների համար: Օգնության համար կիրառե՛ք Ձեր լրացրած գումարման սխեման:

1.

1 + 2	1 + 3
2 + 2	
3 + 2	3 + 3

2.

6 + 1	6 + 2
7 + 1	
	8 + 2
9 + 1	

3.

4 + 4	4 + 5	
5 + 4		
6 + 4		

4.

2 + 4		2 + 6
	3 + 5	

EUREKA MATH Դաս 23: Փնտրե՛ք և կիրառել գումարման սխեմայի կառուցվածքը՝ փնտրելով և գունավորելով այն խնդիրները, որոնք ունեն նույն ընդհանուրը: 97

ԲԱԺԻՆՆԵՐԻ ՊԱՏՄՈՒԹՅՈՒՆ — Դաս 24 Տնային աշխատանքների օգնական 1•1

1. Լուծե՛ք և տեսակավորե՛ք թվային արտահայտությունները։ Մեկ թվային արտահայտությունը կարող է տեղադրվել մեկից ավելի տեղում, երբ դուք տեսակավորում եք:

| 5 + 1 = __6__ | 5 + 2 = __7__ | 2 + 3 = __5__ |

| 3 + 3 = __6__ | 10 = 1 + __9__ | __9__ = 5 + 4 |

Նույն թվերի զույգեր	Նույն թվերի զույգեր+1	+1	+2	Մտքով մտապատկերե՛ք 5-ական խմբեր
3 + 3 = 6	2 + 3 = 5	5 + 1 = 6	5 + 2 = 7	5 + 1 = 6
4 + 4 = 8	9 = 5 + 4	10 = 1 + 9	8 + 2 = 10	5 + 2 = 7
	3 + 4 = 7			9 = 5 + 4

Ես կարողանում եմ տեսնել 5 խմբային քարտեր։ Վերևում տեսնում եմ 5 կետից բաղկացած մի շարք, իսկ ներքևում՝ 4 կետից։

Նայեք կրկնակի +1 փաստերին։ Կարող եմ դրանք դնել կարգով և դրանք կառուցում են. 2 + 3, 3 + 4, 4 + 5։ Համագումարներն ամեն անգամ աճում են 2-ով. 5, 7, 9։

2. Գրեք Ձեր սեփական թվային արտահայտությունները և ավելացրեք դրանք սխեմային:

| 4 + 4 = 8 | 8 + 2 = 10 | 3 + 4 = 7 |

3 + 3 և 4 + 4 կապակցված փաստեր են։ 4 + 4-ը հաջորդ կրկնապատկված փաստն է:

3 + 4-ը կրկնապատկված +1 փաստ է: Կրկնապատկված փաստ է՝ 3 + 3 = 6։ 4-ը 3-ից մեկով ավել է, այսպիսով 3 + 4 = 7:

Դաս 24: Կրկնե՛ք վարժվելու համար մինչև 10 թվի գործողությունների հետ:

ԲԱԺԻՆՆԵՐԻ ՊԱՏՄՈՒԹՅՈՒՆ   Դաս 24 Տնային աշխատանք   1•1

Անուն _____   Ամսաթիվ _____

Լուծե՛ք և տեսակավորե՛ք թվային նախադասությունները: Մեկ թվային արտահայտությունը կարող է տեղադրվել մեկից ավելի տեղում, երբ դուք տեսակավորում եք:

| 5 + 1 = ____ | 6 + 2 = ____ | 2 + 3 = ____ |

| 3 + 3 = ____ | 7 + 1 = ____ | 2 + 2 = ____ |

| ____ = 4 + 4 | 8 + 2 = ____ | 3 + 4 = ____ |

| ____ = 5 + 4 | 10 = 1 + ____ | ____ = 5 + 2 |

Նույն թվերի զույգեր	Նույն թվերի զույգեր +1	+1	+2	Մտքով մտապատկերե՛ք 5-ական խմբեր

Գրեք Ձեր սեփական թվային արտահայտությունները և ավելացրեք դրանք սխեմային:

| | | |

Դաս 24:   Կրկնեք վարժվելու համար մինչև 10 թվի գործողությունների հետ: 101

Copyright © Great Minds PBC

ԲԱԺԻՆՆԵՐԻ ՊԱՏՄՈՒԹՅՈՒՆ

Դաս 24 Տնային աշխատանք   1•1

Լուծեք և վարժվեք մաթեմատիկական փաստեր լուծել։

1 + 0	1 + 1	1 + 2	1 + 3	1 + 4	1 + 5	1 + 6	1 + 7	1 + 8	1 + 9
2 + 0	2 + 1	2 + 2	2 + 3	2 + 4	2 + 5	2 + 6	2 + 7	2 + 8	
3 + 0	3 + 1	3 + 2	3 + 3	3 + 4	3 + 5	3 + 6	3 + 7		
4 + 0	4 + 1	4 + 2	4 + 3	4 + 4	4 + 5	4 + 6			
5 + 0	5 + 1	5 + 2	5 + 3	5 + 4	5 + 5				
6 + 0	6 + 1	6 + 2	6 + 3	6 + 4					
7 + 0	7+1	7 + 2	7 + 3						
8 + 0	8 + 1	8 + 2							
9 + 0	9 + 1								
10 + 0									

Դաս 24: Կրկնե՛ք վարժվելու համար մինչև 10 թվի գործողությունների հետ։

1. Ընդհանուրը բաժանեք մասերի: Գրեք թվային զույգ և գումարման և հանման թվային արտահայտություններ՝ պատմությանը համապատասխան:

Ջեյնը բռնեց 9 ձուկ: Նա բռնեց 7 ձուկ նախքան ճաշելը: Քանի՞ ձուկ էր նա բռնել ճաշից հետո:

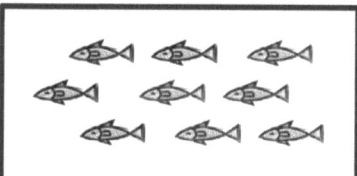

9

7 2

7 + 2 = 9

9 − 7 = 2

Կարող եմ օգտագործել հաշվումը և լրացման արտահայտությունը՝ լուծելու համար: Յո՜թ, ութ, ինը:

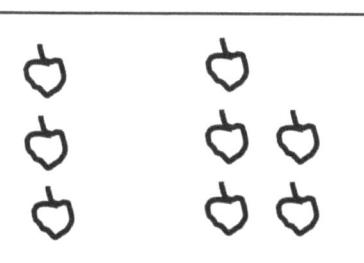

Ջեինը ճաշից հետո բռնեց __2__ ձուկ:

Քանի որ գիտեմ հանրագումարը և մի բաղադրիչը, կարող եմ օգտագործել նաև հանումը՝ մյուս բաղադրիչը գտնելու համար:

2. Նկարի օգնությամբ լուծեք մաթեմատիկական պատմությունը:

Ջենան ուներ 3 ելակ: Սանջայը նրան տվեց ևս մի քանի ելակ: Այժմ Ջենան ունի 8 ելակ: Քանի՞ ելակ տվեց Սանջայը:

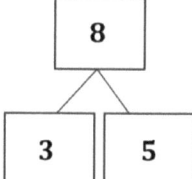

8

3 5

3 + 5 = 8

8 − 3 = 5

8-ը Ջենայի ունեցած ելակների ընդհանուր քանակն է: 3-ը՝ Ջենայի սկզբում ունեցած ելակների քանակն է: Գիտեմ ամբողջը և մի բաղադրիչը: Պետք է գտնեմ մյուս բաղադրիչը:

Իմ թվային արտահայտություններից երկուսը համապատասխանում են իմ թվային զույգերին: Եվ գումարումը և հանումը ունեն բաղադրիչները և հանրագումարը:

Սանջեյը նրան __5__ տվեց 5 ելակ:

Դաս 25: Լուծեք գումարման խնդիրը, որը ներկայացված է փոփոխված անհայտ մաթեմատիկական պատմություններում գումարման լուծումներով և վերաբերում է հանմանը: Մոդելավորե՛ք նյութերով և գրեք համապատասխան թվային արտահայտությունները:

Անուն ______________________________ Ամսաթիվ ______________

Ընդհանուրը բաժանեք մասերի: Գրեք թվային զույգ և գումարման և հանման թվային արտահայտություններ՝ պատմությանը համապատասխան:

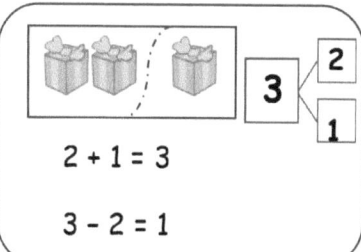

2 + 1 = 3

3 - 2 = 1

1. Երկուշաբթի օրը ծաղկեց 6 ծաղիկ: Մի քանիսը ևս ծաղկեցին երեքշաբթի: Հիմա կա 8 ծաղիկ: Քանի՞ ծաղիկ ծաղկեց երեքշաբթի:

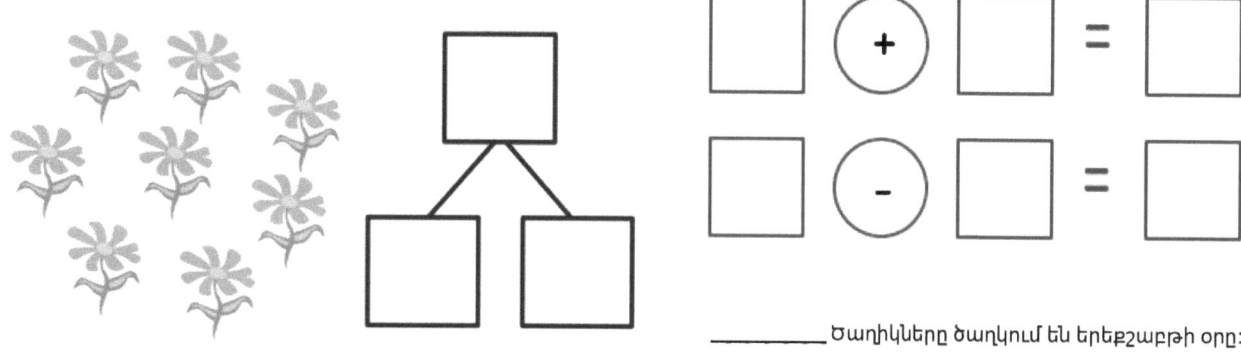

☐ + ☐ = ☐

☐ - ☐ = ☐

_______ Ծաղիկները ծաղկում են երեքշաբթի օրը:

---

2. Ստորև այն փուչիկներն են, որ մայրիկն է գնել: Նա գնել է 4 փուչիկ Բելլայի համար, իսկ մնացած փուչիկները Ջիմի համար էին: Քանի՞ փուչիկ է նա գնել Ջիմի համար:

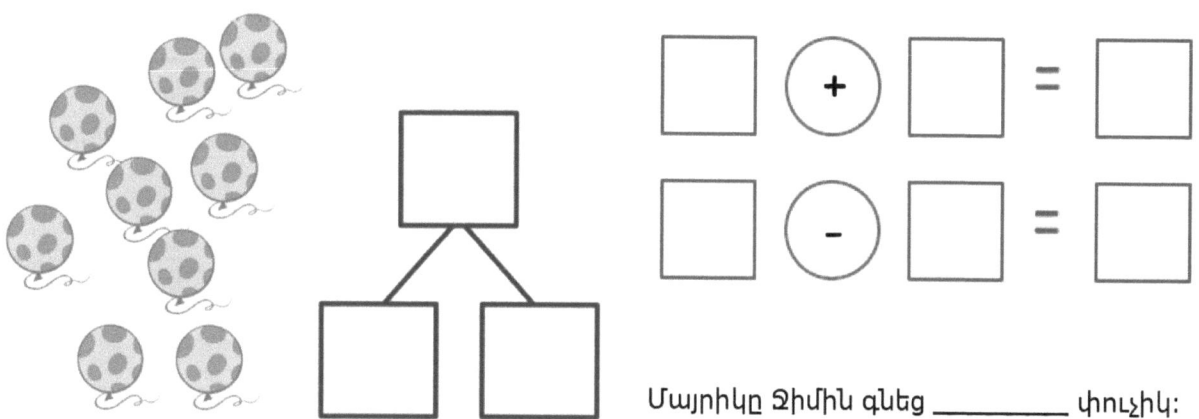

☐ + ☐ = ☐

☐ - ☐ = ☐

Մայրիկը Ջիմին գնեց _______ փուչիկ:

Նկարելու օգնությամբ լուծեք մաթեմատիկական պատմությունը։

3. Միսին գնեց մի քանի տորթ և 2 կեքս։ Հիմա նա ունի 6 կտոր աղանդ։ Քանի՞ տորթ նա գնեց։

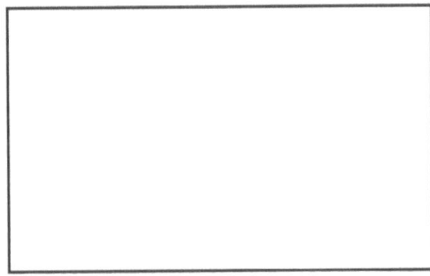 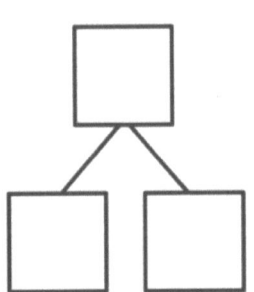 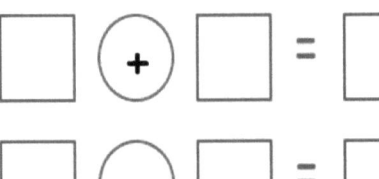

Միսին գնեց _____ կեքս։

4. Ջիմը խնջույքին հրավիրեց 9 ընկեր։ Երեք ընկեր ուշ ժամանեցին, բայց մնացածները ժամանակին եկան։ Քանի՞ ընկեր ժամանակին եկան։

 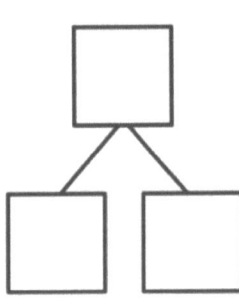 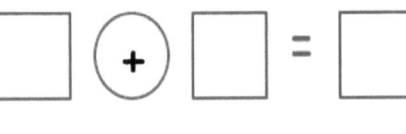

_____ Ընկերները շուտ եկան։

5. Մայրիկը ներկեց իր եղունգները երկու ձեռքի վրա։ Սկզբում նա ներկեց 2 կարմիր։ Հետո նա ներկեց մնացածը՝ վարդագույն։ Քանի՞ եղունգ է վարդագույն։

 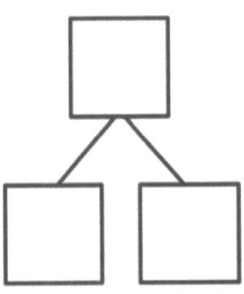 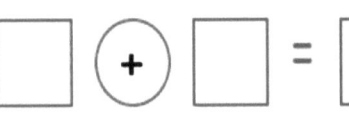

Մայրիկը ներկեց _____ եղունգ վարդագույն։

7 - 5-ը լուծելու համար ես կարող եմ մտածել. «5 գումարած որևէ բան հավասար է 7»: Կարող եմ սկսել 5-ից և հաշվարկել մինչև հասնեմ 7-ին: 7-ին հասնելու համար անհրաժեշտ է 2 ցատկ, այսպիսով 7 - 5 = 2: Դա նույնն է, ինչ մտածելը` 5 + 2 = 7

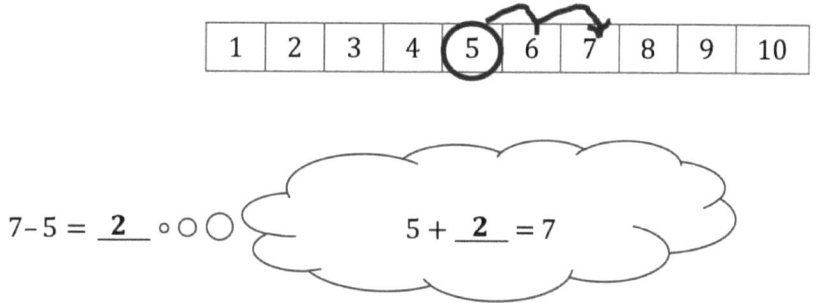

1. Լուծման համար օգտագործեք թվային ճանապարհ:

1	2	3	4	5	6	7	8	9	10

7 – 5 = **2**

5 + **2** = 7

2. Լուծման համար օգտագործեք թվային ճանապարհ:

1	2	3	4	5	6	7	8	9	10

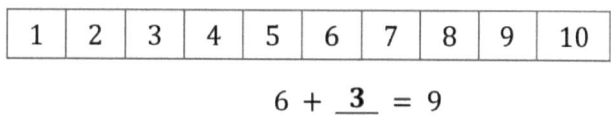

9 – 6 = **3**

6 + **3** = 9

Հիմա, երբ պարապել եմ, անհրաժեշտ չէ շրջանակի մեջ վերցնել թվերի շարքը և գծել սլաքներ: Կարող եմ պարզապես օգտագործել մատիտիս կետերը` ցատկերը պատկերացնելու համար: 9-6-ը լուծելու համար պատրաստվում եմ հաշվել 6-ից` մինչև կհասնեմ 9-ը: Սա նման է իմ բացակայող գումարելիի խնդիրը լուծելուն: 6 + 3 = 9, այսպիսով 9 - 6 = 3.

Անուն ______________________________ Ամսաթիվ ______________

Լուծման համար օգտագործեք թվային ճանապարհ:

1	2	3	4	5	6	7	8	9	10

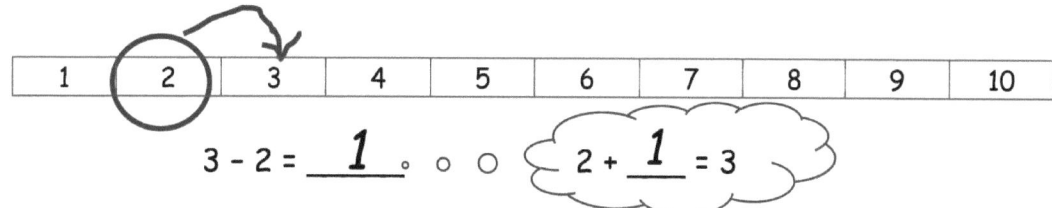

3 - 2 = 1 ∘ ○ ○ 2 + 1 = 3

1.

1	2	3	4	5	6	7	8	9	10

5 - 3 = ______ ∘ ○ ○ 3 + ____ = 5

2.

1	2	3	4	5	6	7	8	9	10

ա. 8 - 6 = ______ 6 + ______ = 8

բ. 7 - 4 = ______ 4 + ______ = 7

գ. 8 - 2 = ______ ____________________

դ. 9 - 6 = ______ ____________________

Օգտագործեք թվային ճանապարհ՝ լուծման համար:
Օգնության համար համապատասխանեցրե՛ք գումարման արտահայտությունը:

1	2	3	4	5	6	7	8	9	10

3. ա. 6 - 4 = ______ 6 + 4 = 10

բ. 9 - 5 = ______ 10 = 7 + 3

գ. 10 - 6 = ______ 4 + 5 = 9

դ. 10 - 7 = ______ 6 = 4 + 2

4. Գրե՛ք գումարման և հանման թվային արտահայտությունը՝ թվային զույգի համար:
Լուծման համար կարող եք օգտագործել թվային ճանապարհը:

1	2	3	4	5	6	7	8	9	10

a.

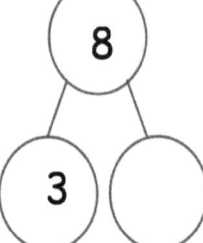

3

____

____

b.

9
3

____

____

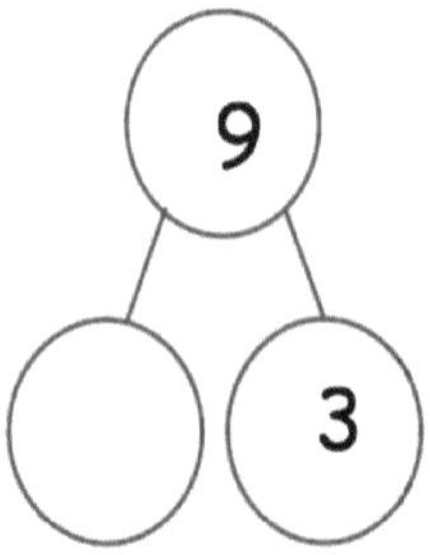

ԲԱԺԻՆՆԵՐԻ ՊԱՏՄՈՒԹՅՈՒՆ   Դաս 27 Տնային աշխատանքների օգնական   1•1

1. Օգտագործե՛ք թվային ճանապարհը՝ լրացնելով թվային զույգը: Այնուհետև համապատասխան տեղերում գրեք գումարման և հանման արտահայտությունները:

| 1 | 2 | 3 | 4 | 5 | 6 | 7 | 8 | 9 | 10 |

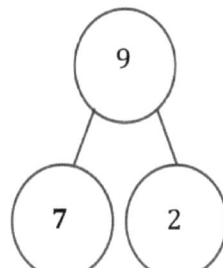

$9 - 2 = 7$

$2 + 7 = 9$

1-ը կարող է հետ հաշվարկ անել 9-ից՝ օգտագործելով 2 ցատկ: Հասա 7-ին: Դա նշանակում է, որ 7-ը թվային կապի բացակայող բաղադրիչն է: 9 - 2 = 7 և 2 + 7 = 9.

2. Լուծե՛ք թվային արտահայտությունները: Ընտրե՛ք լուծման լավագույն ճանապարհը: Ընտրե՛ք վանդակը:

Հաշվեք   Հետ հաշվե՛ք

a. 9 – 1 = __**8**__   [ ]   [X]

b. 8 – 7 = __**1**__   [X]   [ ]

9-1-ի համար ավելի արագ է հետհաշվարկ կատարելը, քանի որ պարզապես 1 հետ ցատկ է: 9 - 1 = 8.

8-ը և 7-ը մոտ են, ուստի ավելի արագ կարելի է հաշվել 7-ից:

7 + 1 = 8, այնպես որ դա ընդամենը 1 ցատկ դեպի առաջ է:

Դաս 26: Շարունակե՛ք հաշվել օգտագործելով թվային ճանապարհի՝ գտնելու համար անհայտը:

3. Լուծեք թվային արտահայտությունը: Ընտրե՛ք լուծման լավագույն ճանապարհը: Ընտրե՛ք թվային ճանապարհը՝ ցույց տալու համար՝ ինչու:

Հաշվեք | Հետ հաշվե՛ք

$8 - 5 =$ **3**

X

Հաշվում եմ, քանի որ ավելի քիչ ցատկեր են պետք:

8-ը և 5-ը իրար մոտ թվեր են: Ավելի արագ է ստացվում հաշվելը, երբ թվերը իրար մոտ են: 5-ից սկսելով կհաշվեմ՝ 3 ցատկով հասնելու համար 8-ին:

4. Մաթեմատիկական գծագիր գծեք կամ գրեք թվային արտահայտություն՝ ցույց տալու համար, թե ինչու է դա ամենալավը:

$9 - 7 =$ **2**

X

$7 + 2 = 9$

9-ը և 7-ը նույնպես մոտ են իրար: Ավելի արագ է ստացվում հաշվելը, երբ թվերը իրար մոտ են: $7 + 2 = 9$.

Եթե թվերը իրարից հեռու լինեին, ինչպես 9 - 2-ը, հետհաշվարկ կկատարեի:

Անուն ______________________ Ամսաթիվ ______________

Օգտագործե՛ք թվային ճանապարհը՝ լրացնելու թվային զույգը: Այնուհետև համապատասխան տեղերում գրեք գումարման և հանման արտահայտությունները:

1.

Թվերի շարք

1	2	3	4	5	6	7	8	9	10

ա.

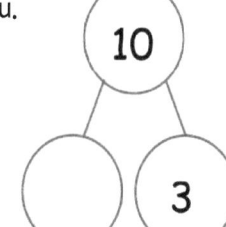

____

____

բ.

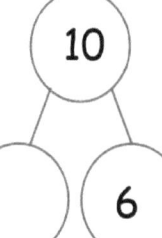

____

____

2. Լուծե՛ք թվային արտահայտությունները: Ընտրե՛ք լուծման լավագույն ճանապարհը: Ընտրե՛ք վանդակը:

	Շարունակե՛ք հաշվել	Հետ հաշվե՛ք
ա. 9 - 7 = ______	☐	☐
բ. 8 - 2 = ______	☐	☐
գ. 7 - 5 = ______	☐	☐

3. Լուծեք թվային արտահայտությունը: Ընտրե՛ք լուծման լավագույն ճանապարհը: Ընտրե՛ք թվային ճանապարհը՝ ցույց տալու համար՝ ինչու:

Հաշվեք ➡ Հետ հաշվե՛ք ⬅

a. 7 - 5 = ______ ☐ ☐

1	2	3	4	5	6	7	8	9	10

Ես հաշվեցի ______________, որովհետև այն պահանջում էր ավելի քիչ ցատկեր:

➡ ⬅

b. 9 - 1 = ______ ☐ ☐

1	2	3	4	5	6	7	8	9	10

Ես հաշվեցի ______________ ,որովհետև այն պահանջում էր ավելի քիչ ցատկեր:

➡ ⬅

c. 10 - 8 = ____ ☐ ☐

Մաթեմատիկական գծագիր գծե՛ք կամ գրե՛ք թվային արտահայտություն՝ ցույց տալու համար, թե ինչու է դա ամենալավը:

114 Դաս 27: Շարունակե՛ք հաշվել օգտագործելով թվային ճանապարհ՝ գտնելու համար անհայտը: EUREKA MATH

ԲԱԺԻՆՆԵՐԻ ՊԱՏՄՈՒԹՅՈՒՆ   Դաս 28 Տնային աշխատանքների օգնական   1•1

Կարդացե՛ք պատմությունը: Լուծման համար մաթեմատիկական գծագիր գծե՛ք:

Բոբը գնեց 9 նոր խաղալիք ավտոմեքենա: Նա 2-ը հանեց պայուսակից: Քանի՞ մեքենա կա դեռ պայուսակի մեջ:

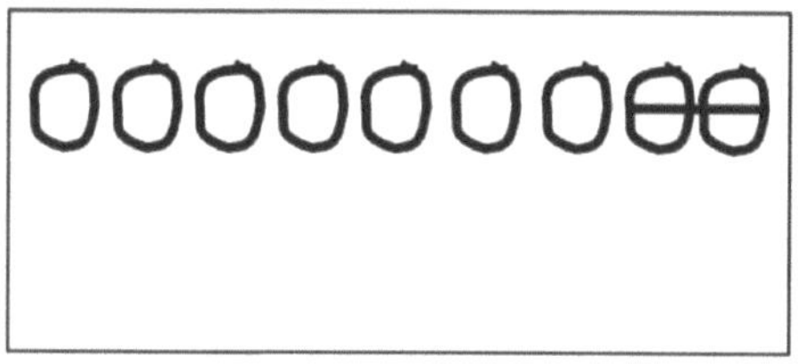

OOOOOOO∅∅

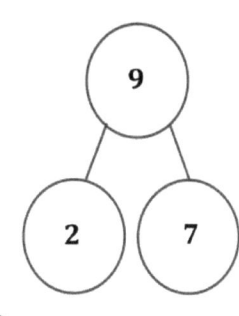

$\underline{9} - \underline{2} = \underline{7}$

_7_ մեքենաներ դեռ պայուսակում են:

> Կարող եմ նկարել 9 շրջանակ 9-ը խաղալիք մեքենաների համար: Հետո կարող եմ խաչ քաշել 2-ի վրա, քանի որ Բոբը հանեց 2-ը պայուսակից: Մնաց 7 շրջանակ: Սրանք այն 7 մեքեններն են, որոնք դեռ մնացել են պայուսակում:
>
> Թվային զույգում կարող եմ ցույց տալ 9-ը՝ որպես մեքենաների ընդհանուր քանակ: Այն մասը, որը հանվել է, 2-ն է: Այն մասը, որը դեռ մնացել է 7-ն է:
>
> $9 - 2 = 7$.

Դաս 28: Լուծե՛ք անհայտ մաթեմատիկական պատմություններով համան խնդիրներ՝ կատարելով մաթեմատիկական գծանկարներ, գրելով ճիշտ թվերի արտահայտություններ և պնդումներ, օգտագործելով հորիզոնական նշումներ՝ ջնջելու համար այն, ինչ հանվել է:

115

ԲԱԺԻՆՆԵՐԻ ՊԱՏՄՈՒԹՅՈՒՆ   Դաս 28 Տնային աշխատանք   1•1

Անուն _____   Ամսաթիվ _____

Կարդացե՛ք պատմությունը։ Լուծման համար մաթեմատիկական գծագիր գծե՛ք։

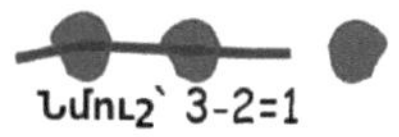

Նմուշ` 3-2=1

1. Գրիլում կար 6 հոթ դոգ։ Երկուսը եփեցին և հանվեցին կրակից։ Քանի՞ հոթ դոգ է մնում գրիլի վրա։

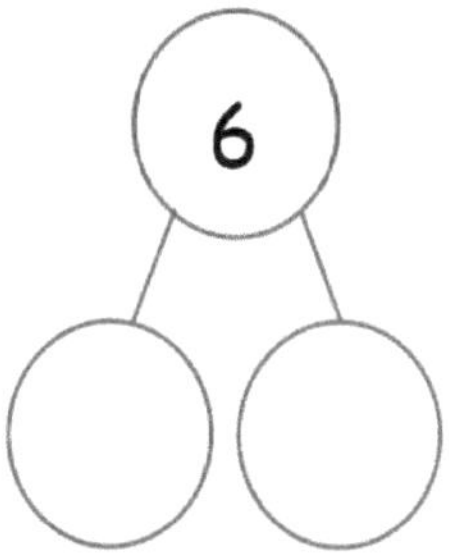

   6

   6 - ____ = ____

   Գրիլի վրա կա ___ հոթ դոգ։

2. Բոբը գնեց 8 նոր խաղալիք ավտոմեքենա։ Նա 3-ը հանեց պայուսակից։ Քանի՞ մեքենա կա դեռ պայուսակի մեջ։

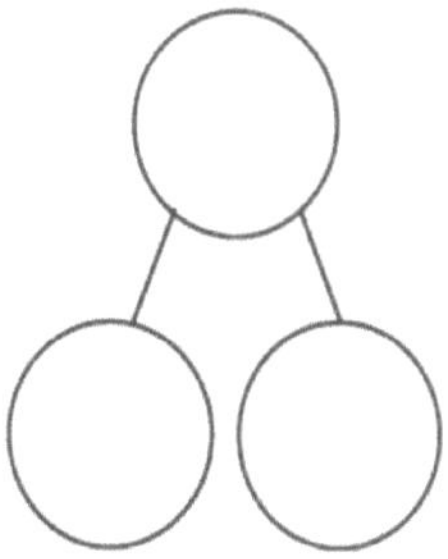

   ____ - ____ = ____

   ___ մեքենաներ դեռ պայուսակում են

3. Կիրան տեսնում է 7 թռչուն ծառի վրա։ Երեք թռչուն թռան-հեռացան։ Քանի՞ թռչուն կա դեռ ծառի վրա։

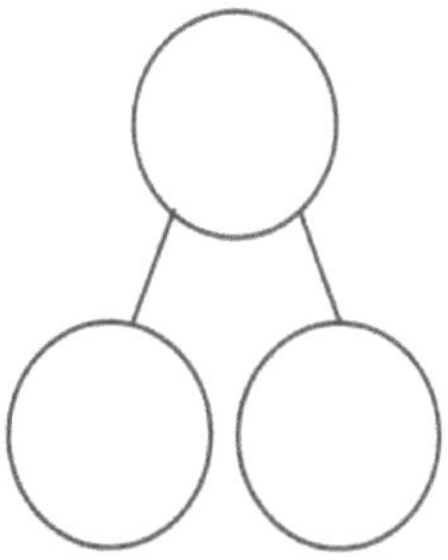

   ____ - ____ = ____

   ___ թռչունները դեռ ծառի մեջ են

EUREKA MATH

Դաս 28: Լուծե՛ք անհայտ մաթեմատիկական պատմություններով հանման խնդիրներ` կատարելով մաթեմատիկական գծանկարներ, գրելով ճիշտ թվերի արտահայտություններ և պնդումներ, օգտագործելով հորիզոնական նշումներ` ջնջելու համար այն, ինչ հանվել է։

117

Copyright © Great Minds PBC

4. Բրեդի խնջույքին մասնակցում էին 9 ընկեր: Վեցը հեռացան: Քանի՞ ընկեր կա դեռ խնջույքին:

_____ - _____ = _____

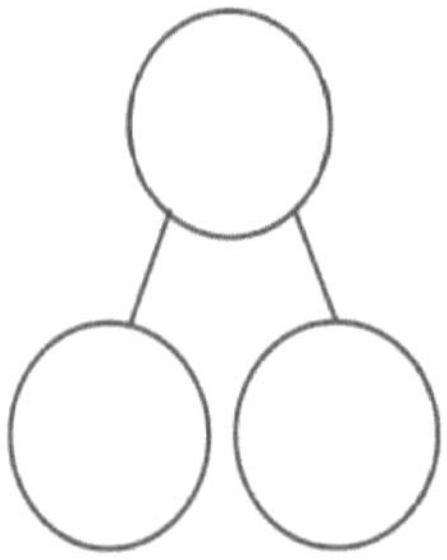

_____ ընկերները դեռ երեկույթի են

5. Ջորդանը խաղում էր 10 ավտոմեքենայով: Նա 7-ը տվեց Քեյթին: Քանի՞ ավտոմեքենայով է խաղում Ջորդանը հիմա:

_____ - _____ = _____

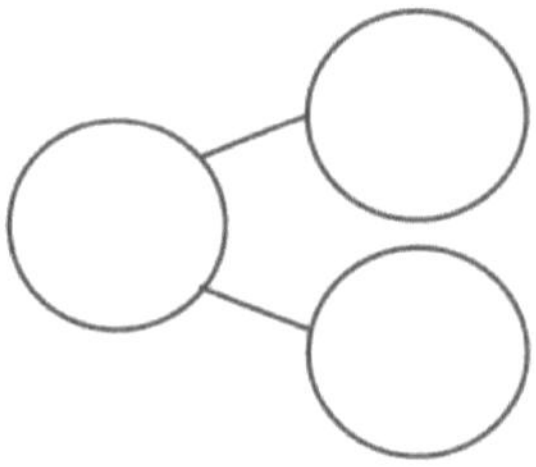

Ջորդանը խաղում է մեքենայի հետ հիմա:

6. Թոնին հանեց 4 գիրք գրապահարանից: Սկզբում կար 10 գիրք գրապահարանում: Քանի՞ գիրք կա գրապահարանում հիմա:

_____ - _____ = _____

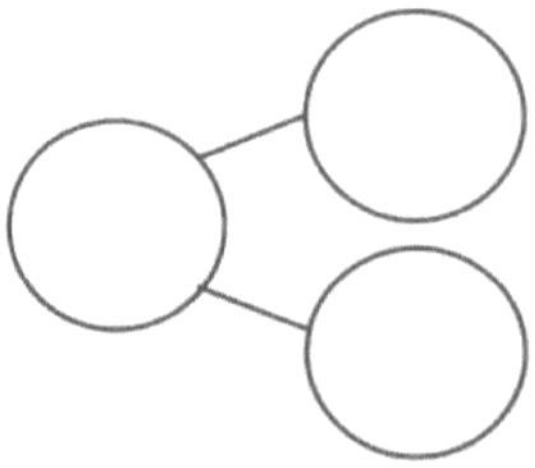

_____ գրքերը այժմ գրքերի վրա են:

Դաս 28: Լուծե՛ք *անհայտ* մաթեմատիկական պատմություններով հանման խնդիրներ՝ կատարելով մաթեմատիկական գծանկարներ, գրելով ճիշտ թվերի արտահայտություններ և պնդումներ, օգտագործելով հորիզոնական նշումներ՝ ջնջելու համար այն, ինչ հանվել է:

EUREKA MATH

Կարդացե՛ք մաթեմատիկական պատմությունները: Լուծման համար գծեք մաթեմատիկական գծագիր:

Թոմն ունի 8 գունավոր մատիտների տուփ: 3 մատիտները կարմիր են: Քանի՞ մատիտ կարմիր չէ:

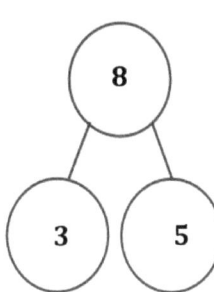

__8__ - __3__ = __5__

__5__ մատիտ կարմիր չէ:

Կարող եմ նկարել 8 շրջանակ՝ 8 մատիտների համար: Կարող եմ շրջանակի մեջ վերցնել 3 մատիտ՝ որոնք կարմիր են: Մնաց 5 մատիտ, որոնք կարմիր չեն:

Թվային կապում կարող եմ ցույց տալ 8-ը՝ որպես մատիտների հանրագումար: Այն մասը, որը կարմիր է՝ 3-ն է: Այն մասը, որը կարմիր է 5-ն է:

$$8 - 3 = 5.$$

Իմ հարցի պնդումն այն է, որ 5 մատիտները կարմիր չեն:

Դաս 29: Լուծեք *հանման գործողություն, որի անհայտ գումարելիով* մաթեմատիկական պատմությամբ՝ գծանկարով, հավասարումներով և պնդումներով՝ շրջանակի մեջ վերցնելով հայտնի մասերը, որպեսզի գտնեք անհայտը:

Անուն ______________________________ Ամսաթիվ ______________

Կարդացե՛ք մաթեմատիկական պատմությունները: Լուծման համար գծեք մաթեմատիկական գծագիր:

5 - 4 = 1

1. Թոմն ունի 7 գունավոր մատիտների տուփ: Հինգ մատիտ կարմիր են: Քանի՞ մատիտ կարմիր չէ:

_____ - _____ = _____

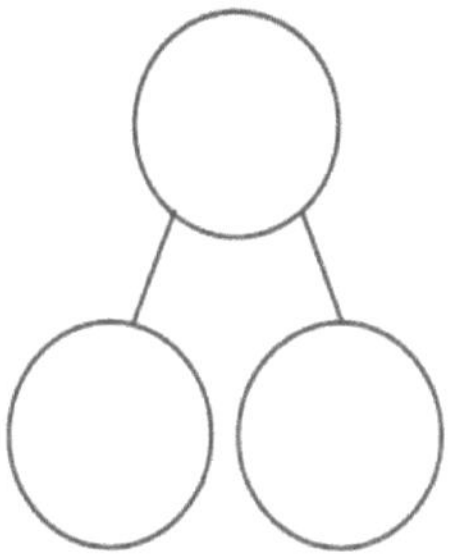

_____ գունավոր մատիտներ կարմիր չեն:

2. Մերին քաղեց 8 ծաղիկ: Երկուսը երիցուկ են: Մնացածը կակաչներ են: Քանի՞ կակաչ է նա քաղել:

_____ - _____ = _____

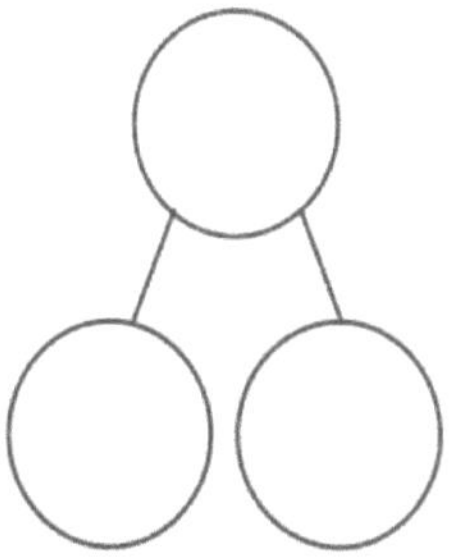

Մերին հավաքեց _____ կակաչ:

3. Ամանի մեջ կա 9 միրգ: Չորսը խնձոր են: Մնացածը՝ նարինջ են: Քանի՞սն է նարինջ:

_____ - _____ = _____

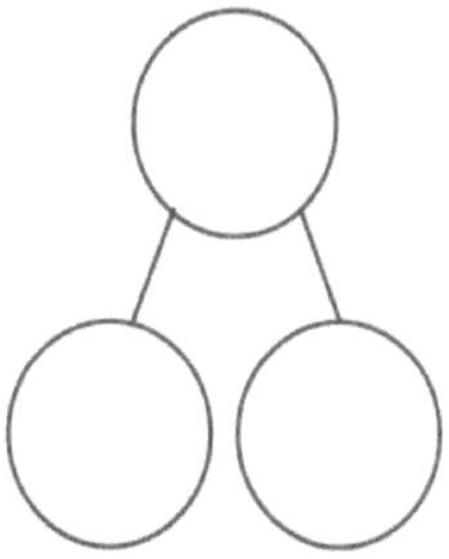

Ծաղկամանի մեջ կա ____ նարինջ:

Դաս 29: Լուծեք *հանման գործողություն, որի անհայտ գումարելիով* մաթեմատիկական պատմությամբ՝ գծանկարով, հավասարումներով և պնդումներով՝ շրջանակի մեջ վերցնելով հայտնի մասերը, որպեսզի գտնեք անհայտը:

4. Մայրիկը և Բենը պատրաստեցին 10 խմորեղեն: Վեցը աստղեր են: Մնացածը կլոր են: Քանի՞ խմորեղեն է կլոր:

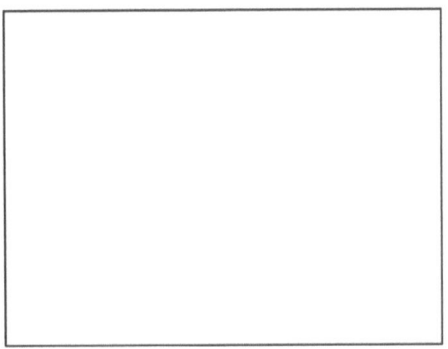

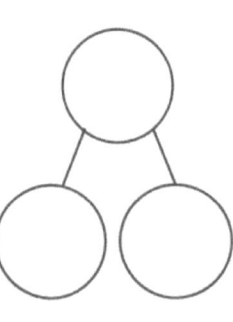

_____ - _____ = _____

Կա ___ կլոր խմորեղեն:

5. Ավտոկայանում կա 7 տեղ: Երկու մեքենա ավտոկայանել են: Քանի՞ մեքենա կարող է կայանել ավտոկայանում:

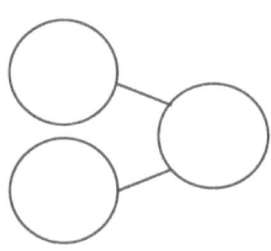

_____ - _____ = _____

___ ավել մեքենա կարող են կայանել ավտոկայանում:

6. Լիզն ունի 2 մատ վիրակապով: Քանի՞ մատ վնասված չեն:

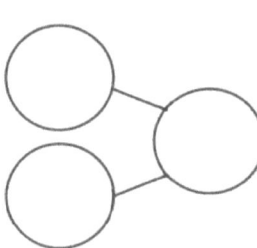

_____ - _____ = _____

Հիմնավորե՛ք Ձեր պատասխանը:

Դաս 29: Լուծեք *հանման գործողություն, որի անհայտ գումարելիով* մաթեմատիկական պատմությամբ՝ գծանկարով, հավասարումներով և պնդումներով՝ շրջանակի մեջ վերցնելով հայտնի մասերը, որպեսզի գտնեք անհայտը:

Լուծե՛ք մաթեմատիկական պատմությունը: Լուծման համար գծե՛ք և պիտակավորե՛ք նկարազարդ թվային զույգը: Շրջանակի մեջ վերցրե՛ք անհայտ թիվը:

Լին ունի ընդամենը 9 մեքենա: Նա դրեց 6-ը խաղալիքների տուփում, իսկ մնացածը տարավ ընկերոջ տուն: Քանի՞ մեքենա է Լին տարել ընկերոջ տուն:

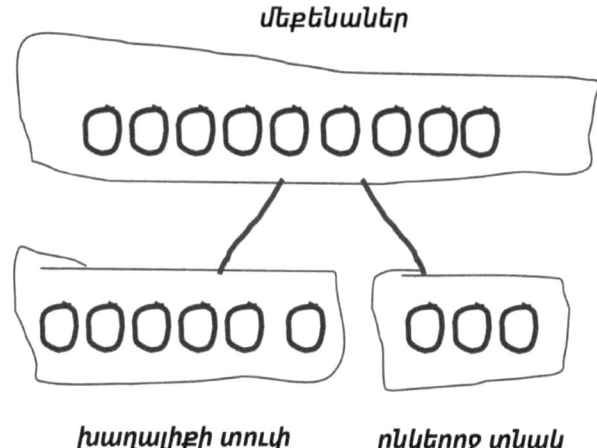

մեքենաներ
խաղալիքի տուփ
ընկերոջ տնակ

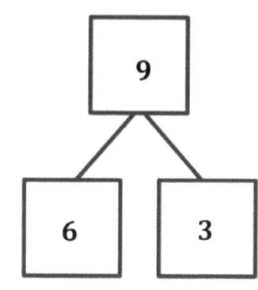

3

$\underline{6} + \underline{3} = 9$

$9 - \underline{6} = \underline{3}$

Լին վերցրեց __3__ մեքենա իր ընկերոջ տնակից:

Կարող եմ նկարել 9 շրջանակ 9-ը մեքենաների համար Դնում եմ 6 շրջանակ խաղալիքի տուփի վրա, հետո հաշվելով նկարում եմ ավելի շատ մեքենաներ այն վանդակում՝ որտեղ գրված է «ընկերոջ տնակ»: 3-ով ավել մեքենա: Լին վերցրեց 3 մեքենա իր ընկերոջ տնակից:

Թվային զույգում կարող եմ ցույց տալ 9-ը՝ որպես մեքենաների ընդհանուր քանակ: Այն մասը, որը նա դրեց խաղալիքի տուփի վրա 6-ն է և այն մասը, որը վերցրեց իր հետ 3-ն է:

$$6 + 3 = 9.$$

$$9 - 6 = 3.$$

Դաս 30: Լուծե՛ք գումարման խնդիրը, որը ներկայացված է անհայտ փոփոխականով մաթեմատիկական պատմություններում գծանկարներով, որոնք վերաբերում են գումարման և հանման գործողություններին:

Անուն ______________________________ Ամսաթիվ ______________

Լուծե՛ք մաթեմատիկական պատմությունները: Լուծման համար գծե՛ք և պիտակավորե՛ք նկարազարդ թվային զույգը: Շրջանակի մեջ վերցրե՛ք անհայտ թիվը:

1. Գրեյսն ունի 7 տիկնիկ: Նա դրեց 2-ը խաղալիքների տուփի մեջ, իսկ մնացածը տարավ ընկերոջ տուն: Քանի՞ տիկնիկ է նա տարել ընկերոջ տուն:

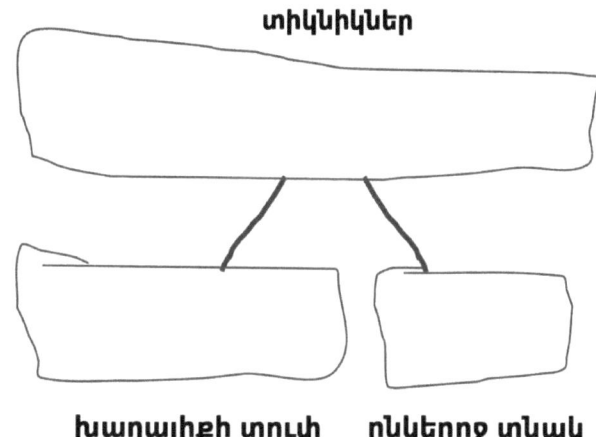

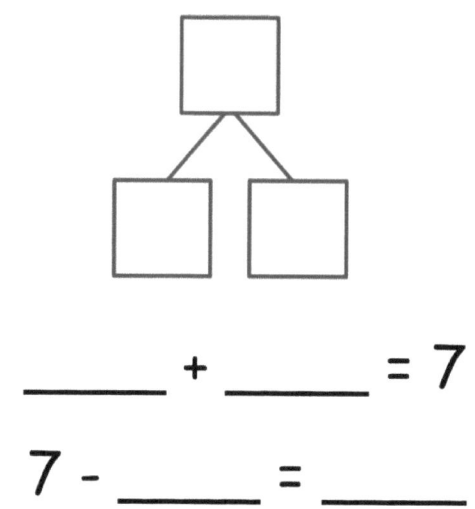

_____ + _____ = 7

7 - _____ = _____

Գրեյսը տարավ ______ տիկնիկ ընկերոջ տուն:

2. Ջեքը ծննդյան խնջույքին կարող է հրավիրել 8 ընկեր: Նա 3 հրավերք կատարեց: Քանի՞ հրավերք դեռ պետք է կատարի:

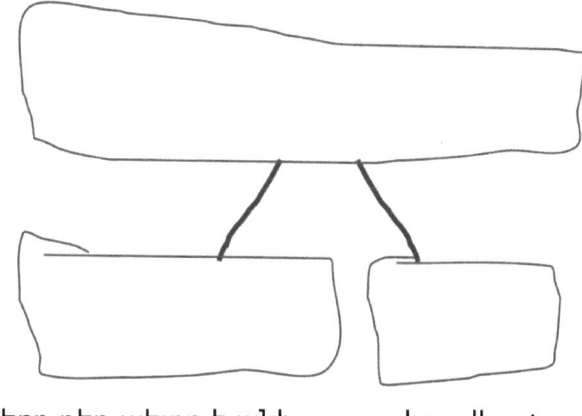

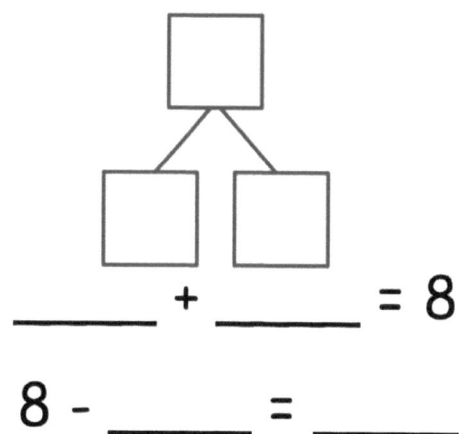

_____ + _____ = 8

8 - _____ = _____

Ջեքը դեռ պետք է անի ______ հրավերք:

3. Այգում կա 9 շուն։ Հինգ շուն խաղում են գնդակներով։ Մնացածը ոսկոր են ուտում։ Քանի՞ շուն են ոսկոր ուտում։

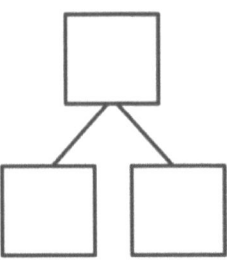

_____ + _____ = 9

_____ շուն ուտում են ոսկորներ։

_____ − _____ = _____

4. Ջիմի դասարանում կա 10 աշակերտ։ Յոթը լանչ են գնել դպրոցում։ Մյուսները լանչը բերել են տնից։ Քանի՞ աշակերտ են լանչը բերել տանից։

_____ + _____ = _____

_____ − _____ = _____

_____ աշակերտ լանչ են բերել տնից։

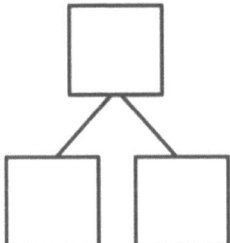

Ստորև ներկայացված խնդրի օրինակը ցույց է տալիս երկու հնարավոր թվային արտահայտություններ: Երկուսն էլ ընդունելի են և ճիշտ: Եթե Ձեր երեխան որոշում է գրել առաջին թվային արտահայտությունը, ապա առաջարկե՛ք, որ նա վանդակ նկարի լուծման շուրջ:

Մաթեմատիկական գծագիր գծե՛ք և շրջանակի մեջ վերցրե՛ք այն մասը, որը գիտեք: Չնջեք անհայտ մասը: Լրացրե՛ք թվային արտահայտությունը և թվային զույգը:
Խանութում կար 6 վերնաշապիկ դարակի վրա: Այժմ կա 2 վերնաշապիկ դարակի վրա: Քանի՞ վերնաշապիկ է վաճառվել:

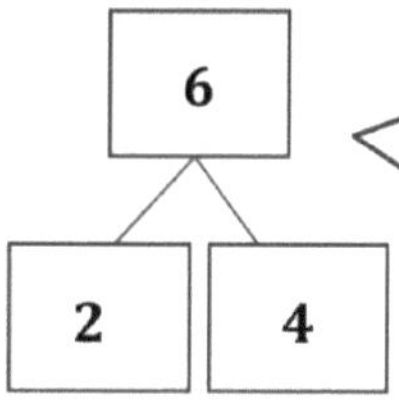

Երբ լուծում եմ հանումով, դեռ կարող եմ օգտագործել թվային կապը, գումարելիի մասին մտածելով: Եթե 6-ը հանրագումարն է, իսկ 2-ը մի բաղադրիչը, հավանաբար մյուս բաղադրիչը 4-ն է:

Գիտեմ ինչպես կատարել արագ մաթեմատիկական գծագիր: Կարող եմ շրջանակի մեջ վերցնել 2 կետ, քանի որ մնացել է 2 վերնաշապիկ: 4 վերնաշապիկի միջոցով կարող եմ գծեր գծել: Իմ գիծը նման է մեծ հանման նշանի:

$6 - 4 = 2$

Կարող եմ գրել 6 հանած անհայտ թիվ, քանի որ չգիտեմ, թե քանի վերնաշապիկ է վաճառվել: Բայց ես գիտեմ, որ 2 վերնաշապիկն ավարտվեց դարակաշարերի վրա: 6 հանած որևէ թիվ հավասար է 2:

$6 - 2 = 4$

Իմ թվային արտահայտություններից երկուսը համապատասխանում են իմ թվային զույգերին: Եվ գումարումը և հանումը ունեն բաղադրիչները և հանրագումարը:

__4__ վերնաշապիկ վաճառվեց:

Անուն ______________________________ Ամսաթիվ ______________

Մաթեմատիկական գծագիր գծե՛ք և շրջանակի մեջ վերցրե՛ք այն մասը, որը գիտեք:
Ջնջեք անհայտ մասը:
Լրացրե՛ք թվային արտահայտություն և թվային զույգը:

Նմուշ 3 - 1 = 2

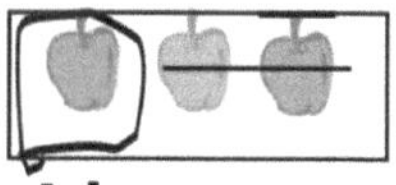

1. Միսին ստացավ 6 նվեր իր ծննդյան օրը: Նա բացեց մի քանիսը: Չորսը դեռ փաթեթավորված են: Քանի՞ նվեր է հանել փաթեթից:

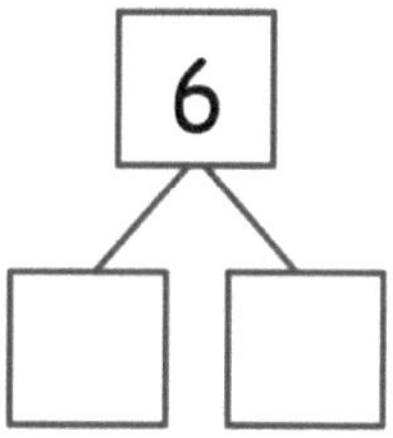

Միսին բացեց ______ նվեր:

6 (-) ☐ = ☐

2. Աննան ունի 8 մարկերների տուփ: Մի քանիսն ընկան հատակին: Վեցը դեռ տուփի մեջ են: Քանի՞ մարկեր է ընկել հատակին:

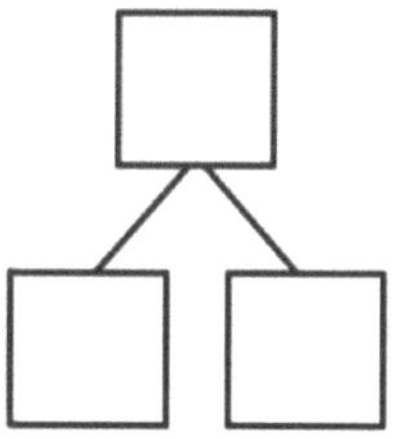

______ մարկեր ընկավ հատակին:

☐ (-) ☐ = ☐

3. Նիքը պատրաստեց 7 կտոր խմորեղեն ընկերների համար: Մի քանի կտոր խմորեղեն կերան: Այժմ մնացել է 5-ը: Քանի՞ կտոր խմորեղեն են կերել:

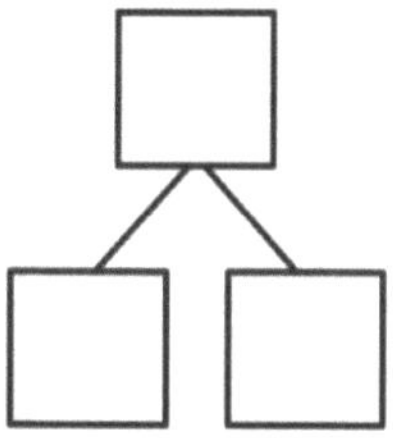

______ կտոր տորթ կերան:

☐ (-) ☐ = ☐

4. Շունն ունի 8 ոսկոր: Նա թաքցրեց մի քանիսը: Նա դեռ ունի 5 ոսկոր: Քանի՞ ոսկոր է թաքցրել:

_____ ոսկոր թաքցրած է:

5. Ճաշարանի սեղանի շուրջ կարող են նստել 10 աշակերտ: Մի քանի տեղ զբաղեցրած են: Յոթ տեղ դատարկ է: Քանի՞ տեղ է զբաղեցված:

_____ տեղեր զբաղեցրած են:

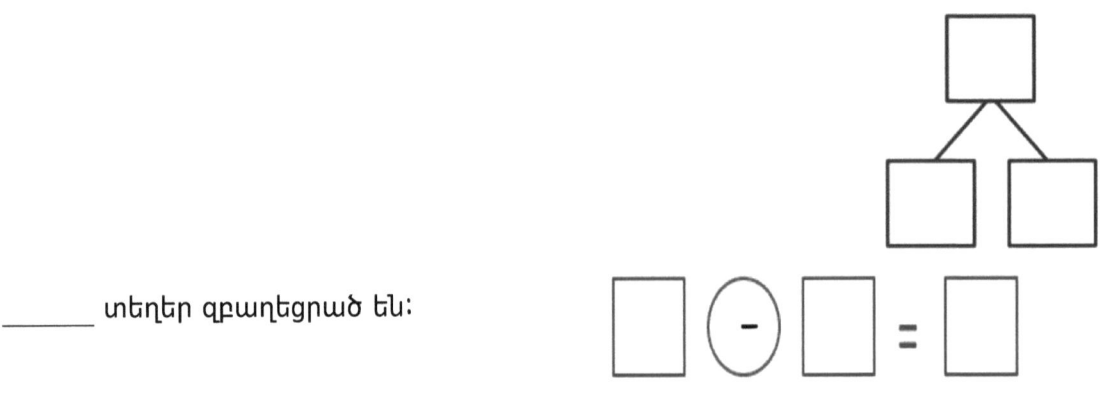

6. Ռոնն ունի 10 մաստակ: Նա մեկական մաստակ տվեց ընկերներից յուրաքանչյուրին: Այժմ նա ունի 3 մաստակ: Քանի՞ ընկերոջ հետ է Ռոնը կիսել մաստակները:

Ռոնը կիսեց _____ ընկերների հետ:

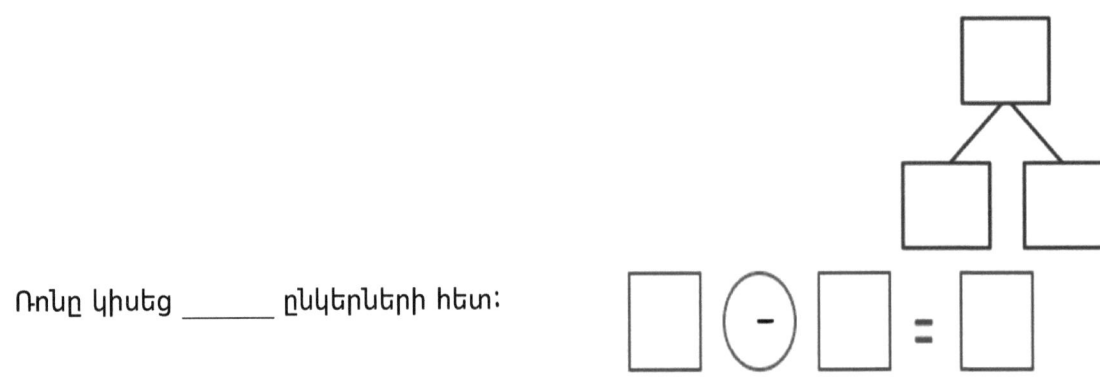

1. Համապատասխանեցրե՛ք մաթեմատիկական պատմությունը՝ թվային արտահայտության հետ, որը պատմությունն է պատմում: Լուծման համար մաթեմատիկական գծագիր գծե՛ք:

ա.

Ծաղկամանում կա 9 ծաղիկ:
5-ը կարմիր են:
Մնացածը՝ դեղին:
Քանի՞ ծաղիկ է դեղին:

3 + 7 = 10

10 − 3 = 7

բ.

Զամբյուղում կա 10 խնձոր:
3-ը կարմիր են:
Մնացածը՝ կանաչ:
Քանի՞ խնձոր է կանաչ:

5 + 4 = 9

9 − 5 = 4

Առաջին մաթեմատիկական պատմության համար, կարող եմ նկարել 5 օղակ՝ կարմիր ծաղիկների համար, հետո հաշվելով կարող եմ նկարել մինչև կունենամ 9 օղակ: Տեսնում եմ, որ կա 4 դեղին ծաղիկ: Այս պատմությունը ընթանում է թվային արտահայտության երկրորդ տուփով: Կարող եմ ասել, քանի որ ծաղիկների ընդհանուր քանակը 9 է: 5 գումարած 4 հավասար է 9, և 9 հանած 5 հավասար է 4:

Երկրորդ մաթեմատիկական պատմության համար կարող եմ նկարել 10 օղակ՝ 10 խնձորի համար: Այնուհետև կարող եմ շրջնակի մեջ վերցնել 3-ը՝ որը կարմիրն է: Մնաց 7 կանաչ խնձոր: Սա անցնում է թվային նախադասությունների առաջին տուփով: 3 գումարած 7 հավասար է 10:

Դաս 32: Լուծե՛ք գումարման/հանման գործողություններ՝ անհայտ գումարելիով մաթեմատիկական պատմություններով: 131

Copyright © Great Minds PBC

2. Օգտագործե՛ք թվային զույգ պատմելու գումարման և հանման մաթեմատիկական պատմություն՝ նկարներով: Գրե՛ք գումարման և հանման թվային արտահայտություն:

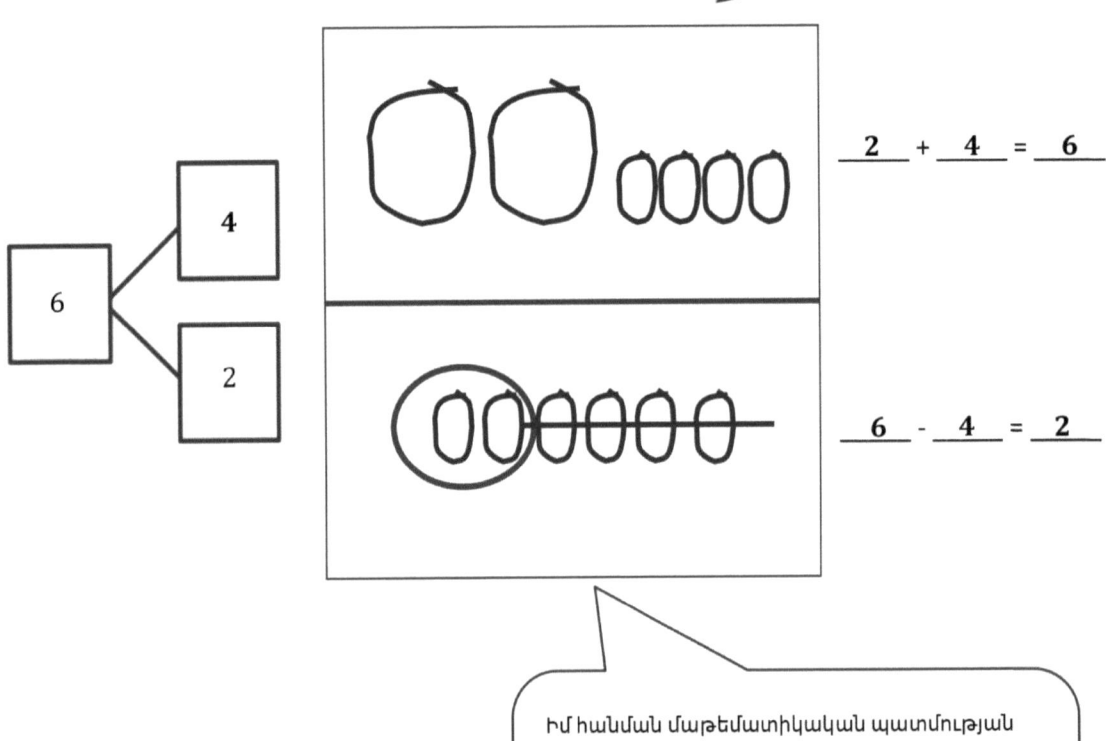

Իմ գումարման մաթեմատիկական պատմության համար, կարող եմ նկարել 2 մեծ տանձ և 4 փոքր տանձ: Կա 2 մեծ և 4 փոքր տանձ: Քանի՞ տանձ ունեմ ընդամենը: Սա համապատասխանում է այս թվային արտահայտությանը՝ 2 գումարած 4 հավասար է 6:

$2 + 4 = 6$

$6 - 4 = 2$

Իմ հանման մաթեմատիկական պատմության համար, կարող եմ նկարել 6 տանձ: Մնաց 2 տանձ: Քանի՞ տանձ կերա: Կարող եմ շրջանակի մեջ վերցնել 2 տանձերը, որոնք մնացել են և խաչ քաշել իմ կերած տանձերի վրա: Սա ցույց տվեց, որ ես կերել եմ 4 տանձ: 6 հանած 4 հավասար է 2:

Անուն ______________________ Ամսաթիվ ____________

Համապատասխանեցրե՛ք մաթեմատիկական պատմությունը՝ թվային նախադասության հետ, որը պատմություն է պատմում: Լուծման համար մաթեմատիկական գծագիր գծե՛ք:

1. ա.

Ծաղկամանի մեջ կա 10 ծաղիկ:
6-ը կարմիր են:
Մնացածը՝ դեղին:
Քանի՞ ծաղիկ է դեղին:

☐ + ☐ = 9

9 − ☐ = ☐

բ.

Զամբյուղում կա 9 խնձոր:
6-ը կարմիր են:
Մնացածը՝ կանաչ:
Քանի՞ խնձոր է կանաչ:

3 + ☐ = 10

10 − ☐ = ☐

գ.

Քեյթը ներկել է եղունգները:
3-ը ձևավոր են:
Մնացածը հասարակ են:
Քանի՞ եղունգ է հասարակ:

6 + ☐ = 10

10 − 6 = ☐

Օգտագործե՛ք թվային զույգ պատմելու գումարման և հանման մաթեմատիկական պատմություն՝ նկարներով: Գրե՛ք գումարման և հանման թվային արտահայտություն:

2.

_____ + _____ = _____

_____ - _____ = _____

3.

_____ + _____ = _____

_____ - _____ = _____

EUREKA MATH

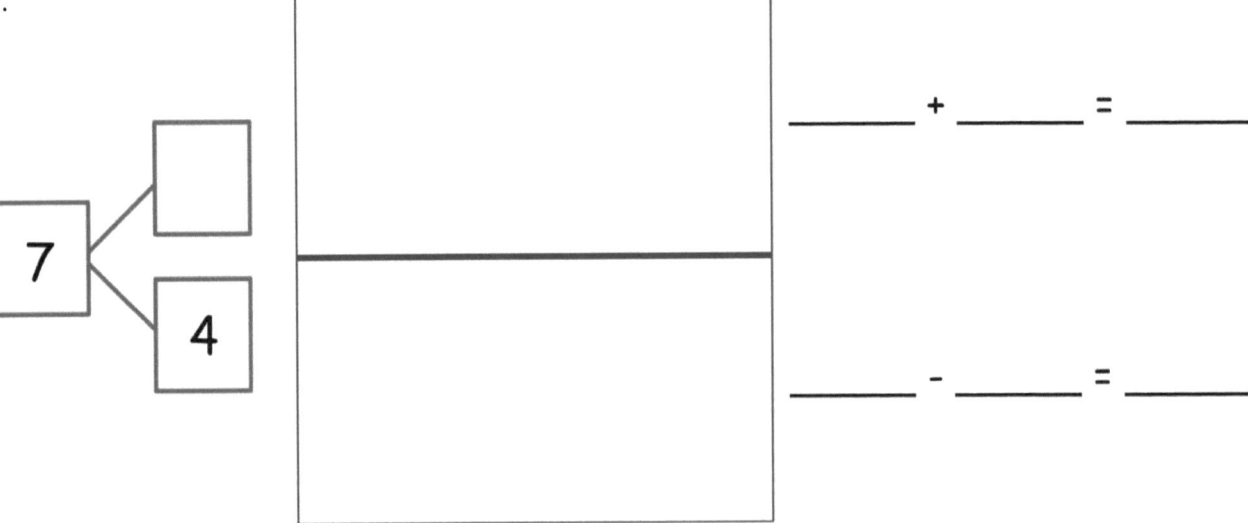

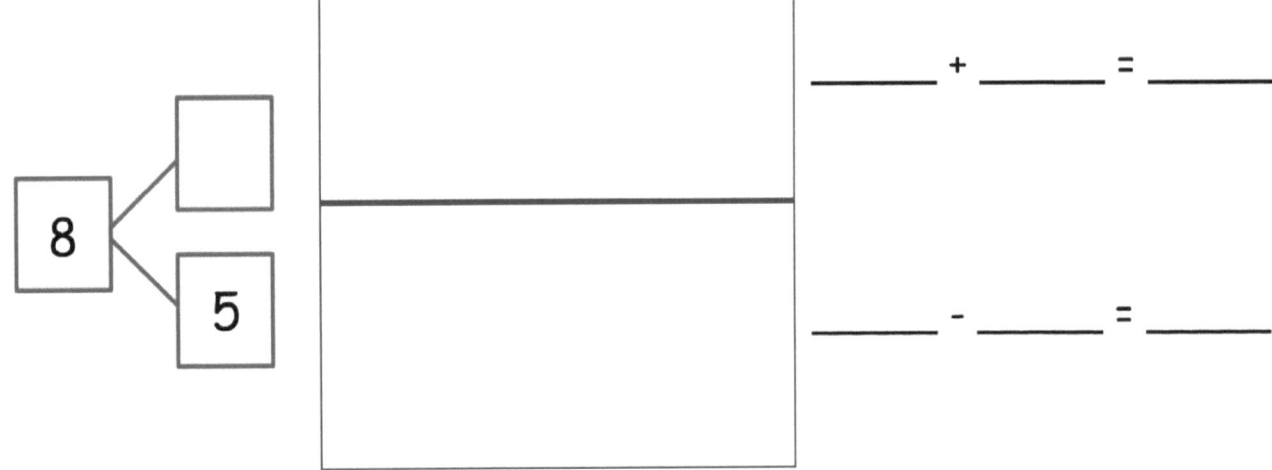

ՄԻԱՎՈՐՆԵՐԻ ՊԱՏՄՈՒԹՅՈՒՆ — Դաս 33 Տնային աշխատանքների օգնական 1•1

1. Ցույց տվե՛ք հանումը։ Եթե ցանկանում եք՝ 5-ական խմբից բաղկացած գծանկար արեք յուրաքանչյուր խնդրի համար։

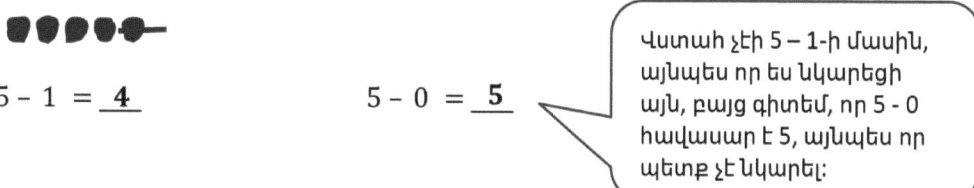

$5 - 1 = \underline{4}$

$5 - 0 = \underline{5}$

Վստահ չէի 5 – 1-ի մասին, այնպես որ ես նկարեցի այն, բայց գիտեմ, որ 5 - 0 հավասար է 5, այնպես որ պետք չէ նկարել։

2. Ցույց տվե՛ք հանումը։ Եթե ցանկանում եք՝ 5-խմբից բաղկացած գծանկար արեք յուրաքանչյուր խնդրի համար` ինչպես մոդելը։

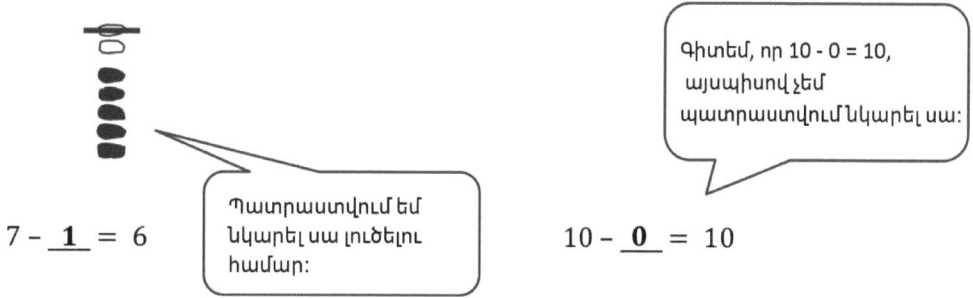

$7 - \underline{1} = 6$

$10 - \underline{0} = 10$

Պատրաստվում եմ նկարել սա լուծելու համար։

Գիտեմ, որ 10 - 0 = 10, այսպիսով չեմ պատրաստվում նկարել սա։

3. Գրե՛ք հանման թվային արտահայտություն՝ համապատասխանեցնելով 5-ական խմբից բաղկացած գծապատկերին։

$\underline{9} - \underline{0} = \underline{9}$

4. Լրացրեք բաց թողնված թիվը։ Որպես օգնություն՝ մտապատկերե՛ք 5-ական խմբեր։

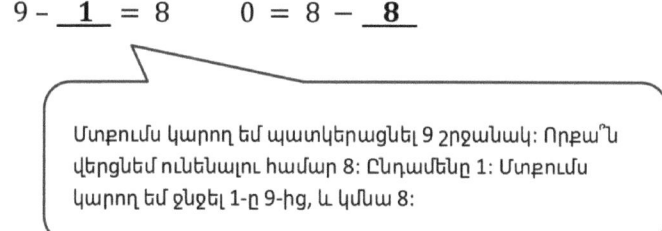

$9 - \underline{1} = 8 \qquad 0 = 8 - \underline{8}$

Մտքումս կարող եմ պատկերացնել 9 շրջանակ։ Որքա՞ն վերցնեմ ունենալու համար 8։ Ընդամենը 1։ Մտքումս կարող եմ ջնջել 1-ը 9-ից, և կմնա 8։

Այս մեկը բարդ է, բայց ես կարող եմ լուծել այն։ 8 հանած ինչ-որ բան հավասար է 0-ի։ Հավասար նշանի երկու կողմերն էլ պետք է լինեն նույն գումարի։ 8 – 8 նույն գումարն է, ինչ 0-ն։

Դաս 33: Մոդելավորե՛ք 0-ով պակաս և 1-ով պակաս՝ որպես նկար և որպես հանման թվային արտահայտություններ։

135

Անուն _____ Ամսաթիվ _____

Ցույց տվե՛ք հանումը։ Եթե ցանկանում եք՝ օգտագործե՛ք 5-ական խմբի գծապատկերը յուրաքանչյուր խնդրի համար։

8-1 = 7

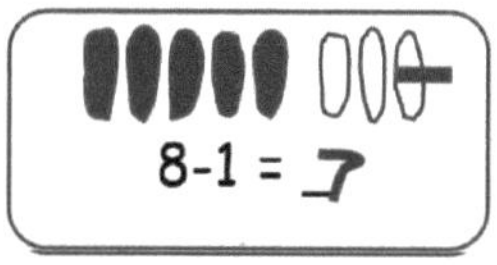

1.

9 – 1 = _____

2.

9 – 0 = _____

3.

6 – _____ = 6

4.

6 = 7 – _____

Ցույց տվե՛ք հանումը։ Եթե ցանկանում եք՝ 5-ական խմբից բաղկացած գծանկար օգտագործե՛ք, ինչպես օրինակում յուրաքանչյուր խնդրի համար։

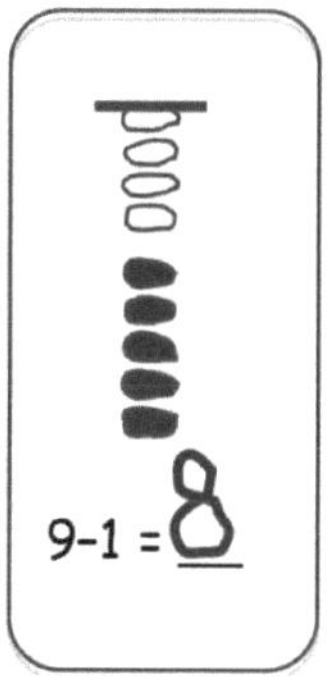

9-1 = 8

5.

9 – _____ = 9

6.

8 = 8 – _____

7.

10 – _____ = 9

8.

7 – _____ = 7

Դաս 33: Մոդելավորե՛ք 0-ով պակաս և 1-ով պակաս՝ որպես նկար և որպես հանման թվային արտահայտություններ։

137

Գրե՛ք հանման թվային արտահայտություն՝ համապատասխանեցնելու համար 5-ական խմբից բաղկացած գծապատկերին:

9.

_____ - _____ = _____

10.

_____ - _____ = _____

11.

_____ - _____ = _____

12.

_____ - _____ = _____

13.

_____ - _____ = _____

14. Լրացրեք բաց թողնված թիվը: Մտապատկերե՛ք 5-ական խմբեր՝ որպես օգնություն:

ա. 7 - _____ = 6

բ. 0 = 7 - _____

գ. 8 - _____ = 7

դ. 6 - _____ = 5

ե. 8 = 9 - _____

զ. 9 = 10 - _____

է. 10 - _____ = 10

ը. 9 - _____ = 8

EUREKA MATH

1. Ձնջեք հանումը:

$6 - 5 = \underline{1}$

2. Կազմեք 5-ական խմբի գծապատկեր՝ ինչպես վերևում: Ցույց տվե՛ք հանումը:

$1 = 5 - \underline{4}$

$5 - \underline{5} = 0$

3. Կազմեք 5-ական խմբի գծապատկեր՝ ինչպես մոդելում, յուրաքանչյուր խնդրի համար: Ցույց տվե՛ք հանումը:

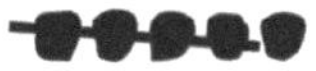

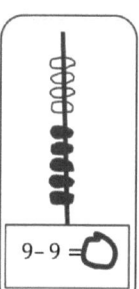

$7 - \underline{6} = 1$

4. Գրե՛ք հանման թվային արտահայտություն՝ համապատասխանեցնելով 5-ական խմբից բաղկացած գծապատկերին:

$\underline{8} - \underline{7} = \underline{1}$

5. Լրացրեք բաց թողնված թվերը: Մտապատկերե՛ք 5-ական խմբեր՝ Ձեզ օգնելու համար:

$7 - \underline{6} = 1$ $1 = 8 - \underline{7}$

Դաս 34: Մոդելավորեք $n - n$ և $n - (n - 1)$ նկարով և որպես հանման նախադասություն:

Անուն _____ Ամսաթիվ _____

Ջնջեք հանումը:

1.  ●●●●● ○○○○○
   10 - 10 = _____

2.  ●●●●● ○○○○ 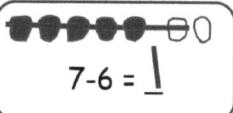
   7-6 = 1
   9 - 8 = _____

Կազմեք 5-ական խմբի գծապատկեր՝ ինչպես վերևում: Ցույց տվե՛ք հանումը:

3. 1 = ____ - 7

4. 8 - ____ = 0

5. 0 = ____ - 7

6. 6 - ____ = 1

Կազմեք 5-ական խմբի գծապատկեր՝ ինչպես մոդելում, յուրաքանչյուր խնդրի համար: Ցույց տվե՛ք հանումը:

7. 9 - __ = 1

8. 0 = 8 - __

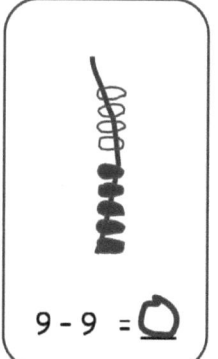
9 - 9 = 0

Դաս 34: Մոդելավորեք $n - n$ և $n - (n - 1)$ նկարով և որպես հանման նախադասություն:

Գրե՛ք հանման թվային արտահայտություն՝ համապատասխանեցնելով 5-ական խմբից բաղկացած գծապատկերին:

9.   10.   11.

____ - ____ = ____   ____ - ____ = ____   ____ - ____ = ____

12.

13.

____ - ____ = ____   ____ - ____ = ____

14. Լրացրեք բաց թողնված թիվը: Մտապատկերե՛ք 5-ական խմբեր՝ Ձեզ օգնելու համար:

ա. 7 - ____ = 0   բ. 1 = 7 - ____

գ. 8 - ____ = 1   դ. 6 - ____ = 0

ե. 0 = 9 - ____   զ. 1 = 10 - ____

է. 10 - ____ = 0   ը. 9 - ____ = 1

1. Լուծեք թվային արտահայտությունները: Փնտրե՛ք հեշտ խմբերը, որ ջնջեք:

5-ը հանելու համար ամենահեշտն է խաչ քաշել սև 5 կետերի ամբողջ խմբի վրա: Դրանք հաշվելու կարիք չունեմ: Ինձ մնաց 3 սպիտակ կետ:

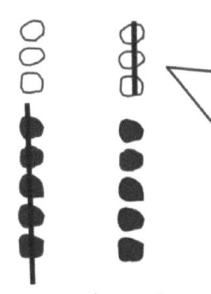

Հանելու համար 3-ը կարող եմ խաչ քաշել 3 սպիտակ կետերի վրա: Դա հեշտ խումբ է, և այդ ժամանակ ինձ մնում է 5-ից բաղկացած խումբ: Ինձ պետք չէ հաշվել այս կետերը, քանի որ գիտեմ, որ 5 խմբանի իմ գծապատկերի մեջ կա 5 սև կետ:

8 – 5 = **3**

8 – 3 = **5**

2. Հանեք: Կազմե՛ք մաթեմատիկական գծապատկեր յուրաքանչյուր խնդրի համար՝ ինչպես վերևում: Գրե՛ք թվային զույգ:

4
4

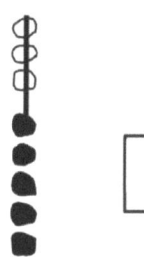

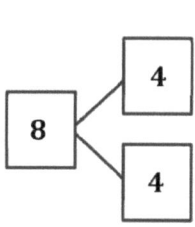

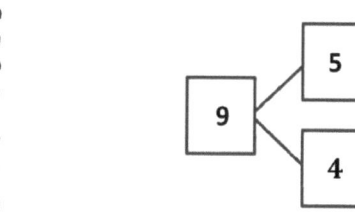

Կարող եմ վերցնել 5 սև կետը միանգամից, հետո առանց հաշվելու կտեսնեմ, որ մնացել է 4-ը:

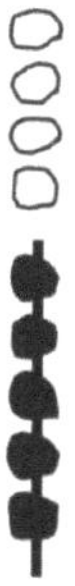

5
4

8 – 4 = **4**

Գիտեմ, որ 4-ը և 4-ը զույգեր են, որոնք կազմում են 8, այսպիսով 8 – 4 = 4:

9 – 5 = **4**

9 – **4** = 5

Կարող եմ պատկերացնել 6 խմբային գծապատկերը 5 սև և 3 սպիտակ կետերով:

3. Լուծել: Մտապատկերե՛ք 5-ական խմբեր՝ Ձեզ օգնելու հա

8 – **5** = 3

Եթե պատկերացնեմ 8, այստեղ կա 5-ի և 3-ի խմբեր:

8 – 3 = 5

Դաս 35: Հարաբերե՛ք հանման փաստերը, որոնք ներառում են հինգեր և զույգ թվեր՝ դրանք համեմատելով համապատասխան բաժանման գործողությունների հետ:
143

Copyright © Great Minds PBC

ԲԱԺԻՆՆԵՐԻ ՊԱՏՄՈՒԹՅՈՒՆ   Դաս 35 Տնային աշխատանքների օգնական   1•1

4. Լրացրե՛ք թվային արտահայտությունը և թվային զույգը՝ յուրաքանչյուր խնդրի համար։

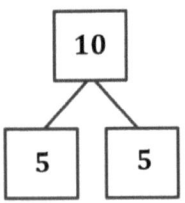

   10 - 5 = __5__

5. Համապատասխանեցրե՛ք թվային արտահայտությունը այն ռազմավարության հետ, որի օգնությամբ լուծում եք։

   7 – __2__ = 5
   6 – __3__ = 3

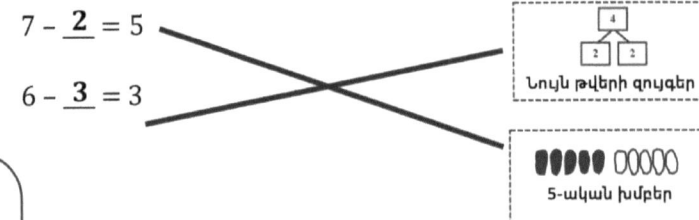
Նույն թվերի զույգեր

5-ական խմբեր

Կարող եմ պատկերացնել իմ 5 խմբային գծապատկերը։ 7-ը կազմված է 5-ի և 2-ի խմբերից։ Բացակայող բաղադրիչը 2-ն է։ 5 խմբային վանդակում գիծ կգծեմ։

5-րդ խումբը կազմված է՝ 6-ը հավասար է 5 և 1։ Դա ինձ շատ չի օգնի։ Թույլ տվեք մտածել այն զույգի մասին, որը կազմում է 6 ... 3 և 3։ Այո, 6 - 3 հավասար է 3։ Զույգերը օգնում են ինձ լուծել այս խնդիրը։ Ես գիծ եմ գծում զույգերի վանդակում։

Դաս 35: Հարաբերե՛ք հանման փաստերը, որոնք ներառում են հինգեր և զույգ թվեր՝ դրանք համեմատելով համապատասխան բաժանման գործողությունների հետ։

Անուն _____ Ամսաթիվ _____

Լուծեք թվային արտահայտությունները։ Փնտրե՛ք հեշտ խմբեր՝ ջնջելու համար։

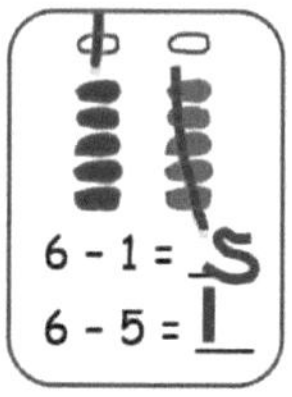

1.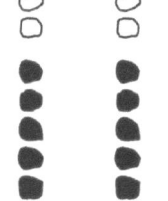

7 - 5 = ____

7 - 2 = ____

2.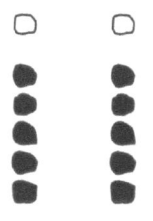

6 - 5 = ____

6 - 1 = ____

3.

9 - ____ = 4

9 - ____ = 5

Հանել։ Կազմե՛ք մաթեմատիկական գծապատկեր յուրաքանչյուր խնդրի համար՝ ինչպես վերևում։ Գրե՛ք թվային զույգ։

4.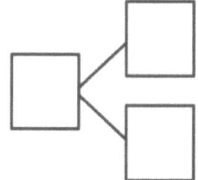

10 - 5 = ____

5.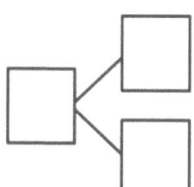

8 - 5 = ____

8 - ____ = 5

6. Լուծել։ Մտապատկերե՛ք 5-ական խմբեր՝ Ձեզ օգնելու համար։

ա. 9 - ____ = 4   բ. ____ - 5 = 5   գ. 8 - ____ = 5

դ. ____ - 5 = 2   ե. ____ - 5 = 3   զ. ____ - 4 = 5

Լրացրե՛ք թվային արտահայտությունը և թվային զույգը՝ յուրաքանչյուր խնդրի համար:

7.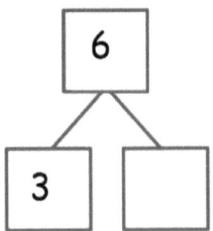

6 - 3 = ____

8.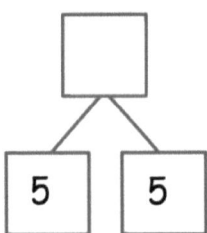

____ - 5 = 5

9.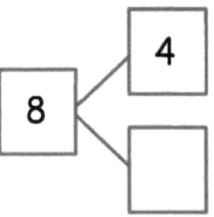

8 - ____ = 4

10. Համապատասխանեցրե՛ք թվային արտահայտությունն այն ռազմավարության հետ, որը օգնում է Ձեզ լուծել:

ա. 7 - ____ = 2

Նույն թվերի զույգեր

բ. 8 - ____ = 3

5-ական խմբեր

գ. 10 - ____ = 5

5-ական խմբեր

դ. ____ - 3 = 3

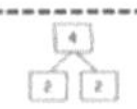

Նույն թվերի զույգեր

ե. 8 - ____ = 4

5-ական խմբեր

զ. 9 - ____ = 5

Նույն թվերի զույգեր

1. Լուծեք թվային արտահայտությունները: Փնտրե՛ք հեշտ խմբեր՝ ջնջելու համար:

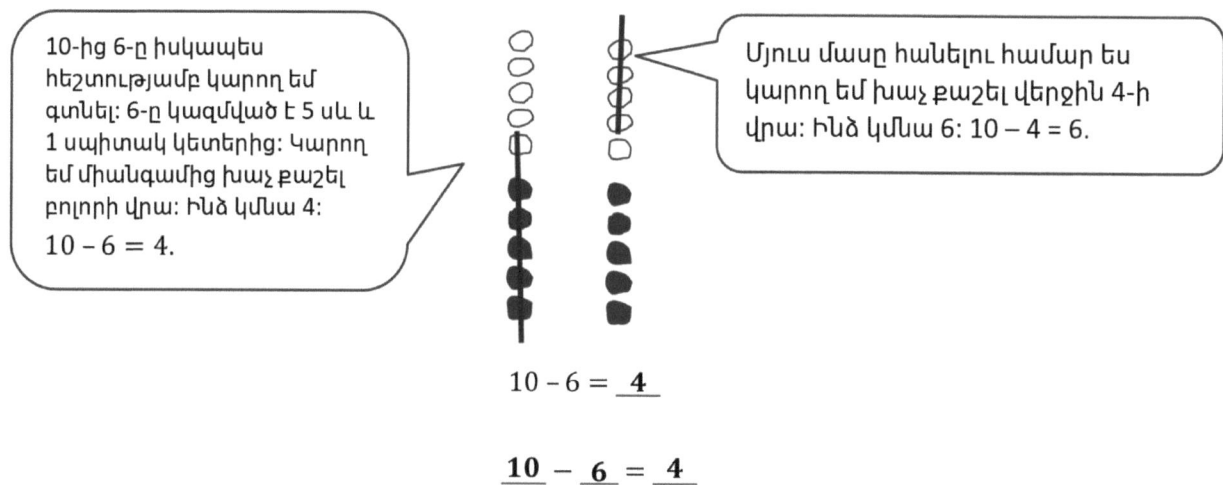

10-ից 6-ը իսկապես հեշտությամբ կարող եմ գտնել: 6-ը կազմված է 5 սև և 1 սպիտակ կետերից: Կարող եմ միանգամից խաչ քաշել բոլորի վրա: Ինձ կմնա 4: 10 – 6 = 4.

Մյուս մասը հանելու համար ես կարող եմ խաչ քաշել վերջին 4-ի վրա: Ինձ կմնա 6: 10 – 4 = 6.

10 – 6 = **4**

10 – **6** = **4**

2. Հանեք: Հետո գրեք համապատասխան հանման արտահայտությունը: Գծե՛ք մաթեմատիկական գծապատկեր, եթե անհրաժեշտ է, և լրացրեք թվային զույգը յուրաքանչյուրի համար:

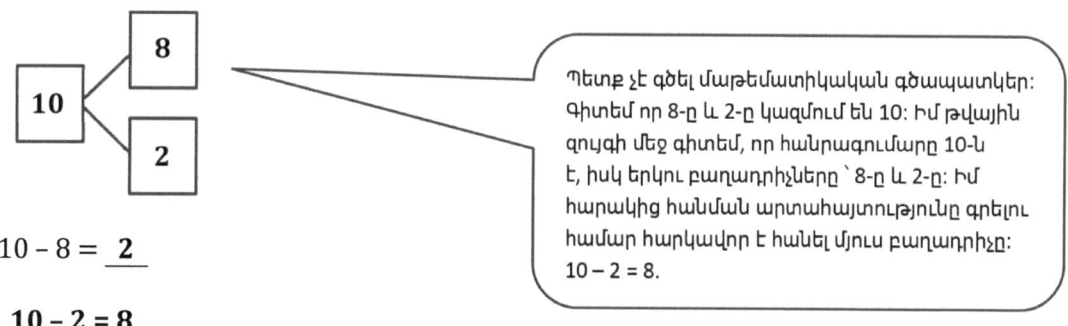

Պետք չէ գծել մաթեմատիկական գծապատկեր: Գիտեմ որ 8-ը և 2-ը կազմում են 10: Իմ թվային զույգի մեջ գիտեմ, որ հանրագումարը 10-ն է, իսկ երկու բաղադրիչները՝ 8-ը և 2-ը: Իմ հարակից հանման արտահայտությունը գրելու համար հարկավոր է հանել մյուս բաղադրիչը: 10 – 2 = 8.

10 – 8 = **2**

10 – 2 = 8

3. Լրացրե՛ք թվային արտահայտությունը և թվային զույգը՝ յուրաքանչյուր խնդրի համար: Համապատասխանեցրե՛ք թվային զույգը կապակցված հանման խնդրին: Գրե՛ք կապակցված մյուս հանման թվային արտահայտությունը:

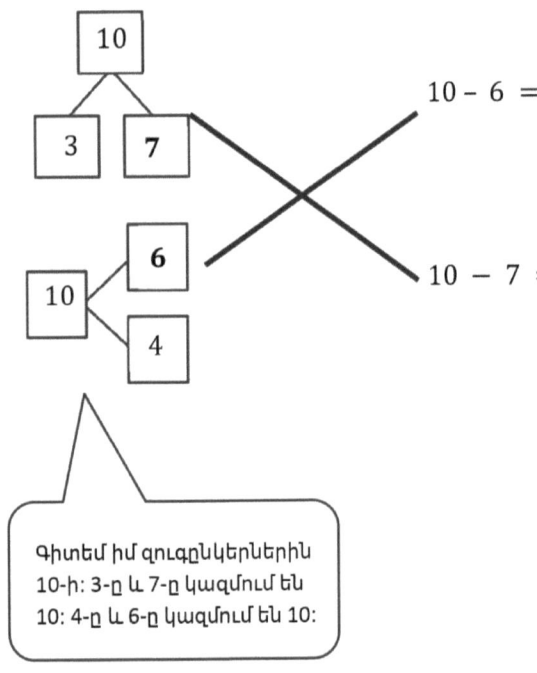

10
3
6
10
4

$10 - 6 = \underline{4}$ $\underline{10} - \underline{4} = \underline{6}$

$10 - 7 = \underline{3}$ $\underline{10} - \underline{3} = \underline{7}$

Գիտեմ իմ զուգընկերներին 10-ի: 3-ը և 7-ը կազմում են 10: 4-ը և 6-ը կազմում են 10:

Ես պետք է փնտրեմ հանման արտահայտությունը, որը հանում է մի մասը: Կարող եմ համապատասխանեցնել 10 – 7-ը առաջին թվային զույգին: Բացակայող բաղադրիչը 3-ն է: Հետո կարող եմ գրել երկրորդ հանման արտահայտությունը՝ ցույց տալու համար վերցված մյուս բաղադրիչը: Այն կլինի 10 – 3 = 7.

148 Դաս 36: Հարաբերե՛ք հանումը 10-ից համապատասխան բաժանման գործողությունների հետ:

Անուն ______________________________ Ամսաթիվ ______________

Գծե՛ք մաթեմատիկական գծապատկեր և լուծեք այն: Օգտագործե՛ք առաջին թվային արտահայտությունը, որ գրեք կապակցված թվային այն արտահայտությունը, որը համապատասխանում է նկարին:

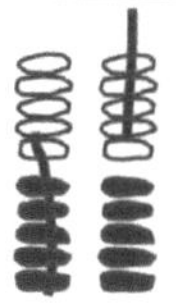

10-6= 4

10-4= 6

1.

$10 - 2 =$ ______

____ - ____ = ____

2.

$10 - 1 =$ ______

____ - ____ = ____

3.

$10 - 7 =$ ______

____ - ____ = ____

Հանել: Հետո գրեք կապակցված հանման արտահայտությունը: Գծե՛ք մաթեմատիկական գծապատկեր, եթե անհրաժեշտ է, և լրացրեք թվային զույգը յուրաքանչյուրի համար:

4.

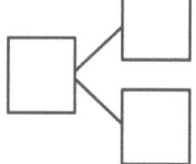

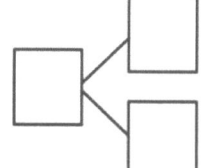

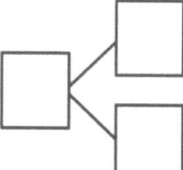

$10 - 2 =$ ____

____

5.

$10 -$ ____ $= 9$

____

6.

$10 -$ ____ $= 6$

____

7.

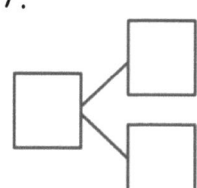

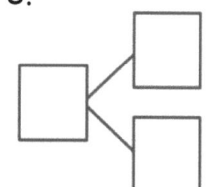

$10 -$ ____ $= 1$

____

8.

____ $= 10 - 5$

____

Դաս 36: Հարաբերե՛ք հանումը 10-ից համապատասխան բաժանման գործողությունների հետ:

149

9. Լրացրեք թվային զույգը։ Համապատասխանեցրե՛ք թվային զույգը կապակցված հանման արտահայտության հետ։ Գրե՛ք մյուս կապակցված հանման թվային արտահայտությունը։

ա.

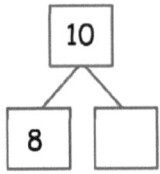

10 - 5 = _____   ___ - ___ = ___

բ.

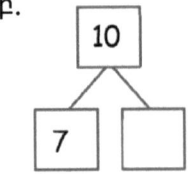

10 - 1 = _____   ___ - ___ = ___

գ.

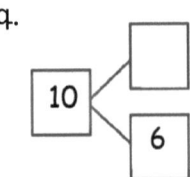

10 - 2 = _____   ___ - ___ = ___

դ.

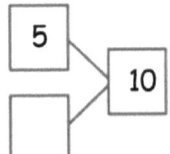

10 - 4 = _____   ___ - ___ = ___

ե.

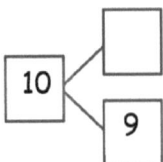

10 - 3 = _____   ___ - ___ = ___

1. Կազմեք 5-ական խմբի գծագիր և լուծե՛ք այն: Օգտագործե՛ք առաջին թվային արտահայտությունը, որ գրեք կապակցված թվային արտահայտություն, որը համապատասխանում է նկարին:

9-ից 6-ը խսկապես հեշտությամբ կարող եմ գտնել: 6-ը կազմված է 5 սև և 1 սպիտակ կետերից: Կարող եմ միանգամից խաչ քաշել բոլորի վրա: Կմնա 3:

$9 - 6 = 3.$

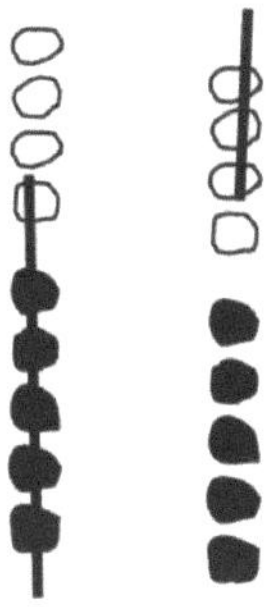

Մյուս մասը վերցնելու համար՝ կարող եմ խաչ քաշել վերջից 3-ի վրա: Ինձ կմնա 6: 9 – 3 = 6.

9 – 6 = **3**

9 – **3** = **6**

2. Հանեք: Հետո գրեք կապակցված հանման արտահայտությունը: Գծե՛ք մաթեմատիկական գծապատկեր, եթե անհրաժեշտ է, և լրացրեք թվային զույգը յուրաքանչյուրի համար:

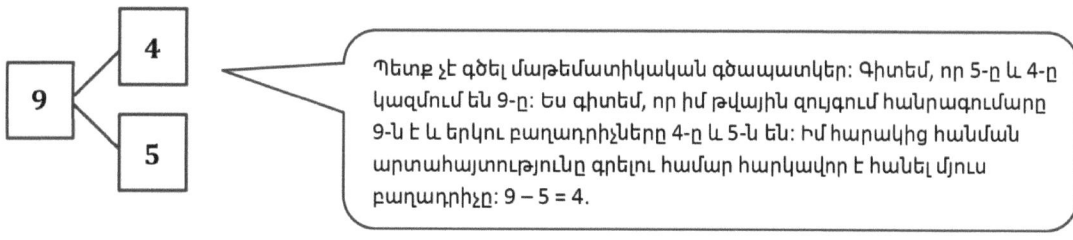

Պետք չէ գծել մաթեմատիկական գծապատկեր: Գիտեմ, որ 5-ը և 4-ը կազմում են 9-ը: Ես գիտեմ, որ իմ թվային զույգում հանրագումարը 9-ն է և երկու բաղադրիչները 4-ը և 5-ն են: Իմ հարակից հանման արտահայտությունը գրելու համար հարկավոր է հանել մյուս բաղադրիչը: 9 – 5 = 4.

9 – 4 = **5**

9 – 5 = **4**

ԲԱԺԻՆՆԵՐԻ ՊԱՏՄՈՒԹՅՈՒՆ Դաս 37 Տնային աշխատանքների օգնական 1•1

3. Օգտագործե՛ք 5-խմբանի գծապատկերներ, որ լրացնեք թվային զույգը: Համապատասխանեցրե՛ք թվային զույգը կապակցված հանման խնդրին: Գրե՛ք մյուս հարաբերելի կապակցված թվային արտահայտությունը:

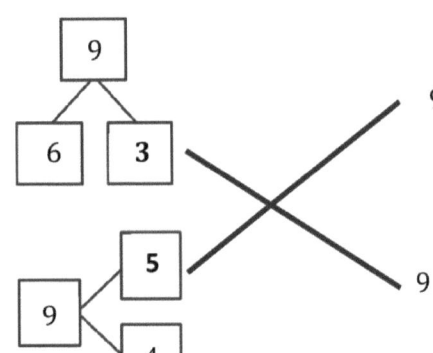

$9 - 4 = \underline{5}$ $\underline{9} - \underline{5} = \underline{4}$

$9 - 3 = \underline{6}$ $\underline{9} - \underline{6} = \underline{3}$

Կարծում եմ, որ իմ 5 խմբային գծապատկերը կօգնի ինձ: Երբ պատկերացնում եմ 9-ը և հանում եմ 4 ինձ մնում է 5: Ցանկության դեպքում կարող եմ նկարել, բայց պետք չէ: 9-ը կազմվում է 5-ից և 4-ից:

Ես պետք է փնտրեմ հանման արտահայտությունը, որը հանում է մի մասը: Կարող եմ համապատասխանեցնել 9 – 3-ը առաջին թվային զույգի հետ: Բացակայող բաղադրիչը 6-ն է: Հետո կարող եմ գրել երկրորդ հանման արտահայտությունը` ցույց տալու համար վերցված մյուս բաղադրիչը: Այն կլինի 9 – 6 = 3.

152 Դաս 37: Հարաբերեք հանումը 9-ից համապատասխան բաժանման գործողությունների հետ:

ՄԻԱՎՈՐՆԵՐԻ ՊԱՏՄՈՒԹՅՈՒՆ　　　　Դաս 37 Տնային աշխատանք　1•1

Անուն _____　Ամսաթիվ _____

Կազմեք 5-խմբակային գծագիր և լուծե՛ք այն: Օգտագործե՛ք առաջին թվային նախադասություն օգնելու համար գրել հարաբերելի թվային այն նախադասությունը, որը համապատասխանում է նկարին:

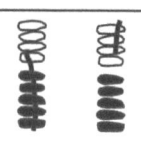

9−6= **3**

9−3= **6**

1.　　　　　　　　　　2.　　　　　　　　　　3.

9 − 2 = ___　　　9 − 8 = ___　　　9 − 4 = ___

___ − ___ = ___　　___ − ___ = ___　　___ − ___ = ___

Հանել: Հետո գրեք կապակցված հանման արտահայտությունը: Գծե՛ք մաթեմատիկական գծապատկեր, եթե անհրաժեշտ է, և լրացրեք թվային զույգը յուրաքանչյուրի համար:

4. 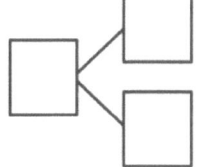　　5. 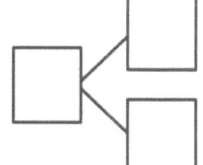　　6.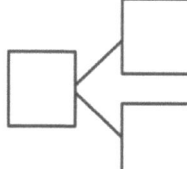

9 − 7 = ____　　　9 − ____ = 9　　　9 − ____ = 6

_____　　　_____　　　_____

7. 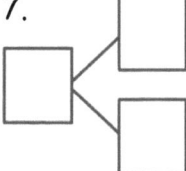　　　　　　8.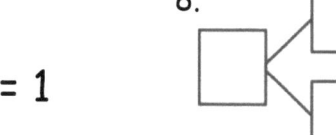

　　　　　9 − ____ = 1　　　　____ = 9 − 5

_____　　　　　　　　_____

Դաս 37:　Հարաբերեք հանումը 9-ից համապատասխան բաժանման գործողությունների հետ:

9. Օգտագործե՛ք 5-խմբանի գծապատկերներ, որ լրացնեք թվային զույգը:
Համապատասխանեցրե՛ք թվային զույգը կապակցված հանման արտահայտության հետ:
Գրե՛ք մյուս կապակցված հանման թվային արտահայտությունը:

ա.

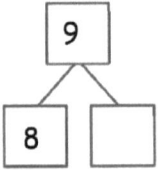

9 - 5 = ________ ____ - ____ = ____

բ.

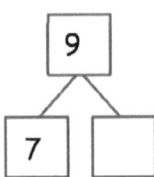

9 - 1 = ________ ____ - ____ = ____

գ.

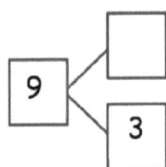

9 - 2 = ________ ____ - ____ = ____

դ.

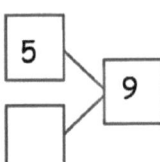

9 - 6 = ________ ____ - ____ = ____

ե.

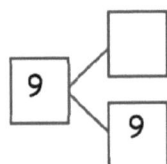

9 - ________ = 0 ____ - ____ = ____

EUREKA MATH

Գտե՛ք և լուծեք գումարման խնդիրներ, որոնք ունեն նույն թվերի զույգեր և 5-ական խմբեր:

Կազմեք հանման ֆլեշքարտեր կապակցված հանման գործողությունների համար: (Հիշե՛ք, նույն թվերի զույգերով կազմվում են միայն 1 հարաբերելի հանման փաստ և ոչ թե 2 հարաբերելի հանման փաստ:)

Կազմե՛ք թվային զույգի քարտ և օգտագործե՛ք Ձեր քարտերը Հիշողություն խաղալու համար:

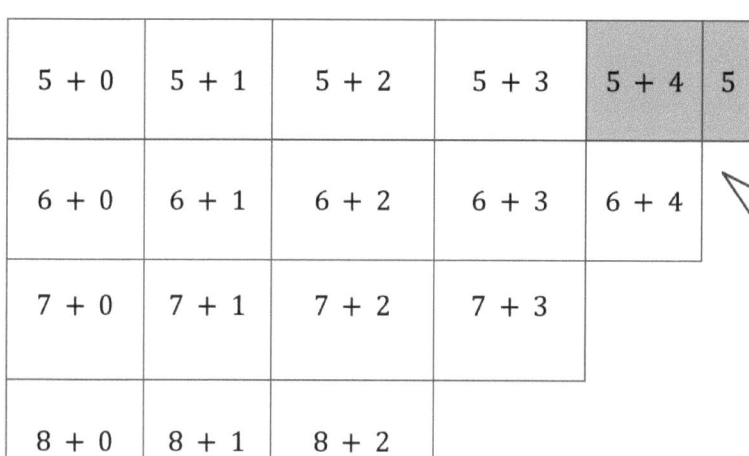

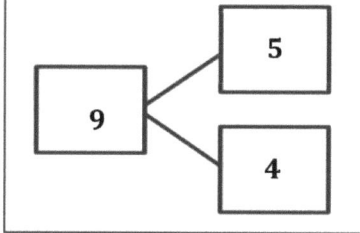

5 + 0	5 + 1	5 + 2	5 + 3	5 + 4	5 + 5
6 + 0	6 + 1	6 + 2	6 + 3	6 + 4	
7 + 0	7 + 1	7 + 2	7 + 3		
8 + 0	8 + 1	8 + 2			
9 + 0	9 + 1				
10 + 0					

5 + 5 = 10 կրկնապատկման փաստ է և օգտագործում է 5 խումբ: Երկու գումարելիներն էլ 5 են:

5 + 4-ը օգտագործում է 5-ից բաղկացած խումբ, քանի որ 5-ը գումարելի է: Կկազմեմ հանման ֆլեշքարտեր

9 – 5 = 4 և 9 – 4 = 5. Այս շարքն ունի ավելի շատ փաստեր, որոնք օգտագործում են 5-ից բաղկացած խմբեր:

5 + 4 = 9

9 – 4 = 5

5-ը և 4-ը բաղադրիչներ են, որոնք կազմում են 9-ը:

9 – 5 = 4

Դաս 38: Փնտրե՛ք և կիրառե՛ք կրկնվող լոգիկա և կառուցված՝ օգտագործելով գումարման աղյուսակը որ լուծեք հանման խնդիրները:

ԲԱԺԻՆՆԵՐԻ ՊԱՏՄՈՒԹՅՈՒՆ Դաս 38 Տնային աշխատանք 1•1

Անուն _____ Ամսաթիվ _____

Գտե՛ք և լուծե՛ք 7 չգունավորած գումարման խնդիրներ, որոնք նույն թվերի զույգեր են և 5-ական խմբեր:

Կազմեք հանման ֆլեշքարտեր կապակցված հանման գործողությունների համար: (Հիշե՛ք, նույն թվերի զույգերով կազմվում են միայն 1 հարաբերելի հանման փաստ և ոչ թե 2 հարաբերելի հանման փաստ:)

Կազմե՛ք թվային զույգի քարտ և օգտագործե՛ք Ձեր քարտերը Հիշողություն խաղալու համար:

1 + 0	1 + 1	1 + 2	1 + 3	1 + 4	1 + 5	1 + 6	1 + 7	1 + 8	1 + 9
2 + 0	2 + 1	2 + 2	2 + 3	2 + 4	2 + 5	2 + 6	2 + 7	2 + 8	
3 + 0	3 + 1	3 + 2	3 + 3	3 + 4	3 + 5	3 + 6	3 + 7		
4 + 0	4 + 1	4 + 2	4 + 3	4 + 4	4 + 5	4 + 6			
5 + 0	5 + 1	5 + 2	5 + 3	5 + 4	5 + 5				
6 + 0	6 + 1	6 + 2	6 + 3	6 + 4					
7 + 0	7 + 1	7 + 2	7 + 3						
8 + 0	8 + 1	8 + 2							
9 + 0	9 + 1								
10 + 0									

Դաս 38: Փնտրե՛ք և կիրառե՛ք կրկնվող լոգիկա և կառուցված՝ օգտագործելով գումարման աղյուսակը որ լուծեք հանման խնդիրները:

ԲԱԺԻՆՆԵՐԻ ՊԱՏՄՈՒԹՅՈՒՆ

Դաս 38 Տնային աշխատանք 1•1

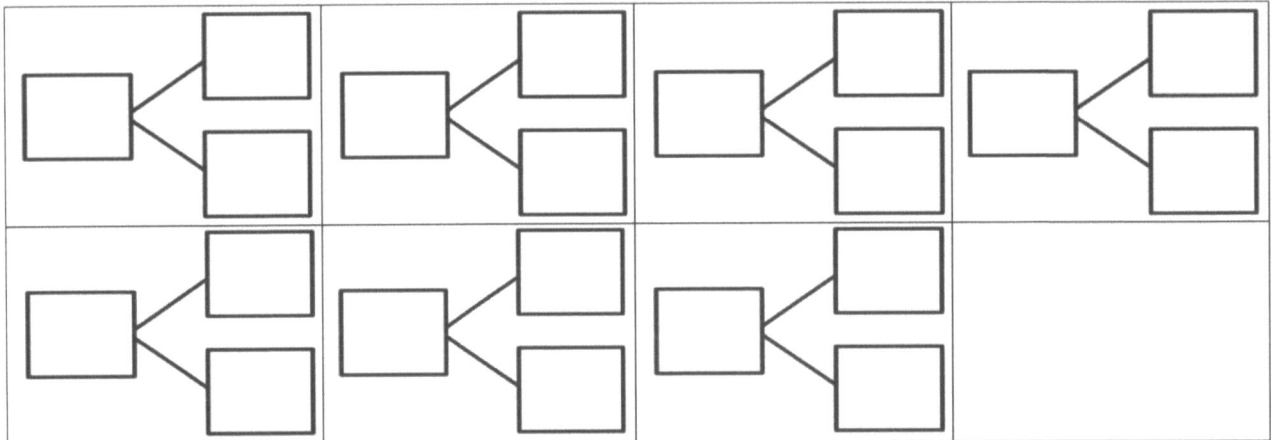

158 Դաս 38: Փնտրե՛ք և կիրառե՛ք կրկնվող լոգիկա և կառուցված՝ օգտագործելով գումարման աղյուսակը որ լուծեք հանման խնդիրները:

Լուծե՛ք չգունավորած գումարման խնդիրները ստորև: Գրե՛ք երկու հանման գործողություն, որոնք կունենան միևնույն թվային զույգը: Գումարման և հանման գործողություններում վարժվելու համար, կազմեք ձեր սեփական թվային զույգի ֆլեշքարտերը:

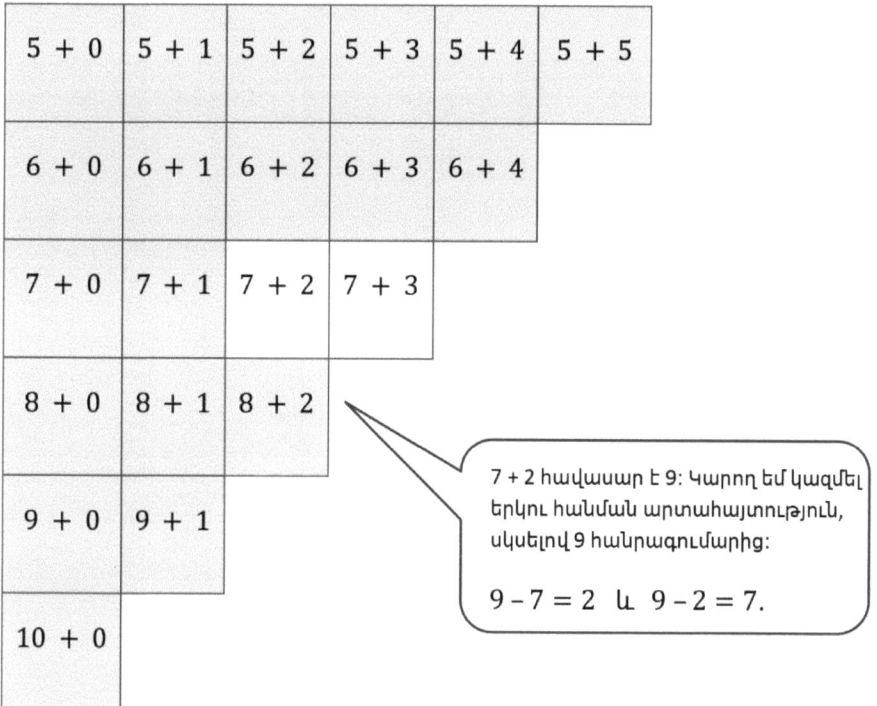

5 + 0	5 + 1	5 + 2	5 + 3	5 + 4	5 + 5
6 + 0	6 + 1	6 + 2	6 + 3	6 + 4	
7 + 0	7 + 1	7 + 2	7 + 3		
8 + 0	8 + 1	8 + 2			
9 + 0	9 + 1				
10 + 0					

7 + 2 հավասար է 9: Կարող եմ կազմել երկու հանման արտահայտություն, սկսելով 9 հանրագումարից:

$9 - 7 = 2$ և $9 - 2 = 7$.

9 – 7 = 2	**9 – 2 = 7**
10 – 7 = 3	**10 – 3 = 7**

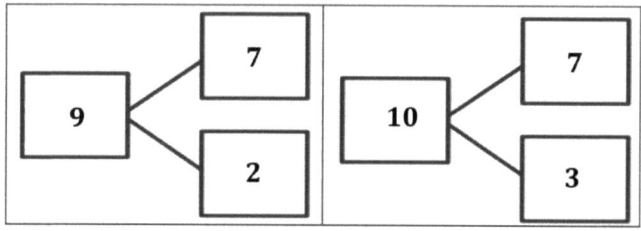

9
3

EUREKA MATH
Դաս 39: Վերլուծե՛ք գումարման սխեման՝ կազմելու համար համապատասխան գումարման և հանման գործողություններ:
159

Copyright © Great Minds PBC

Անուն ______________________________ Ամսաթիվ ________________

Լուծե՛ք չգունավորած գումարման խնդիրները ստորև:

1 + 0	1 + 1	1 + 2	1 + 3	1 + 4	1 + 5	1 + 6	1 + 7	1 + 8	1 + 9
2 + 0	2 + 1	2 + 2	2 + 3	2 + 4	2 + 5	2 + 6	2 + 7	2 + 8	
3 + 0	3 + 1	3 + 2	3 + 3	3 + 4	3 + 5	3 + 6	3 + 7		
4 + 0	4 + 1	4 + 2	4 + 3	4 + 4	4 + 5	4 + 6			
5 + 0	5 + 1	5 + 2	5 + 3	5 + 4	5 + 5				
6 + 0	6 + 1	6 + 2	6 + 3	6 + 4					
7 + 0	7 + 1	7 + 2	7 + 3						
8 + 0	8 + 1	8 + 2							
9 + 0	9 + 1								
10 + 0									

4 + 2

Ընտրե՛ք գումարման գործողությունը աղյուսակից: Օգտագործե՛ք աղյուսակը, որ գրեք երկու հանման գործողություն, որոնք կունենան միևնույն թվային զույգը: Կրկնե՛ք որպեսզի կազմեք մի քանի համան ֆլեշքարտեր: Գումարման և հանման գործողություններում վարժվելու համար, կազմեք ձեր սեփական թվային զույգի ֆլեշքարտերը՝ վերջին էջի ձևանմուշներով:

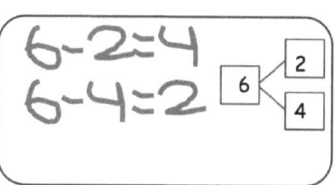

Դաս 39: Վերլուծե՛ք գումարման սխեման՝ կազմելու համար համապատասխան գումարման և հանման գործողություններ:

Դաս 39 Տնային աշխատանք

ԲԱԺԻՆՆԵՐԻ ՊԱՏՄՈՒԹՅՈՒՆ   Դաս 39 Տնային աշխատանք   1•1

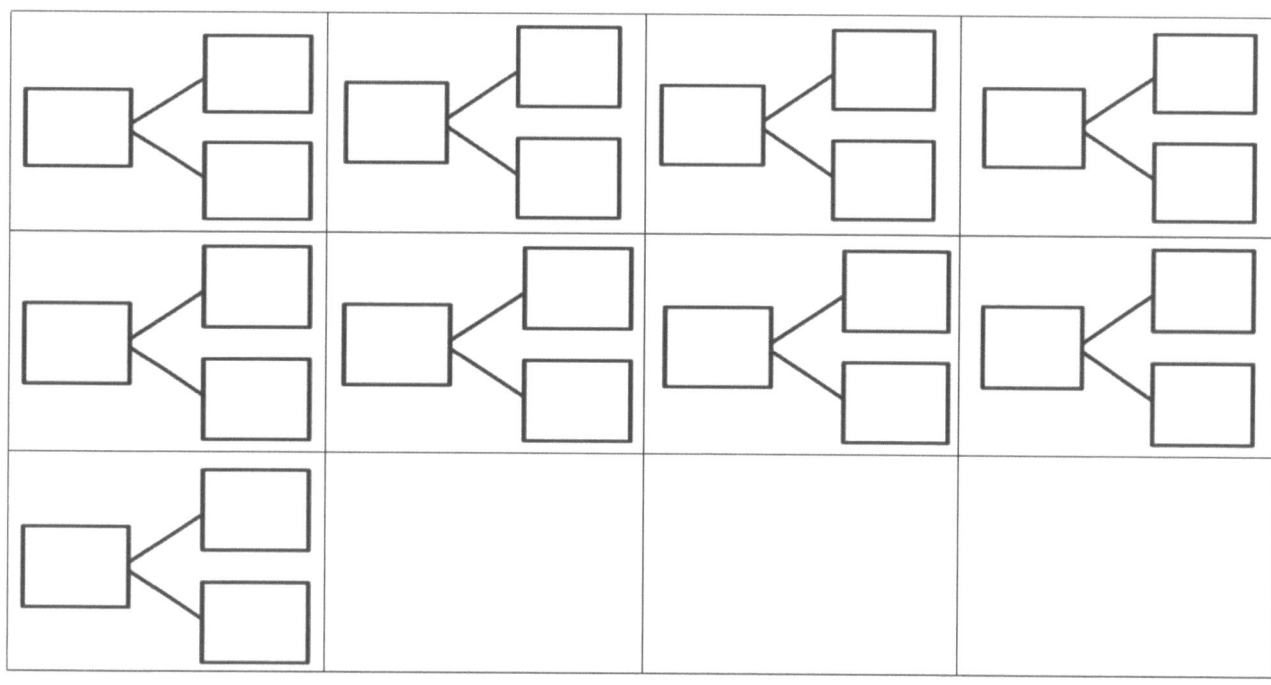

Դաս 39: Վերլուծե՛ք գումարման սխեման՝ կազմելու համար համապատասխան գումարման և հանման գործողություններ։

1-ին դասարան, 2-րդ մոդուլ

Կարդացեք մաթեմատիկայի պատմությունը: Գծեք պարզ մաթեմատիկական նկար՝ նշումներով: Շրջանակի մեջ առեք 10-ը և լուծեք:

Մադին գնում է լճակ և բռնում 8 փայտոզիլ, 3 գորտ, և 2 շերեփուկ: Քանի՞ կենդանի է նա ընդհանուր առմամբ բռնել:

10-ը շատ ընկերասեր թիվ է:

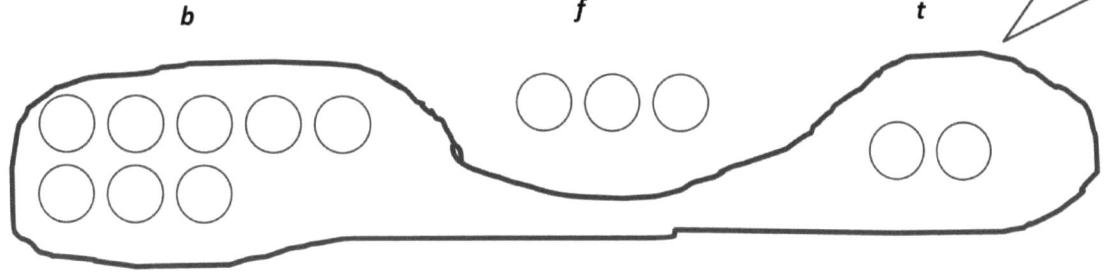

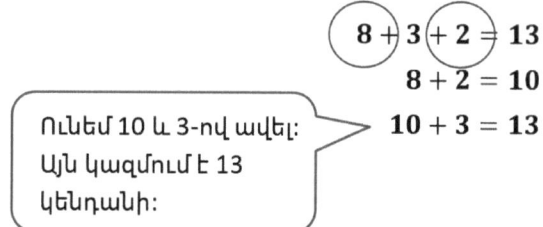

$8 + 3 + 2 = 13$

$8 + 2 = 10$

$10 + 3 = 13$

Ունեմ 10 և 3-ով ավել: Այն կազմում է 13 կենդանի:

Կարող եմ կազմել 10՝ ավելացնելով 8 և 2: Կարող եմ կազմել 8-ից և 2-ից բաղկացած մի խումբ, ճիշտ այնպես՝ ինչպես դասարանում շրջապատում ենք դրանք լարով:

Մեդդին բռնել է **13** կենդանի:

EUREKA MATH Դաս 1. Լուծեք բառային խնդիրներ երեք գումարելիներով, որոնցից երկուսը տասն են: 167

Անուն ______________________________ Ամսաթիվ ______________

Կարդացեք մաթեմատիկայի պատմությունը: Գծեք պարզ մաթեմատիկական նկար՝ նշումներով: 10 և լուծեք:

Շրջանակի մեջ առեք

1. Քրիսը գնեց որոշ քաղցրավենիքներ: Նա գնեց 5 գրանոլայի սալիկներ, 6 տուփ չամիչ և 4 թխվածքաբլիթ: Քանի՞ քաղցրավենիք գնեց Քրիսը:

_____ + _____ + _____ = _____

10 + _____ = _____

Քրիսը գնեց _____ քաղցրավենիք:

2. Սինդին ունի 5 կատու, 7 ոսկե ձկնիկ և 5 շուն: Ընդամենը քանի՞ ընտանի կենդանի նա ունի:

_____ + _____ + _____ = _____

10 + _____ = _____

Սինդին ունի_____ ընտանի կենդանի:

Դաս 1. Լուծեք բառային խնդիրներ երեք գումարելիներով, որոնցից երկուսը տասն են:

3. Մերին լավ աշխատանքի համար դպրոցում կպչուն պիտակներ է ստանում: Նա ստացել է 7 փափուկ կպչուն պիտակներ, 6 բուրավետ պիտակ և 3 հարթ պիտակ: Ընդամենը քանի՞ պիտակ է ստացել Մերին դպրոցում:

_____ + _____ + _____ = _____

10 + _____ = _____

Մերին ստացել է_____ պիտակ դպրոցում:

---

4. Ջիմը սեղանի շուրջ նստեց 4 ուսուցիչների և 9 երեխաների հետ: Քանի՞ հոգի էին սեղանի շուրջ Ջիմը նստելուց հետո:

_____ + _____ + _____ = _____

_____ + _____ = _____

Սեղնի շուրջ կար_____ հոգի Ջիմի նստելուց հետո:

170 Դաս 1. Լուծեք բառային խնդիրներ երեք գումարելիներով, որոնցից երկուսը տասն են:

1. Շրջանակի մեջ առեք թվեր, որոնք կազմում են տասը: Նկար նկարեք: Լրացրեք թվային նախադասությունը:

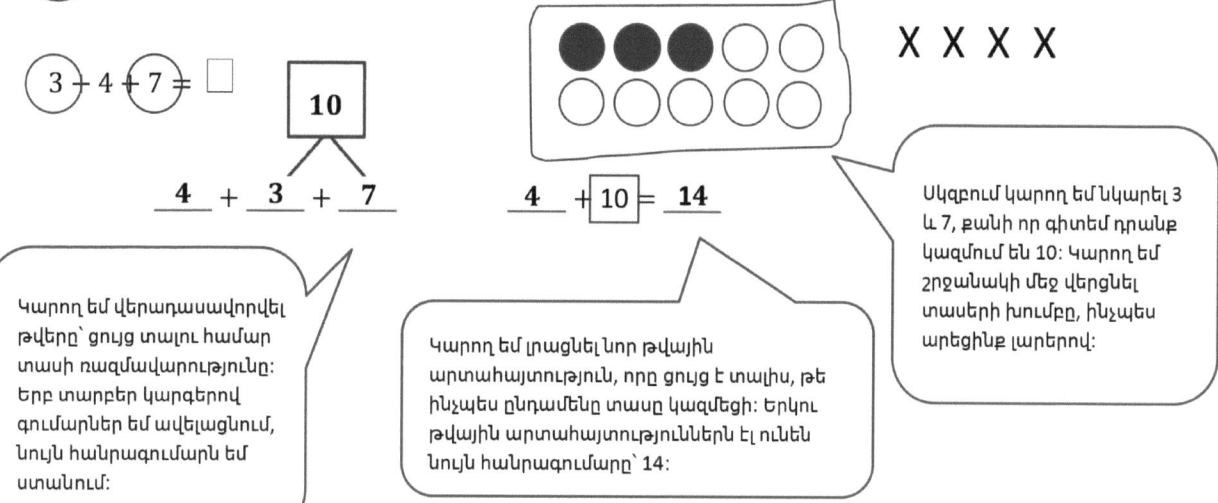

3 + 4 + 7 = □

10

4 + **3** + **7**

X X X X

4 + 10 = **14**

Կարող եմ վերադասավորվել թվերը՝ ցույց տալու համար տասի ռազմավարությունը: Երբ տարբեր կարգերով գումարներ եմ ավելացնում, նույն հանրագումարն եմ ստանում:

Կարող եմ լրացնել նոր թվային արտահայտություն, որը ցույց է տալիս, թե ինչպես ընդամենը տասը կազմեցի: Երկու թվային արտահայտություններն էլ ունեն նույն հանրագումարը՝ 14:

Սկզբում կարող եմ նկարել 3 և 7, քանի որ գիտեմ դրանք կազմում են 10: Կարող եմ շրջանակի մեջ վերցնել տասերի խումբը, ինչպես արեցինք լարերով:

2. Շրջանակի մեջ առեք թվերը, որոնք տասը են կազմում, ապա դրենք դրանք թվային կապի մեջ: Գրեք նոր թվային նախադասություն:

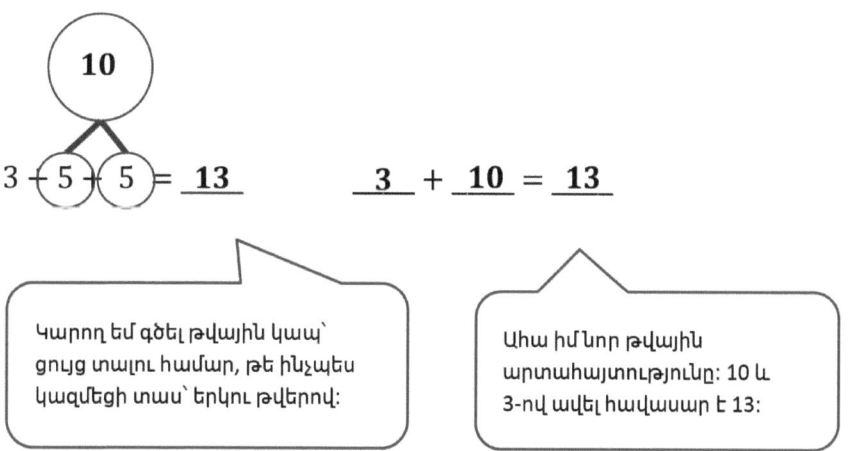

10

3 + 5 + 5 = **13**

3 + **10** = **13**

Կարող եմ գծել թվային կապ՝ ցույց տալու համար, թե ինչպես կազմեցի տաս՝ երկու թվերով:

Ահա իմ նոր թվային արտահայտությունը: 10 և 3-ով ավել հավասար է 13:

Դաս 2. Օգտագործեք ասոցիատիվ և կոմուտատիվության հատկությունները՝ երբ գումարելիս տասը կազմելու համար:

171

Անուն ______________________ Ամսաթիվ ______________

Շրջանակի մեջ առեք թվերը, որոնք կազմում են տասը: Նկար նկարեք: Լրացրեք թվային արտահայտությունը:

1. 6 + 2 + 4 = ☐

10

6 + ____ + 2

10 + ____ = ____

---

2. 5 + 3 + 5 = ☐

☐

____ + ____ + ____

10 + ____ = ____

---

3. 5 + 2 + 8 = ☐

☐

____ + ____ + ____

____ + 10 = ____

Դաս 2. Օգտագործեք ասոցիատիվ և կոմուտատիվության հատկությունները՝ երեք գումարելիով տասը կազմելու համար:

4. 2 + 7 + 3 = ☐

_____ + _____ + _____ _____ + 10 = _____

(Շրջանակի մեջ առեք) թվերը, որոնք տասը են կազմում, ապա դրենք դրանք թվային կապի մեջ: Գրեք նոր թվային նախադասություն:

5. 10

(3) + 5 + (7) = _____ _____ + _____ = _____

6.

4 + 8 + 2 = _____ _____ + _____ = _____

(Շրջանակի մեջ առեք) Մարտահրավեր. գումարելիներ, որոնք տաս են կազմում: (Շրջանակի մեջ առեք) ճիշտ թվային նախադասություններ:

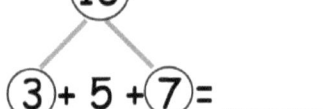

ա. (5) + (5) + 3 = 10 + 3

բ. 4 + 6 + 6 = 10 + 6

գ. 3 + 8 + 7 = 10 + 6

դ. 8 + 9 + 2 = 9 + 10

EUREKA MATH

Նկարեք, նշեք և ցույց տվեք, (շրջանակի մեջ առեք) թե ինչպես ես տասը ստացել, ինչը կօգնի ձեզ լուծել: Լրացրեք թվային նախադասությունները:

Կարող եմ տասը դարձնել՝ Ջենիի չամիչներից 1-ը դնելով Թոդի պարկի մեջ: Թոդի պարկում կար 9 չամիչ, բայց հիմա կա 10 չամիչ: Երբ Թոդի պարկի չամիչները դարձրեցի 10-ը, վերցնելով Ջենիի չամիչներից 1-ը, Ջենիի պարկում մնաց 2 չամիչ:

1. Թոդն ունի 9 չամիչ, իսկ Ջենին՝ 3:
   Քանի՞ չամիչ ունեն նրանք բոլորը միասին:

Կարող եմ նկարել 9 լրացված շրջանակ, որպեսզի ցույց տամ, թե քանի չամիչ ունի Թոդը և 3 բաց շրջանակ՝ ցույց տալու համար, թե քանի չամիչ ունի Ջենին:

9 և **3** հավասար է **12**.

10 և **2** հավասար է **12**.

Թոդը և Ջենին միասին ունեն **12** չամիչ:

Նայեք: 9-ը և 3-ը նույնն են ինչ՝ 10-ը և 2-ը: Երկուսն էլ կազմում են 12:

2. Գորգին նստած է 7 երեխա, իսկ 9 երեխա՝ կանգնած: Քանի՞ երեխա կա ընդամենը:

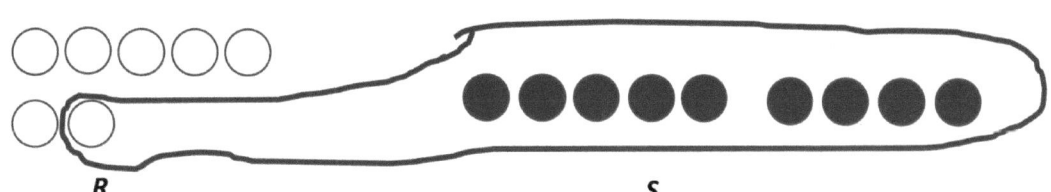

Կարող եմ նշել իմ նկարները, Գ՝ « գորգ », իսկ 5-ը՝ «կանգնելու» համար:

Նկատում եմ օրինակ: Ամեն անգամ, երբ կազմում եմ 10, մյուս գումարելին մնում է 1-ով պակաս: 7-ը դառնում է 6:

$9 + \underline{7} = \underline{16}$

$10 + \underline{6} = \underline{16}$

Կա ընդհանուր **16** երեխա:

Տասը կազմելը ավելի արդյունավետ է, քան 7-ը ավելացնելը:

Անուն ________________________________ Ամսաթիվ ______________

Նկարեք, նշեք և ցույց տվեք, թե (շրջանակելով) ինչպես եք տասը ստացել, ինչը կօգնի ձեզ լուծել: Լրացրեք թվային նախադասությունները:

1. Ռոնը ունի 9 փոքրիկ մարմարե գնդակ, իսկ Սյուն՝ 4-ը: Ընդամենը քանի՞ փոքրիկ մարմարե գնդակ ունեն նրանք:

9-ը և ________ կազմում են _______:

10-ը և ________ կազմում են________:

Ռոն և Սյուն ունեն _______ փոքրիկ մարմարե գնդակ:

2. Ջիմն ունի 5 մեքենա, իսկ Թինան՝ 9-ը: Քանի՞ մեքենա ունեն նրանք միասին:

9-ը և ________ կազմում են _______:

10-ը և ___________կազմում են________.

Ջիմը և Թինան ունեն ____ մեքենա:

ՄԻԱՎՈՐՆԵՐԻ ՊԱՏՄՈՒԹՅՈՒՆ   Դաս 3 Տնային աշխատանք   1•2

3 Սթենը ունի 6 ձուկ, իսկ Մեգն ունի 9-ը: Քանի՞ ձուկ ունեն նրանք ընդամենը:

9 + ____ = ____

10 + ____ = ____   Սթենը և Մեգն ունեն ____ ձուկ:

4. Ռիկը պատրաստել է 7 բլիթ, իսկ մայրիկը՝ 9: Քանի՞ բլիթ են պատրաստել Ռիկը և մայրիկը:

9 + ____ = ____

10-ը + = Ռիկը և մայրիկը պատրաստեցին ____ բլիթ

5. Հայրիկն ունի 8 գրիչ, իսկ Թոնին՝ 9: Քանի՞ գրիչ ունեն ընդհանուր առմամբ հայրիկը և Թոնին:

9 + ____ = ____

10 + ____ = ____

Հայրիկն ու Թոնին ունեն ____ գրիչ:

Դաս 3.   Կազմեք տասը, երբ գումարելիներից մեկը 9 է:

1. Լուծեք: Գծեք մաթեմատիկայի գծագրեր՝ օգտագործելով տասը շրջանակը, ցույց տալու համար ինչպես եք կազմել 10 լուծելու համար:

$8 + 9 =$ **17** **10** + **7** = **17**

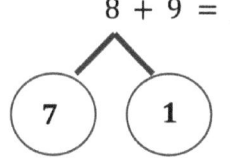

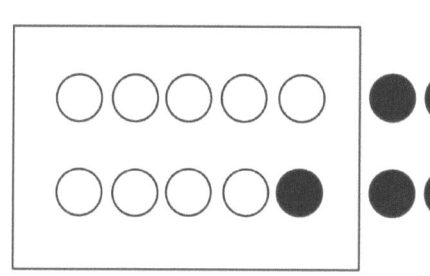

Քանի որ 9-ը ամենամեծ գումարելին է, նախ կարող եմ նկարել 9 շրջանակ: Այնուհետև կարող եմ նկարել 8 լրացված շրջանակ: Կարող եմ կազմել 10: Այն շուրջը շրջանակ ունի: Այդ իսկ պատճառով այն կոչում ենք տասի շրջանակ:

2. Համապատասխանեցրեք թվային նախադասությունները կապերի հետ, որոնք օգտագործել եք՝ օգնելու ձեզ ստանալ տասը:

$9 + 3 =$ ____

____ $= 9 + 5$

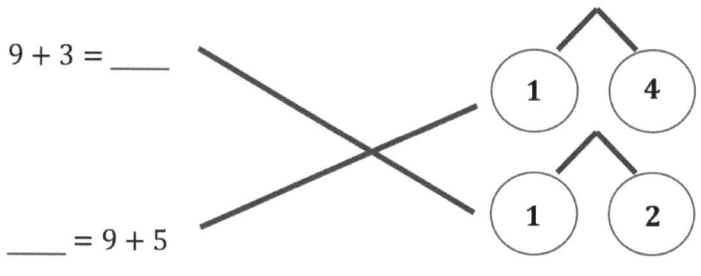

Կարող եմ բաշխել 3-ը 1-ի և 2-ի: Գիտեմ, որ 9-ը և 1-ը կազմում են 10 : 9 + 3-ը նույնն է ինչ՝ 10 + 2.

3. Ցույց տվեք, թե ինչպես են արտահայտությունները հավասար:
Օգտագործեք թվային կապեր՝ ստանալու համար տասը 9 + *փաստացի* արտահայտություններում՝ ճիշտ թվային նախադասության մեջ:
Նկարեք՝ ընդամենը ցույց տալու համար:

$10 + 6 = 9 + 7$

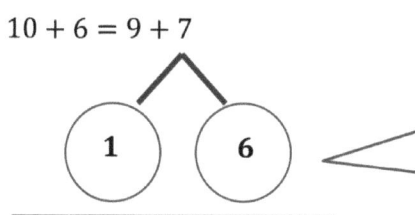

9-ին անհրաժեշտ է ևս մի 1 կազմելու համար տաս: Իմ թվային կապն օգնում է ինձ տեսնել, որ 7-ից 1-ը վերցնելիս տասը դարձնելու դեպքում, մյուս համարը 1-ով պակաս է: 10 + 6-ը հեշտ է լուծել:

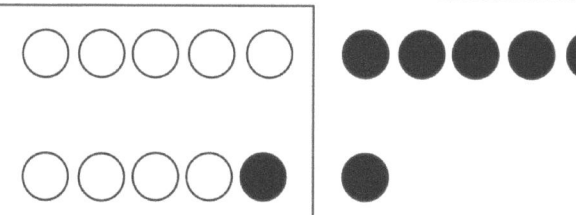

ՄԻԱՎՈՐՆԵՐԻ ՊԱՏՄՈՒԹՅՈՒՆ   Դաս 4 Տնային աշխատանք 1•2

Անուն _____ Ամսաթիվ _____

Լուծեք: Գծեք մաթեմատիկական գծագրեր՝ օգտագործելով տասի շրջանակը: Ինչպես եք ստացել 10՝ լուծելու համար:

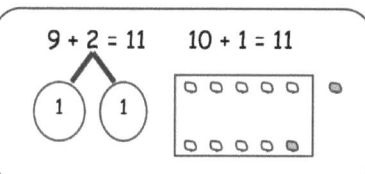

1. 9 + 3 = ___

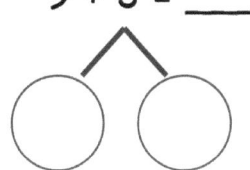

___ + ___ = ___

2. 9 + 6 = ___

___ + ___ = ___

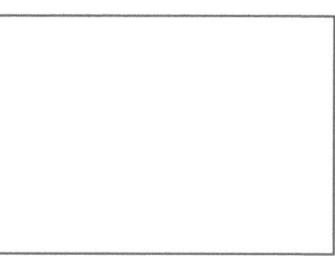

3. 7 + 9 = ___

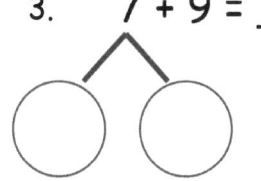

___ + ___ = ___

Դաս 4.   Կազմեք տասը, երբ գումարելիներից մեկը 9 է:

4. Համապատասխանեցրեք թվային նախադասությունները կապերի հետ, որոնք օգտագործել եք՝ օգնելու ձեզ ստանալ տասը:

ա. 9 + 8 = ___

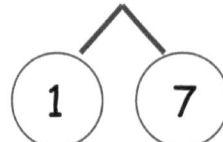

բ. ___ = 9 + 6

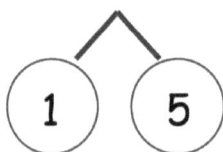

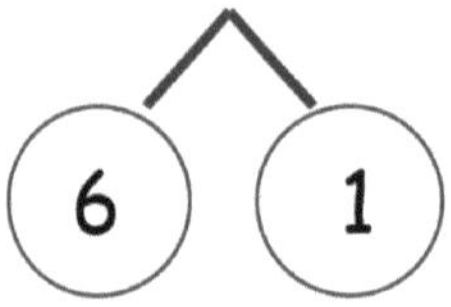

գ. 7 + 9 = ___

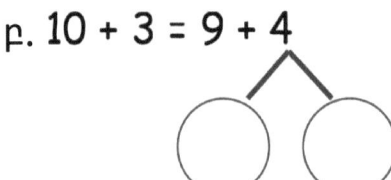

5. Ցույց տվեք, թե ինչպես են արտահայտությունները հավասար:

Օգտագործեք թվային կապեր՝ ստանալու համար տասը 9+ փաստ փաստացի արտահայտություններում՝ ճիշտ թվային նախադասության մեջ: Նկարեք՝ ընդամենը ցույց տալու համար:

ա. 9 + 2 = 10 + 1

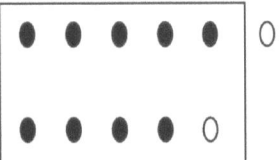

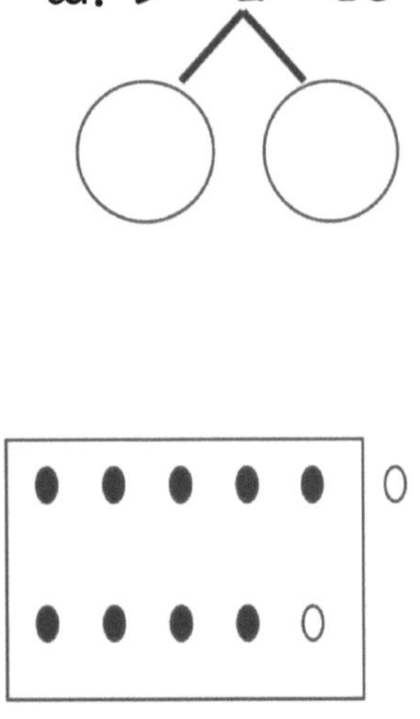

բ. 10 + 3 = 9 + 4

գ. 5 + 10 = 6 + 9

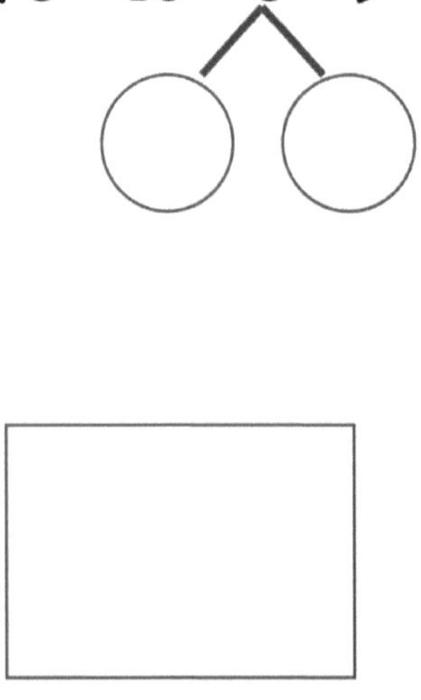

1. Լուծեք թվային արտահայտությունները: Ձեր մտածողությունը ցույց տալու համար օգտագործեք թվային կապ:
Գրեք 10 + փաստ և նոր թվային կապ:

9 + 7 = **16**

10 + **6** = **16**

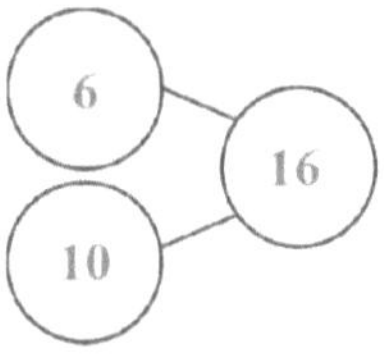

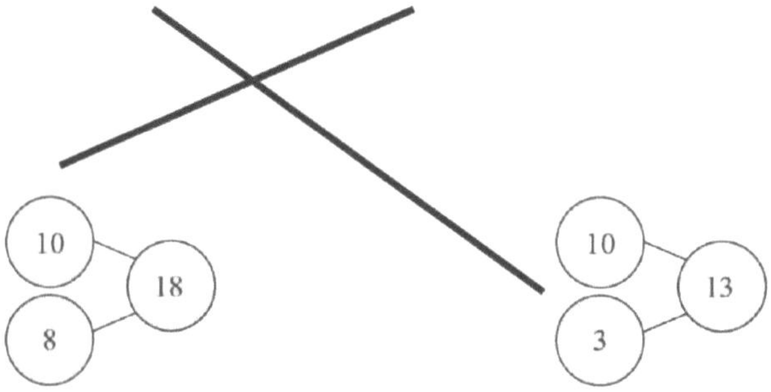

9 + 7-ը հավասար է 10 + 6-ին, բայց երբ գծում եմ իմ թվային կապը, շատ ավելի հեշտ է լուծել, երբ մի բաղադրիչը 10-ն է:

Լուծեք: Համապատասխանեցրեք թվային նախադասությունը 10 + թվային կապին:

9 + 4 = **13**

9 + 9 = **18**

Երբ կազմում եմ թվային կապ՝ 10-ը որպես մի բաղադրիչ, կարող եմ արագ լուծել, քանի որ 10-ը ընկերասեր թիվ է և ես գիտեմ իմ 10 + փաստերը:

2. Օգտագործեք արդյունավետ ռազմավարություն՝ թվային հաջորդականությունները լուծելու համար:

Հաշվեք
Կազմեք տաս
Թվային զույգ

6 + 9 = **15**

10 + 5 = 15

5

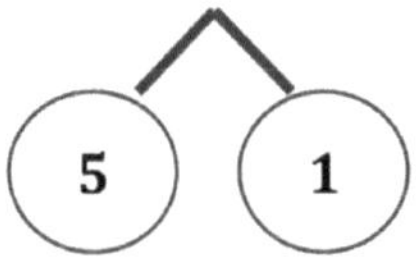

Կարող եմ օգտագործել տասը կազմելու ռազմավարությունը, արագ լուծելու համար: Երկար կտևի հաշվելու համար մինչև 6-ը:

9 + 2 = **11**

Ինձ հեշտ է՝ հաշվել 2-ը լուծելու համար: Ի՞նը, 10,11.

Դաս 5. Համեմատեք հաշվելու և տասը կազմելիս արդյունավետությունը, երբ գումարելիներից մեկը 9 է:

Անուն ______________________ Ամսաթիվ ____________

Լուծեք թվային արտահայտությունները: Ձեր մտածողությունը ցույց տալու համար օգտագործեք թվային կապ: Գրեք 10+ փաստ և նոր թվային կապ:

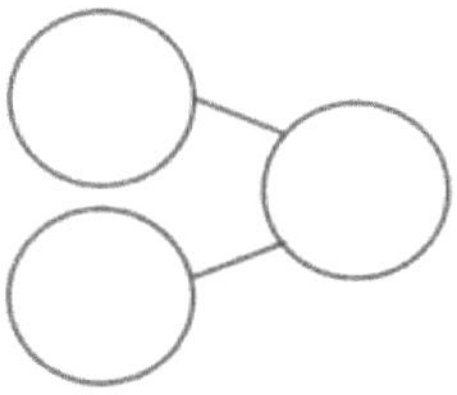

1. 9 + 6 = _____ 10 + _____ = _____

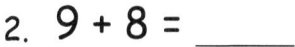

2. 9 + 8 = _____ _____ + _____ = _____

3. 5 + 9 = _____ _____ + _____ = _____

4. 7 + 9 = _____ _____ + _____ = _____

EUREKA MATH Դաս 5. Համեմատեք հաշվելու և տասը կազմելիս արդյունավետությունը, երբ գումարելիներից մեկը 9 է: 185

5. Լուծեք։ Համապատասխանեցրեք թվային նախադասությունը 10+ թվային կապին։

ա. 9 + 5 =   բ. 9 + 6 = _____   գ. 9 + 8 = _____

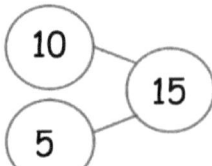   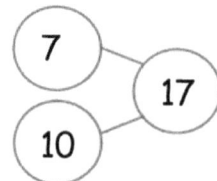   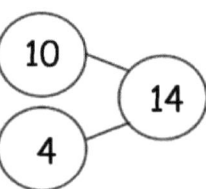

Օգտագործեք արդյունավետ ռազմավարություն՝ թվային հաջորդականությունները լուծելու համար։

  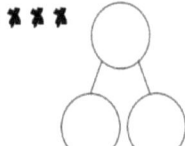

6. 9 + 7 = _____   7. 9 + 2 = _____   8. 9 + 1 = _____

9. 8 + 9 = _____   10. 4 + 9 = _____   11. 9 + 9 = _____

1. Լուծեք: Օգտագործեք ձեր թվային կապերը: Գծեք գիծ՝ հարակից փաստերը համապատասխանեցնելու համար: Գրեք հարակից 10 + փաստ:

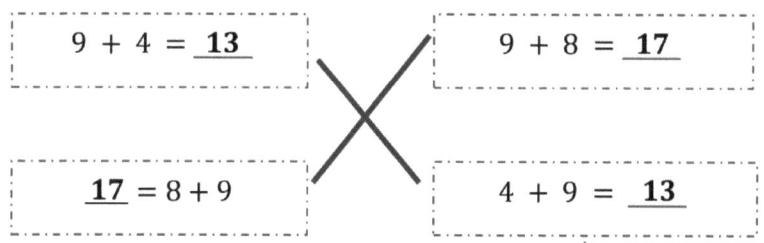

9 + 4 = **13**	9 + 8 = **17**	**10 + 7 = 17**
17 = 8 + 9	4 + 9 = **13**	**10 + 3 = 13**

Միշտ չէ, որ պետք է սկսեմ առաջին թվից, երբ գումարում եմ՝ քանի որ գումարում եմ բոլոր բաղադրիչները: Կարող եմ սկսել 4-ից կամ 9-ից: Ամեն դեպքում, իմ հանրագումարը 13 է:

2. Լրացրեք լրացուցիչ արտահայտությունները՝ դրանք ճշմարիտ դարձնելու համար:

15 = 9 + 6

10 + **9** = 19

10 + 7 = 17

Գիտեմ, որ եթե հանրագումարը 19 է, իսկ մի բաղադրիչը 10, ապա մյուս բաղադրիչը պետք է լինի 9:

10 և 9 կազմում են 19: 9 և 10 նույնպես կազմում են 19:

3. Գտեք և գունավորեք արտահայտությունը, որը հավասար է ձնեմարդի գլխարկի վրայի արտահայտությանը: Գրեք ճիշտ թվային նախադասություն:

10 + 5 = **6 + 9**

Լուծելու համար 6 + 9, կկազմեմ տաս 9-ով: Կարող եմ պատկերացնել բաշխել 5-ը և 1-ը 6-ից, քանի որ 9-ին անհրաժեշտ է՝ 1 կազմելու համար տաս:

EUREKA MATH Դաս 6. Տասը կազմելու համար օգտագործեք կոմուտատիվ հատկությունը: 187

Անուն ______________________ Ամսաթիվ ______________

1. Լուծեք: Օգտագործեք ձեր թվային կապերը: Գծեք գիծ՝ հարակից փաստերը համապատասխանեցնելու համար: Գրեք հարակից 10+ փաստ:

ա.	9 + 6 = _____	_____ = 9 + 8	_____
բ.	_____ = 3 + 9	_____ = 7 + 9	_____
գ.	____ = 9 + 5	6 + 9 = _____	10 + 5 = 15
դ.	8 + 9 = _____	9 + 3 = _____	_____
ե.	9 + 7 = _____	5 + 9 = _____	_____

2. Լրացրեք լրացուցիչ նախադասությունները՝ դրանք ճշմարիտ դարձնելու համար:

ա 3 + 10 = _____

բ. 4 + 9 =

գ 10 + 5 = _____

դ 9 + 6 = _____

ե. 7 + 10-ը =

զ. ____ = 7 + 9

է. 10 + ____ = 18

ը. 9 + 8 = ____

թ. ____ + 9 = 19

ժ. 5 + 9 = ____

EUREKA MATH Դաս 6 . Տասը կազմելու համար օգտագործեք կոմուտատիվ հատկությունը: 189

ՄԻԱՎՈՐՆԵՐԻ ՊԱՏՄՈՒԹՅՈՒՆ　　　　Դաս 6 Տնային աշխատանք　1•2

3. Գտեք և գունավորեք արտահայտությունը, որը հավասար է ձնեմարդի գլխարկի վրայի արտահայտությանը: Գրեք ճիշտ թվային արտահայտություն ստորև:

ա.

10 + 3

բ.

10 + 6

գ.
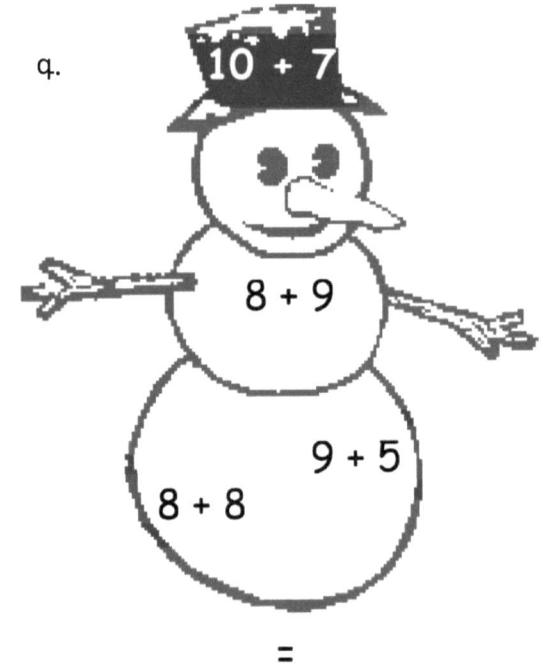
10 + 7

դ.
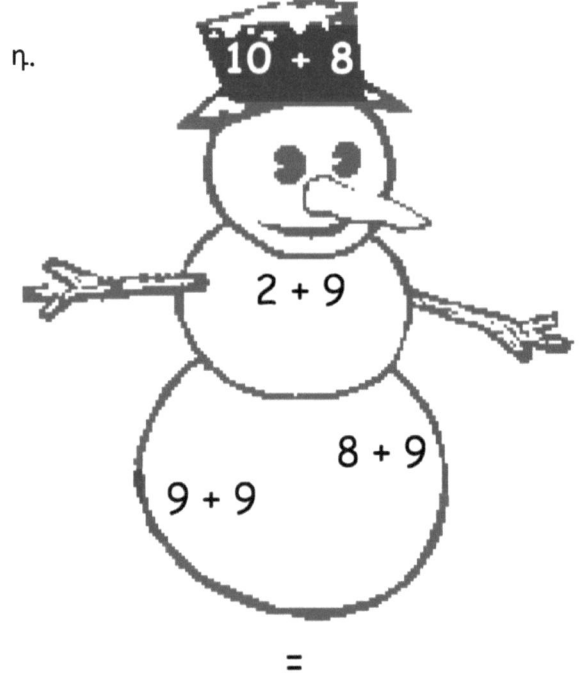
10 + 8

(Շրջանակ) նկարեք, նշեք և ցույց տվեք, թե ինչպես ես տասը ստացել, ինչը կօգնի ձեզ լուծել: Գրեք թվային նախադասությունները, որոնք օգտագործել եք լուծելու համար:

Ջոնն ունի 8 թենիսի գնդակ: Տոնին ունի 5: Քանի՞ թենիսի գնդակ կա ընդհանուր առմամբ:

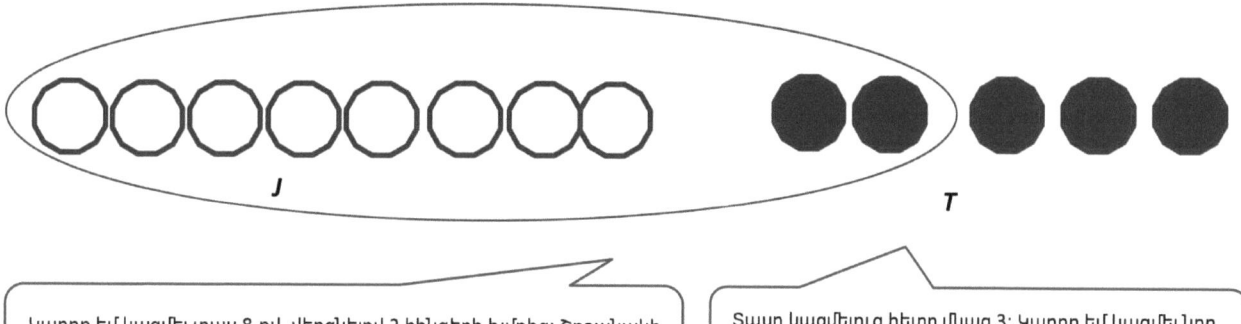

8 + **5** = **13**

10 + **3** = **13**

Ջոնն ու Տոնը ունեն ընդամենը **13** թենիսի գնդակ:

Եթե 8 + 5 = 13 և 10 + 3 = 13, ապա գիտեմ, որ 8 + 5-ը նույնն է, ինչ 10 + 3:

EUREKA MATH Դաս 7. Կազմեք տասը, երբ գումարելիներից մեկը 8 է: 191

Անուն ______________________________ Ամսաթիվ ______________

Նկարեք, նշեք և ցույց տվեք, թե (շրջանակելով) ինչպես եք տասը ստացել, ինչը կօգնի ձեզ լուծել:

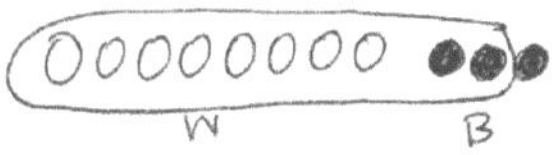

W
B

Գրեք թվային նախադասությունները, որոնք օգտագործել եք լուծելու համար:

8 + 3 = 11
10 + 1 = 11

1. Մեգը երեկույթում ստանում է 8 խաղալիք կենդանի և 4 խաղալիք մեքենա:
   Ընդամենը քանի՞ խաղալիք է ստանում Մեգը:

8 + 4 =

10 + ______ = ______ Մեգը ստանում է ______ խաղալիքներ:

2. Ջոնը իր բասկետբոլի առաջին խաղում 6 զամբյուղ է նետում, իսկ երկրորդում՝ 8 զամբյուղ:
   Ընդամենը քանի՞ զամբյուղ է նա նետում միասին:

______ + ______ = ______

______ + ______ = ______ Ջոնը նետում է ______ զամբյուղ:

EUREKA MATH Դաս 7. Կազմեք տասը, երբ գումարելիներից մեկը 8 է: 193

Copyright © Great Minds PBC

3. Մեյը երեկույթ է կազմակերպում: Նա հրավիրում է 7 աղջիկ և 8 տղա: Ընդամենը քանի՞ ընկեր է նա հրավիրում:

_____ + _____ = _____

_____ + _____ = _____ Մեյը հրավիրում է _____ ընկեր:

4. Ալեքը հավաքում է բեյսբոլի գլխարկներ: Նա ունի 9 Մեց գլխարկ և 8 Յանկի գլխարկ: Քանի՞ գլխարկ կա նրա հավաքածուի մեջ:

_____ + _____ = _____

_____ + _____ = _____ Ալեքն ունի _____ գլխարկ:

1. Լուծեք: Գծեք մաթեմատիկական գծագրեր՝ օգտագործելով տասի շրջանակը, ցույց տալու համար ինչպես եք կազմել տասը լուծելու համար:

$8 + 8 = \underline{16}$ $\underline{10} + \underline{6} = \underline{16}$

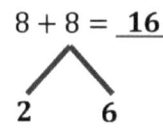

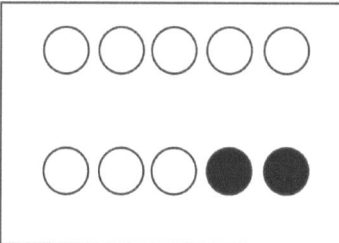

2 6

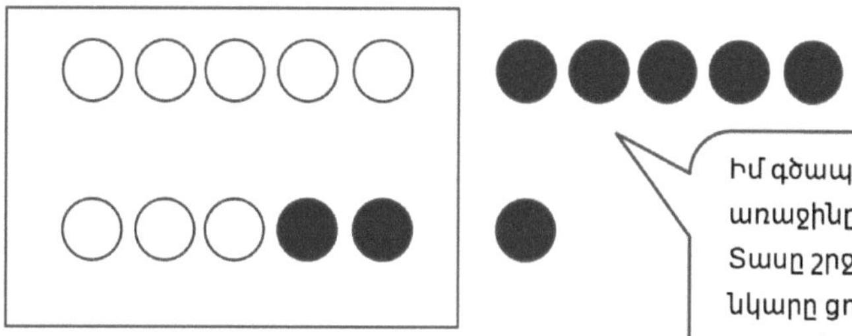

8-ին անհրաժեշտ է 2 կազմելու համար տաս: Այսպիսով, բաժանեցի երկրորդ 8-ը 2-ի և 6-ի:

Իմ գծապատկերում առաջինը կազմեցի տաս: Տասը շրջանակի մեջ է: Իմ նկարը ցույց է տալիս նոր արտահայտություն՝ 10 + 6:

2. Շրջանակ Գծեք մաթեմատիկական գծագրեր՝ օգտագործելով տասի շրջանակը, ցույց տալու համար ինչպես եք կազմել տասը լուծելու համար: Գրեք X՝ ցույց տալու համար թվեր, որոնք ճշմարիտ չեն:

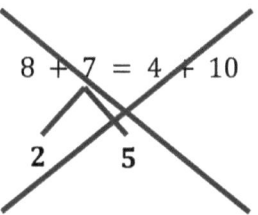

$8 + 7 = 4 + 10$

2 5

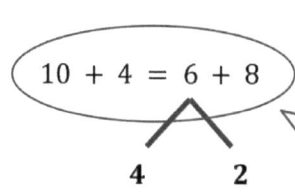

$10 + 4 = 6 + 8$

4 2

Երբ ունեմ 8-ը որպես մեկ գումարելի, ես կբաժանեմ երկրորդ գումարելին 2-ով, որպես մեկ բաղադրիչ: Ահա, թե ինչպես կազմեցի տաս:

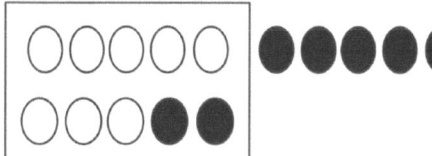

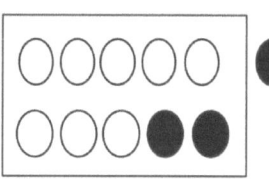

Իմ նկարը ցույց է տալիս 7-ը երկու տեղով, քանի որ ես այն բաժանել եմ 2-ի և 5-ի: Թվային կապս ցույց է տալիս սա:

ՄԻԱՎՈՐՆԵՐԻ ՊԱՏՄՈՒԹՅՈՒՆ   Դաս 8 Տնային աշխատանք   1•2

Անուն _____   Ամսաթիվ _____

Լուծեք: Գծեք մաթեմատիկական գծագրեր՝ օգտագործելով տասի շրջանակը, ցույց տալու համար ինչպես եք կազմել տասը՝ լուծելու համար:

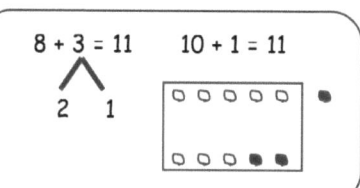

1. 8 + 4 = ___   ___ + ___ = ___

2. 8 + 6 = ___   ___ + ___ = ___

3. 7 + 8 = ___   ___ + ___ = ___

Դաս 8.   Կազմեք տասը, երբ գումարելիներից մեկը 8 է: 197

4. (Շրջանակ) Գծեք մաթեմատիկական գծագրեր՝ օգտագործելով տասի շրջանակը՝ լուծելու ճշմարիտ թվային նախադասություններ:

Գրեք X ՝ ցույց տալու համար թվային նախադասությունները, որոնք ճշմարիտ չեն:

ա. 8 + 4 = 10 + 2	բ. 10 + 6 = 8 + 8	7 + 8 = 10 + 6 գ.
դ. 5 + 10 = 5 + 8	ե. 2 + 10 = 8 + 3	զ. 8 + 9 = 10 + 7

1. Ձեր մտածողությունը ցույց տալու համար օգտագործեք թվային կապ: Գրեք 10 + փաստ:

$7 + 8 = \underline{15}$

5 2

$\underline{15} = 10 + \underline{5}$

Եթե 8 + 7-ը լուծում եմ հաշվելով, դա կտևի որոշ ժամանակ: Փոխարենը կարող եմ կազմել տասը: Կարող եմ վերցնել 2-ը 7-ից՝ կազմելու համար տաս 8-ի հետ:

2. Ավարտեք գումարման նախադասությունները և թվային կապերը:

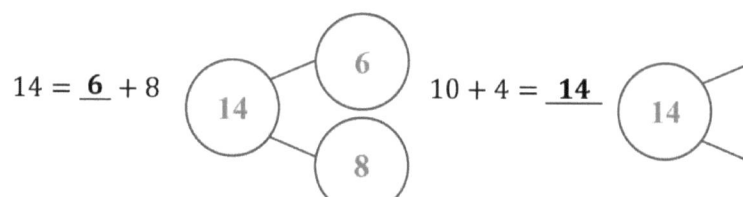

$14 = \underline{6} + 8$

14 — 6, 8

$10 + 4 = \underline{14}$

14 — 10, 4

Կարող եմ ավելի արդյունավետ լուծել, երբ օգտագործում եմ իմ 10 + փաստերը: Այս թվային կապը ավելի արագ էր ավարտվել:

3. Գծերով միացրեք պատկերները համապատասխան թվային նախադասություններին: Կարող եք օգտագործել թվային կապ կամ 5-խմբանի նկար՝ ձեզ օգնելու համար:

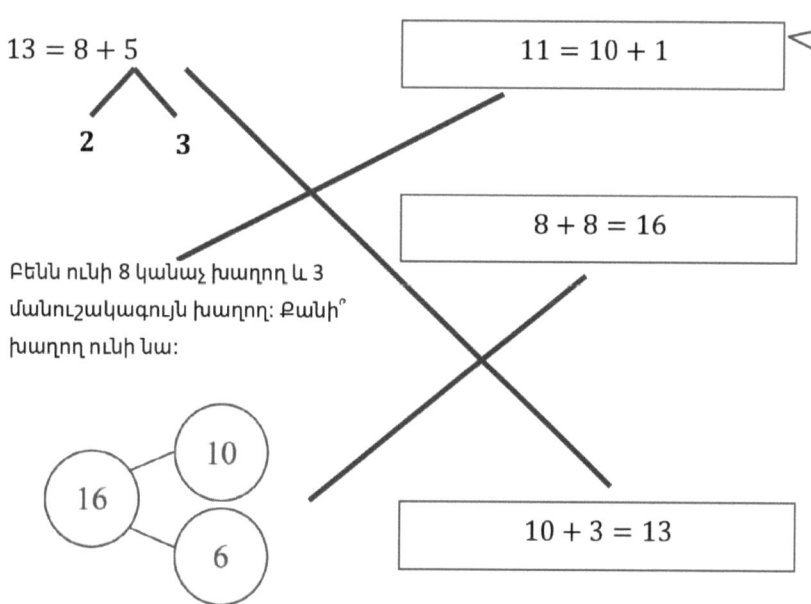

$13 = 8 + 5$

2 3

$11 = 10 + 1$

Ինձ համար ավելի արդյունավետ էր հաշվել այստեղ: Պարզապես մտածեցի ու՜թ, 9, 10, 11:

$8 + 8 = 16$

Բենն ունի 8 կանաչ խաղող և 3 մանուշակագույն խաղող: Քանի՞ խաղող ունի նա:

Սիրում եմ օգտագործել տասի կազմման ռազմավարությունը, երբ երկրորդ գումարելին ավելի շատ է, քան 3-ը, ինչպես 8 + 5-ում: Ավելի հեշտ խնդիր կազմելու համար կարող եմ վերցնել 5-ը, 10 + 3:

16 — 10, 6

$10 + 3 = 13$

EUREKA MATH

Դաս 9. Համեմատեք հաշվելու արդյունավետությունը և տասը կազմելը, երբ գումարելիներից մեկը 8 է:

199

Անուն _____ Ամսաթիվ _____

Ձեր մտածողությունը ցույց տալու համար օգտագործեք թվային կապեր: Գրեք 10+ փաստ

1. 8 + 3 = ____   10 + ____ = ____

2. 6 + 8 = ____   ____ + 10 = ____

3. ____ = 8 + 8   ____ = 10 + ____

4. ____ = 5 + 8   ____ = 10 + ____

Ավարտեք գումարման նախադասությունները և թվային կապերը:

5. ա. 7 + 8 = ____ 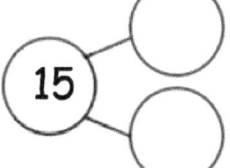   բ. 10 + 5 =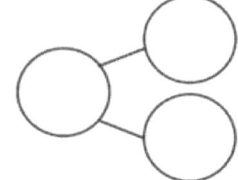

6. ա. 16 = ____ + 8 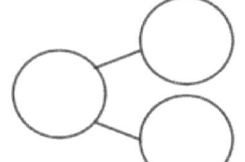   բ. 10 + 6 = ____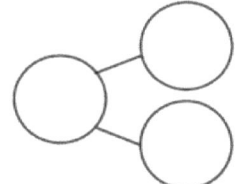

ՄԻԱՎՈՐՆԵՐԻ ՊԱՏՄՈՒԹՅՈՒՆ   Դաս 9 Տնային աշխատանք   1•2

7. ա. ____ = 9 + 8   բ. 10 + 7 = ____

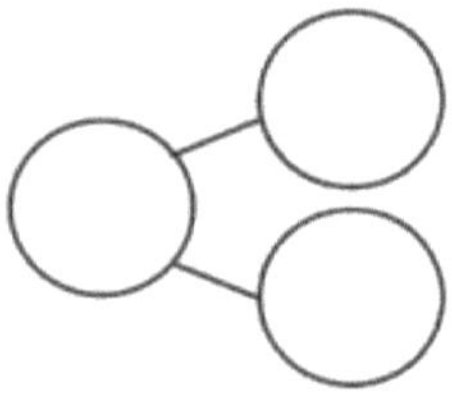

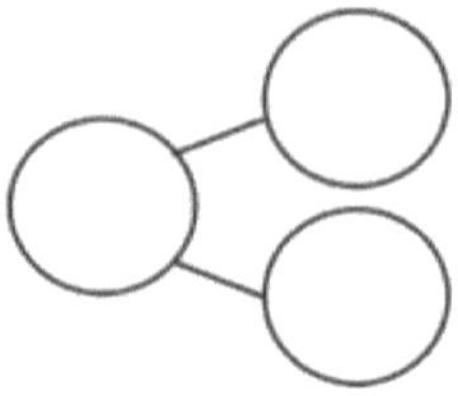

Գծերով միացրեք պատկերները համապատասխան թվային նախադասություններին։ Կարող եք օգտագործել թվային կապ կամ 5-խմբանի նկար՝ ձեզ օգնելու համար:

8. 11 = 8 + 3

8 + 6 = 14

9. Լիզան ուներ 5 կարմիր քար և 8 սպիտակ քար: Քանի՞ քար նա ուներ:

10 + 1 = 11

13 = 10 + 3

10.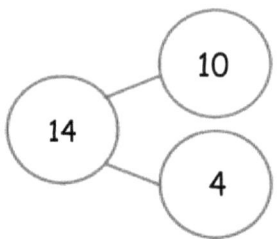

1. Լուծեք: Համապատասխանեցրեք թվային նախադասությունը 10 + թվային կապին, ինչն օգնեց ձեզ լուծել խնդիրը: Գրեք տասը գումարած թվային նախադասություն:

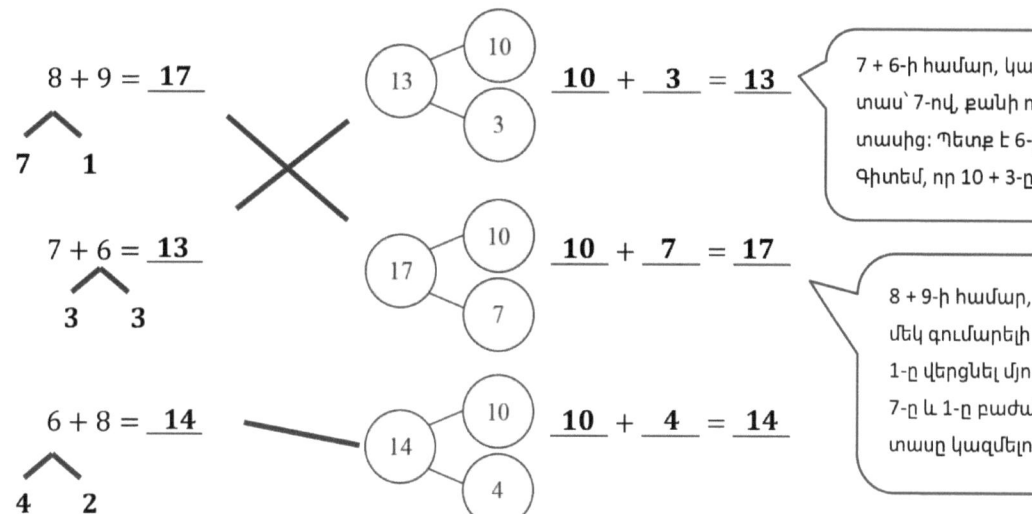

$8 + 9 =$ **17**
7 **1**

10
3

10 + **3** = **13**

7 + 6-ի համար, կարող եմ կազմել տաս՝ 7-ով, քանի որ այն 3-ով է հեռու տասից: Պետք է 6-ից վերցնեմ 3-ը: Գիտեմ, որ 10 + 3-ը անմիջապես է:

$7 + 6 =$ **13**
3 **3**

10
7

10 + **7** = **17**

8 + 9-ի համար, քանի որ 9-ը մեկ գումարելի է, ես կարող եմ 1-ը վերցնել մյուս գումարելիից: 7-ը և 1-ը բաժանեցի 8-ից, 9-ով տասը կազմելու համար:

$6 + 8 =$ **14**
4 **2**

10

10 + **4** = **14**

2. Լրացրեք թվային նախադասությունները, որպեսզի նրանք հավասար լինեն տվյալ թվային կապին:

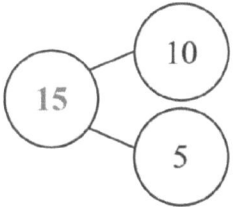

10

15 $= 9 + 6$

$8 +$ **7** $= 15$

15 $= 7 +$ **8**

Քանի որ 9 + 6 = 15 և 10 + 5 = 15, կարող եմ ասել ճիշտ թվի արտահայտությունը՝ 9 + 6 = 10 + 5:

EUREKA MATH Դաս 10. Լուծեք 7, 8 և 9 գումարելիների հետ կապված խնդիրները: 203

ՄԻԱՎՈՐՆԵՐԻ ՊԱՏՄՈՒԹՅՈՒՆ   Դաս 10 Տնային աշխատանք   1•2

Անուն _____   Ամսաթիվ _____

Լուծեք: Համապատասխանեցրեք թվային նախադասությունը տասը գումարած թվային կապին, ինչն օգնեց ձեզ լուծել խնդիրը: Գրեք տասը գումարած համարի նախադասությունը:

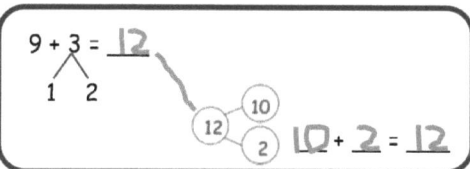

1. $8 + 6 = $ _____   (11) — (10)(1)   ___ + ___ = ___

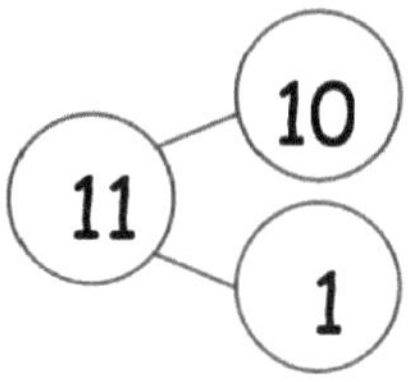

2. $7 + 5 = $ _____   (15) — (10)(5)   ___ + ___ = ___

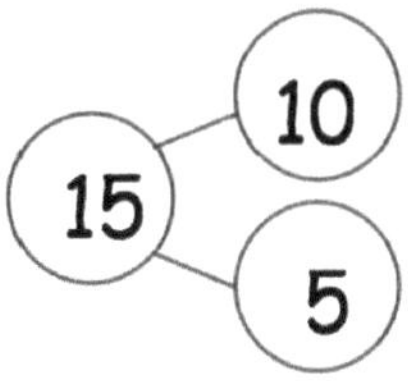

3. $5 + 8 = $ _____   (12) — (10)(2)   ___ + ___ = ___

4. $4 + 7 = $ _____   (14) — (10)(4)   ___ + ___ = ___

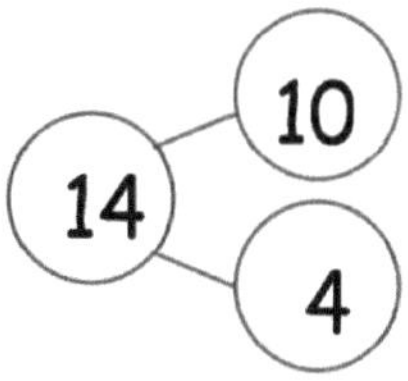

5. $6 + 9 = $ _____   (13) — (10)(3)   ___ + ___ = ___

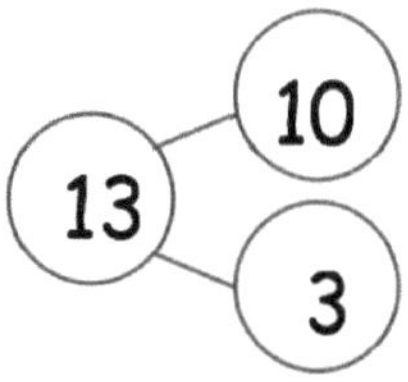

EUREKA MATH   Դաս 10.   Լուծեք 7, 8 և 9 գումարելիների հետ կապված խնդիրները:

Լրացրեք թվային նախադասությունները, որպեսզի նրանք հավասար լինեն տվյալ թվային կապին:

6.

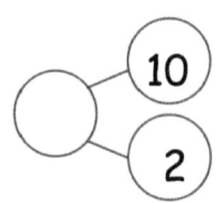

9 + ___ = 12

8 + ___ = 12

7 + ___ = 12

7.

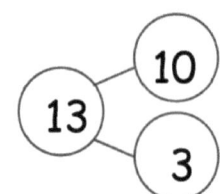

9 + ___ = 13

8 + ___ = 13

7 + ___ = 13

8.

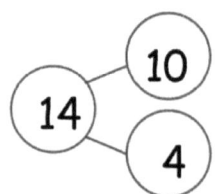

9 + ___ = 14

8 + ___ = 14

7 + ___ = 14

9.

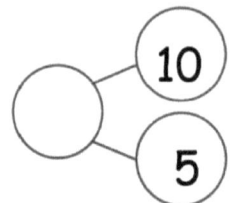

15-ը = 9 + ___

___ = 8 + ___

___ = 7 + ___

10.

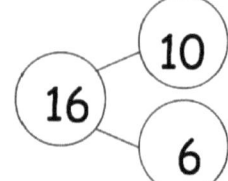

16 = 9 + ___

___ = 8 + ___

7 + ___ = ___

11.

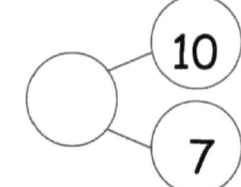

___ = 9 + 8

___ = 8 + ___

___ = 7 + ___

ՄԻԱՎՈՐՆԵՐԻ ՊԱՏՄՈՒԹՅՈՒՆ Դաս 11 Տնային աշխատանքների օգնական 1•2

Նայեք աշակերտի աշխատանքին: Ուղղեք աշխատանքը: Եթե պատասխանը սխալ է, ցույց տվեք ճիշտ լուծումը աշակերտի աշխատանքի ներքևի տարածքում:

Ջերեմին գրպանում ուներ 7 մեծ քար և 8 փոքր քար: Քանի՞ քար ունի Ջերեմին:

Միայի աշխատանքը	Ջոնի աշխատանքը	Պրանավի աշխատանքը
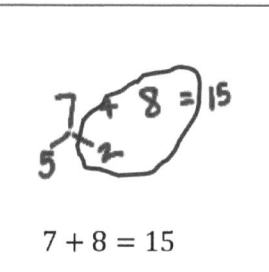	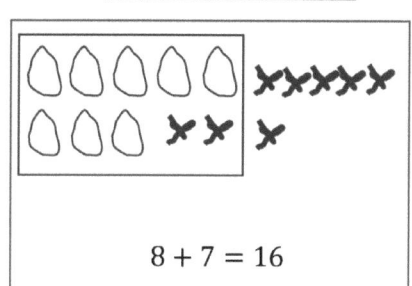	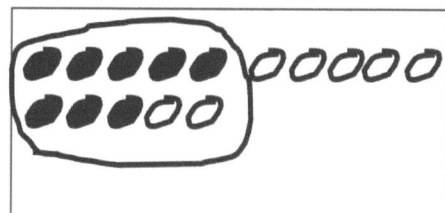
$7 + 8 = 15$	$8 + 7 = 16$	$10 + 5 = 15$

Պրանավը քարերը գծեց 5 կողիկ խմբում: Նրա ռազմավարությունն էր՝ կազմել 10 8-ով, 5-ը և 2-ը բաժանելով 7-ից: Նա շրջանակի մեջ վերցրեց

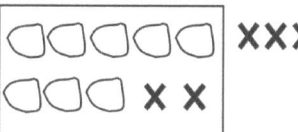

$8 + 7 = 15$

Սկզբում Ջոն նկարեց լավ 5 խմբեր, բայց կարծում եմ, որ կորցրեց հաշիվը: Նրա նկարը ցույց է տալիս, որ 7-ը կարելի է բաժանել 2-ի և 6-ի: Դա հնարավոր չէ: Դա կարող եմ ուղղել՝ Միայի պես բաժանելով 7-ը 5-ի և 2-ի:

Միան օգտագործում է տասը կազմելու ռազմավարությունը և գծում թվային կապ 5-ը և 2-ը 7-ից հանելու համար: Նա շրջանակի մեջ է վերցնում 8-ը և 2-ը, քանի որ դրանք կազմում են 10:

Դաս 11. Կիսվեք և քննադատեք ընկերների լուծման ռազմավարությունները՝ գումարման համար՝ բոլորովին անհայտ բառային խնդիրների համար:

207

Անուն ______________________________ Ամսաթիվ ______________

Նայեք աշակերտի աշխատանքին: Ուղղեք աշխատանքը: Եթե պատասխանը սխալ է, ցույց տվեք ճիշտ լուծումը աշակերտի աշխատանքի ներքևի տարածքում:

1. Թոդն ունի 9 կարմիր մեքենա և 7 կապույտ մեքենա: Ընդամենը քանի՞ մեքենա նա ունի:

Մերիի աշխատանքը

9 + 7 = 16

Ջոի աշխատանքը

9 + 7 = 15

Լենի աշխատանքը

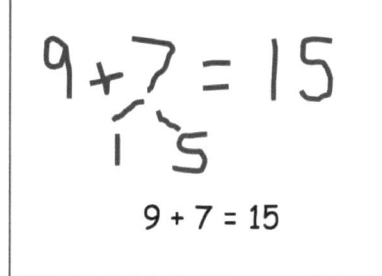

9 + 7 = 16

2. Ջիլն ունի 8 բետա ձուկ և 5 ոսկե ձկնիկ: Ընդամենը քանի՞ ձուկ ունի նա:

Ֆրենկի աշխատանքը

8 + 5 = 13

Լորիի աշխատանքը

8 + 5 = 14

Մայքի աշխատանքը

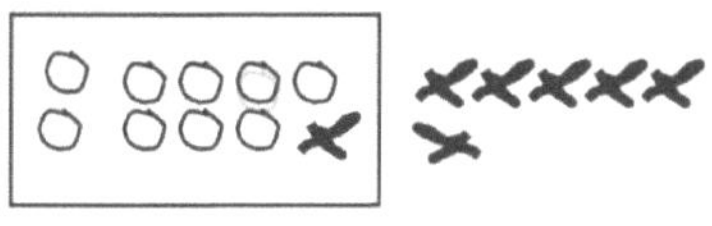

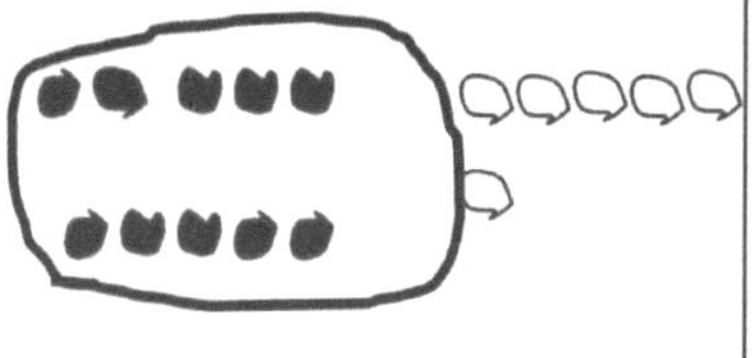

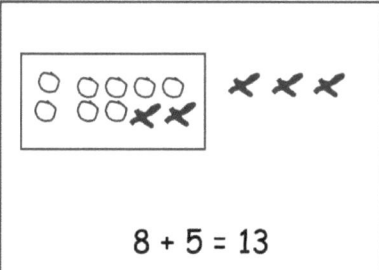

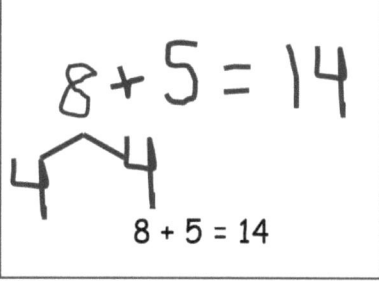

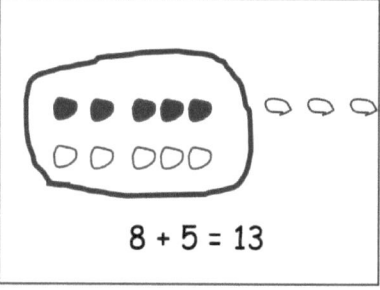

8 + 5 = 13

3. Հայրիկը թխեց 6 շոկոլադե կեքս և 7 վանիլային կեքս։
Ընդամենը քանի՞ կեքս նա թխեց։

Մերիի աշխատանքը

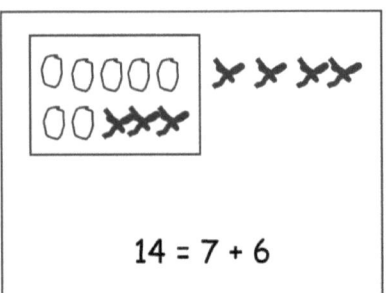

14 = 7 + 6

Ջոի աշխատանքը

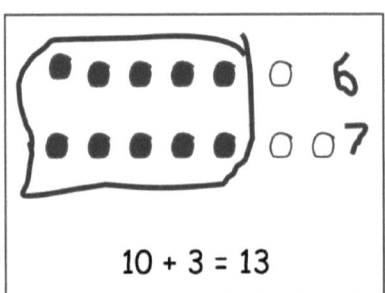

10 + 3 = 13

Լորիի աշխատանքը

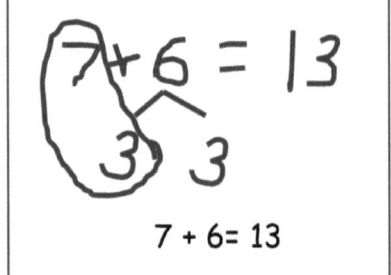

7 + 6 = 13

4. Մայրիկը բռնեց 9 լուսատիտիկ, իսկ Սյուն՝ 8-ը։ Ընդամենը քանի՞ լուսատիտիկ նրանք բռնեցին միասին։

Մայքի աշխատանքը

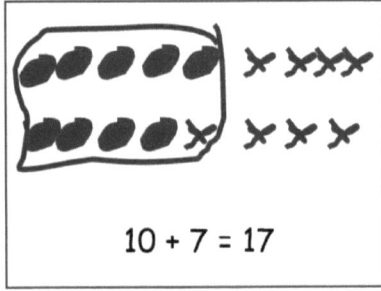

10 + 7 = 17

Լենի աշխատանքը

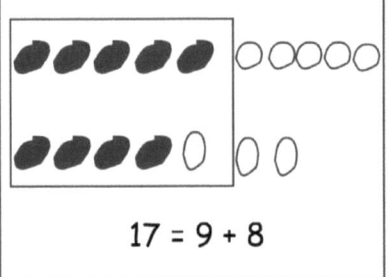

17 = 9 + 8

Ֆրենկի աշխատանքը

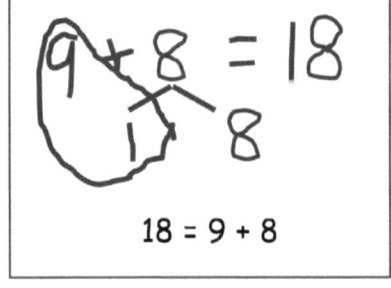

18 = 9 + 8

1. Գծեք պարզ մաթեմատիկական գծագիր: Ձնջեք 10-ից միավորները կամ այլ մասերը, որպեսզի ցույց տաք, թե ինչ է տեղի ունենում պատմության մեջ:

Բիլն ունի 16 խաղող: 10-ը ողկույզի վրա են, իսկ 6-ը՝ գետնին:

Բիլը կերավ 9 խաղող ողկույզի վրայից: Քանի՞ խաղող ունի Բիլը:

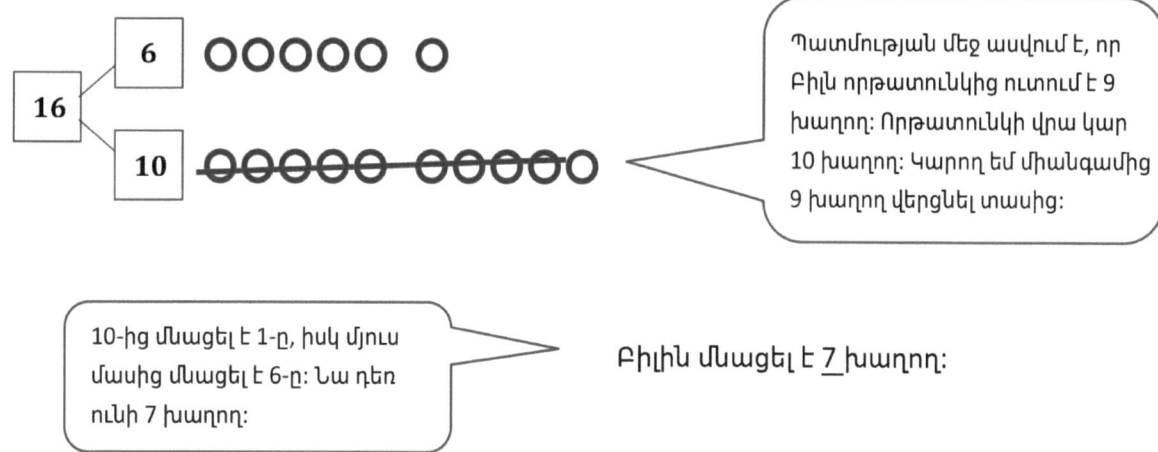

Պատմության մեջ ասվում է, որ Բիլն որթատունկից ուտում է 9 խաղող: Որթատունկի վրա կար 10 խաղող: Կարող եմ միանգամից 9 խաղող վերցնել տասից:

10-ից մնացել է 1-ը, իսկ մյուս մասից մնացել է 6-ը: Նա դեռ ունի 7 խաղող:

Բիլին մնացել է 7 խաղող:

2. Մաթեմատիկայի պատմությունը լրացնելու համար օգտագործեք թվային կապը: Գծեք պարզ մաթեմատիկական գծագիր: Ձնջեք 10-ից միավորները կամ այլ մասերը, որպեսզի ցույց տաք, թե ինչ է տեղի ունենում:

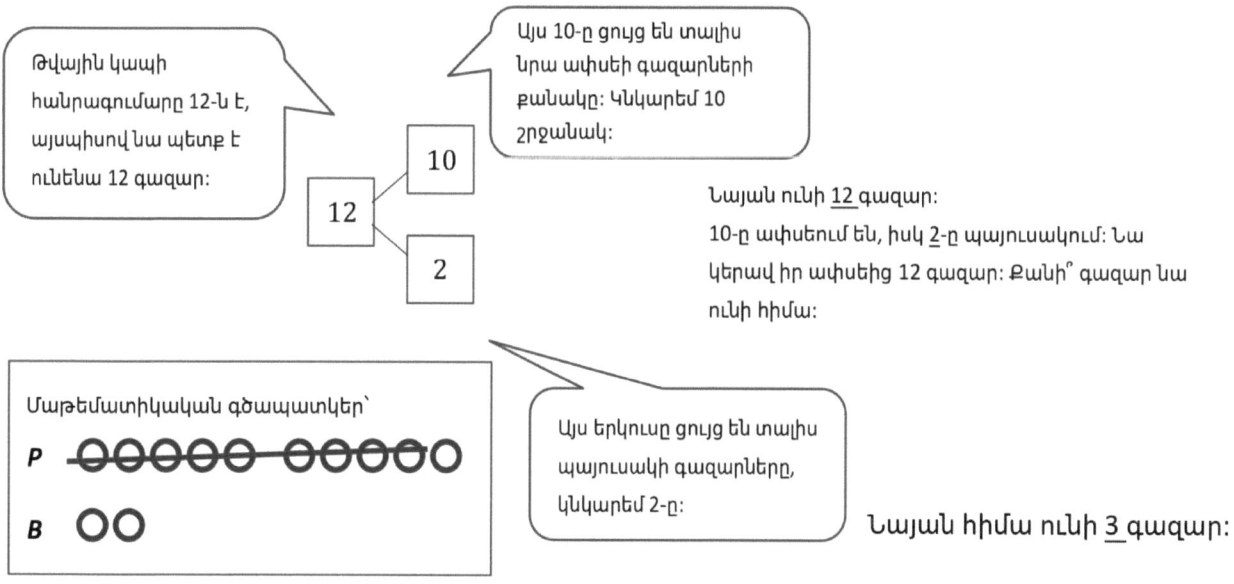

Թվային կապի հանրագումարը 12-ն է, այսպիսով նա պետք է ունենա 12 գազար:

Այս 10-ը ցույց են տալիս նրա ափսեի գազարների քանակը: Կնկարեմ 10 շրջանակ:

Նայյան ունի 12 գազար:
10-ը ափսեում են, իսկ 2-ը պայուսակում: Նա կերավ իր ափսեից 12 գազար: Քանի՞ գազար նա ունի հիմա:

Մաթեմատիկական գծապատկեր՝

Այս երկուսը ցույց են տալիս պայուսակի գազարները, կնկարեմ 2-ը:

Նայյան հիմա ունի 3 գազար:

3. Օգտագործեք ստորև թվային կապը՝ ձեր մաթեմատիկական պատմությունը գրելու համար: Ներառեք պարզ մաթեմատիկայի գծագիր: Ջնջեք 10-ից միավորները, որպեսզի ցույց տաք, թե ինչ է տեղի ունենում:

Կարող եմ պատմել պատմություն, որը համապատասխանում է թվային զույգին. «Իմ կարատեի դասարանում 12 ընկեր կա: 10-ը աղջիկ են: 2-ը տղա: Աղջիկներից 9-ը գնացին: Քանի՞ ընկեր մնացին»:

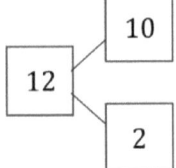

Մաթեմատիկական գծապատկեր

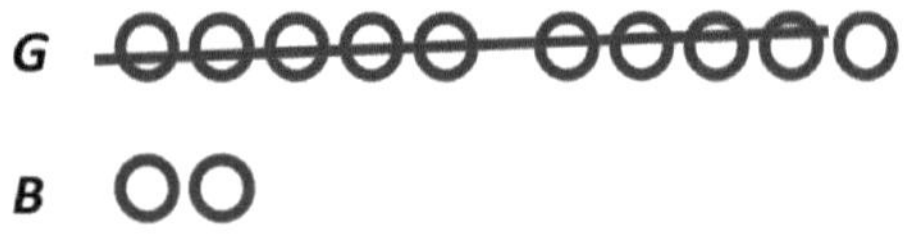

Սկզբում կար 12 ընկեր, հետո 9-ը գնացին, այսպիսով իմ թվային արտահայտությունը 12 - 9 = 3 է:

Թվային արտահայտություն.

$$12 - 9 = 3$$

Այս հարցին պատասխանելու համար, իմ պնդումը «բառային արտահայտություն» է, «Քանի՞ ընկեր դեռ կա այնտեղ»

Պնդում՝

3 ընկեր դեռ այնտեղ են:

Անուն ________________________________ Ամսաթիվ ______________

Գծեք պարզ մաթեմատիկական գծագիր: Զնջեք 10-ից միավորները կամ այլ մասերը, որպեսզի ցույց տաք, թե ինչ է տեղի ունենում պատմություններում:

Ունեմ 16 խաղող: Դրանցից 10-ը կարմիր են, իսկ 6-ը կանաչ: Կերա 9 կարմիր խաղող: Քանի՞ խաղող ունեմ հիմա:

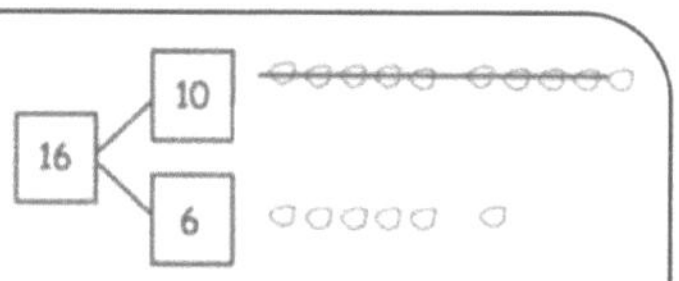

Հիմա ունեմ 7 խաղող:

1. Ծառի տակ կար 15 սկյուռ: Դրանցից 10-ը ընկույզ էին ուտում: 5 սկյուռ խաղում էր: Բարձր աղմուկը վախեցրեց ընկույզներ ուտող 9 սկյուռներին: Քանի՞ սկյուռ մնաց ծառի տակ:

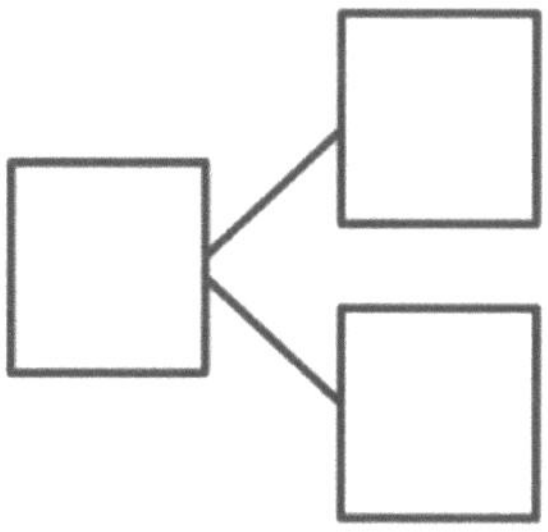

Ծառի տակ մնաց ____ սկյուռ:

---

2. Բույսի վրա կա 17 զատիկ: Դրանցից 10-ը տերևի վրա են, իսկ 7-ը՝ ցողունի: Տերևի վրայի 9 զատիկ հեռացավ: Քանի՞ զատիկ դեռ կա բույսի վրա:

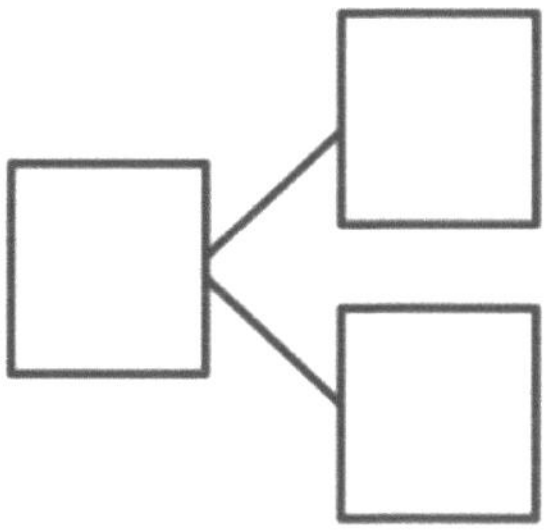

Բույսի վրա կա ____ զատիկ:

3. Մաթեմատիկայի պատմությունը լրացնելու համար օգտագործեք թվային կապը: Գծեք պարզ մաթեմատիկական գծագիր: Ջնջեք 10-ից միավորները կամ այլ մասերը, որպեսզի ցույց տաք, թե ինչ է տեղի ունենում պատմություններում:

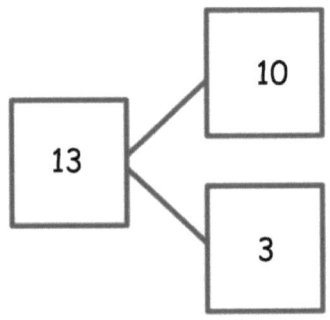

Մրջնաբնում կար 13 մրջյուն:

Մրջյուններից 10-ը քնած են, իսկ 3-ը՝ արթուն:

Քնած մրջյուններից 9-ը արթնացան և սողացին հեռու:

Քանի՞ մրջյուն մնաց մրջնաբնում:

Մաթեմատիկական գծապատկեր՝

Մրջնաբնում մնաց ______ մրջյուն:

4. Օգտագործեք ստորև թվային կապը՝ ձեր մաթեմատիկական պատմությունը գրելու համար: Ներառեք պարզ մաթեմատիկայի գծագիր: Ջնջեք 10-ից միավորները կամ այլ մասերը, որպեսզի ցույց տաք, թե ինչ է տեղի ունենում:

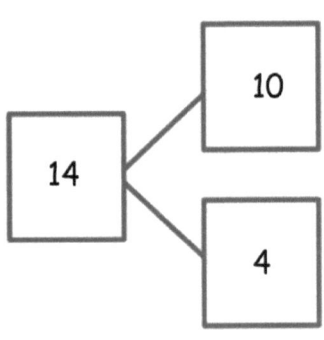

Մաթեմատիկական գծապատկեր՝

Թվային նախադասություններ՝

Պնդում՝

EUREKA MATH

1. Լուծեք: Օգտագործեք 5-խմբակային շարքերը և ջնջումը՝ ձեր աշխատանքը ցուցադրելու համար: Գրեք թվային նախադասություններ:

   10 բադ լճակում են, իսկ 7 բադը՝ ցամաքում: Լճակի բադերից 9-ը փոքրիկներ են, իսկ մնացած բադերը՝ մեծահասակներ: Քանի՞ մեծահասակ բադ կա:

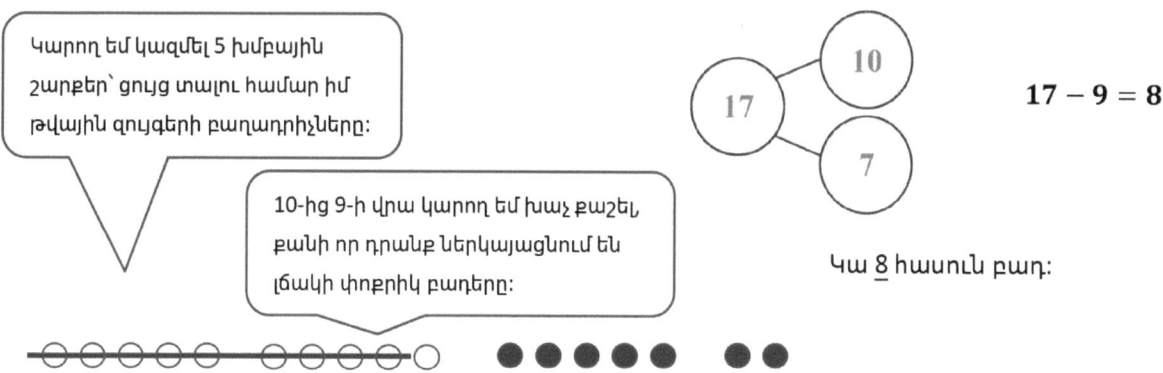

Կարող եմ կազմել 5 խմբային շարքեր՝ ցույց տալու համար իմ թվային զույգերի բաղադրիչները:

10-ից 9-ի վրա կարող եմ խաչ քաշել, քանի որ դրանք ներկայացնում են լճակի փոքրիկ բադերը:

$17 - 9 = 8$

Կա <u>8</u> հասուն բադ:

2. Ավարտեք թվային կապը և լրացրեք մաթեմատիկական պատմությունը: Օգտագործեք 5-խմբակային շարքերը և ջնջումը՝ ձեր աշխատանքը ցուցադրելու համար: Գրեք թվային նախադասություններ:

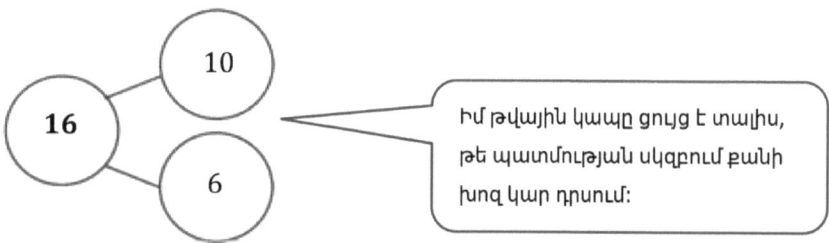

Իմ թվային կապը ցույց է տալիս, թե պատմության սկզբում քանի խոզ կար դրսում:

Ցեխի մեջ կար __10__ խոզ, իսկ __6__ խոզ ուտում էին դրսում: Ցեխոտ խոզերից 9-ը մտան գոմը: Քանի՞ խոզ մնաց դրսում:

$16 - 9 = 7$

Միշտ կարող եմ բաժանել 9-ը 10-ից: Այն կթողի ինձ 1, որը կարող եմ ավելացնել այլ բաղադրիչի, այսպիսով՝ 1 + 6 = 7: Դա նշանակում է 16-9 = 7:

Դրսում կա <u>7</u> խոզ:

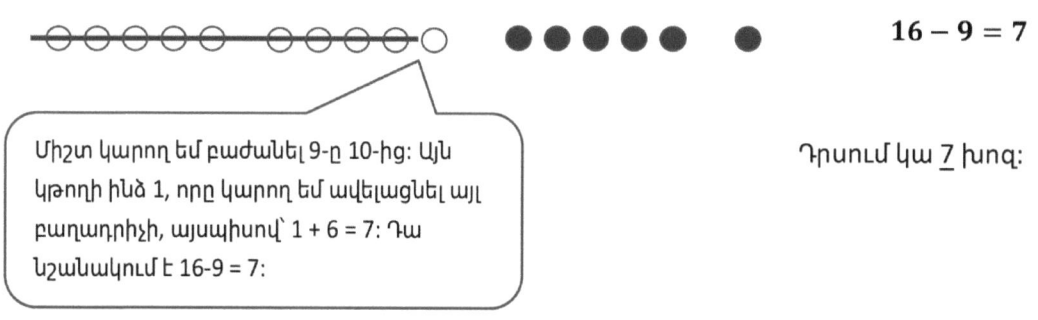

Անուն ____________________________________ Ամսաթիվ ________________

Լուծեք: Օգտագործեք 5-խմբակային շարքերը և ջնջումը՝ ձեր աշխատանքը ցուցադրելու համար: Գրեք թվային նախադասություններ:

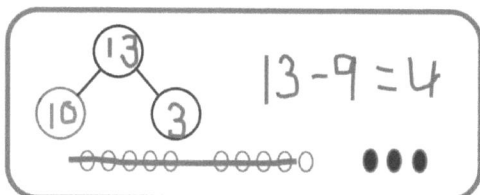

1. Այգում խոտի վրա վազում է 10 շուն, իսկ ծառի տակ 1 շուն է քնում: Վազող շներից 9-ը լքում են այգին: Քանի՞ շուն է մնացել այգում:

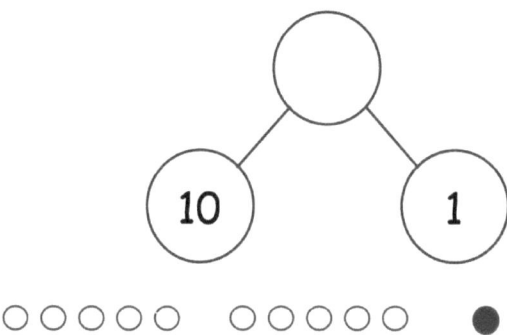

Այգում կան _____ շուն:

2. Ալեխանդրոն ուներ 9 քար իր այգում և 10 քար՝ սենյակում: Նրա սենյակի քարերից 9-ը մոխրագույն են, իսկ մնացածը՝ սպիտակ: Քանի՞ սպիտակ քար ունի Ալեխանդրոն:

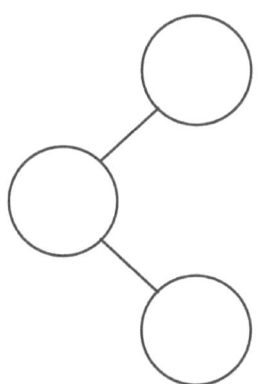

Ալեխանդրոն ունի սպիտակ քար:

3. Սոֆիան ունի 8 խաղալիք մեքենա խոհանոցում և 10 խաղալիք մեքենա իր ննջասենյակում: Ննջասենյակում խաղալիքի մեքենաներից 9-ը կապույտ են: Նրա մնացած մեքենաները կարմիր են: Քանի՞ կարմիր մեքենա ունի Սոֆիան:

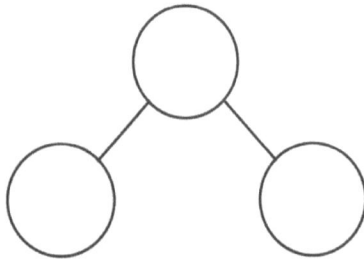

Սոֆիան ունի ___ կարմիր մեքենա:

4. Ավարտեք թվային կապը և լրացրեք մաթեմատիկական պատմությունը: Օգտագործեք 5-խմբակային շարքերը և ջնջումը՝ ձեր աշխատանքը ցուցադրելու համար: Գրեք թվային նախադասություններ:

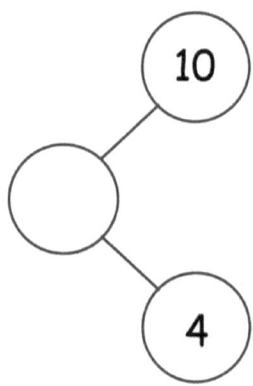

Լճակում կային ____ լողացող թռչուն և ____ թռչուն, որոնք քայլում են չոր խոտի վրայով: Լողացող թռչուններից 9-ը թռչեցին: Քանի՞ թռչուն մնաց:

Մնաց ___ թռչուն:

ՄԻԱՎՈՐՆԵՐԻ ՊԱՏՄՈՒԹՅՈՒՆ   Դաս 14 Տնային աշխատանքերի օգնական   1•2

1. Նկարեք և (Շրջանակի մեջ առեք) 10: Հանեք և ստացեք թվային կապ:

$17 - 9 = \underline{\ 8\ }$

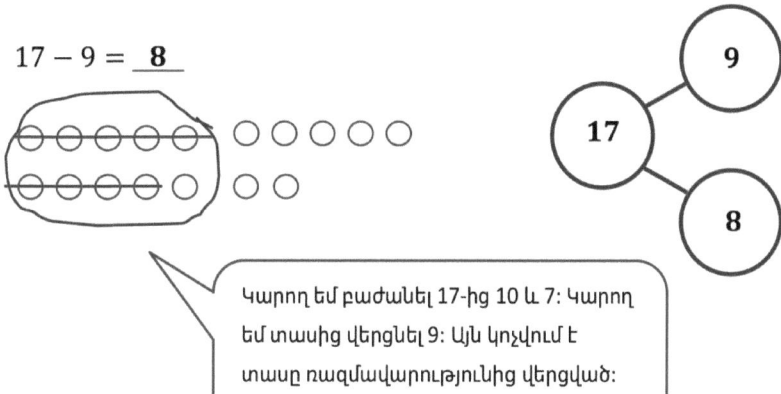

Կարող եմ բաժանել 17-ից 10 և 7: Կարող եմ տասից վերցնել 9: Այն կոչվում է տասը ռազմավարությունից վերցված: Ապա, 1-ը և 7-ը կազմում են 8:

2. Լրացրեք թվային կապը և գրեք թվային նախադասություն, որն օգնեց ձեզ:

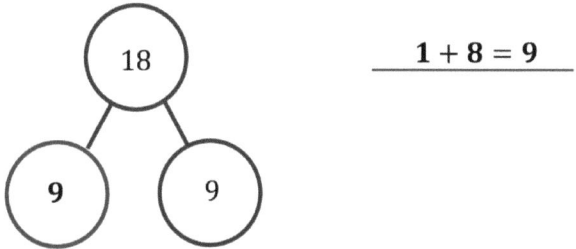

$\underline{\ 1 + 8 = 9\ }$

Դաս 14: Տասից քանը թվերից 9-ի հանման մոդել:

Անուն ______________________ Ամսաթիվ ____________

(Շրջանակի մեջ առեք) 10 և հանեք: Կազմեք թվային կապ:

1. 15 – 9 = ____

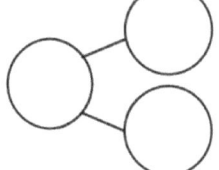

Նկարեք և 10: (Շրջանակի մեջ առեք) Հանեք և ստացեք թվային կապ:

2. 14 – 9 = ____

3. 12 – 9 = ____

4. 13 – 9 = ____

5. 16 – 9 = ____

ՄԻԱՎՈՐՆԵՐԻ ՊԱՏՄՈՒԹՅՈՒՆ   Դաս 14 Տնային աշխատանք   1•2

6. Լրացրեք թվային կապը և գրեք թվային նախադասություն, որն օգնեց ձեզ։

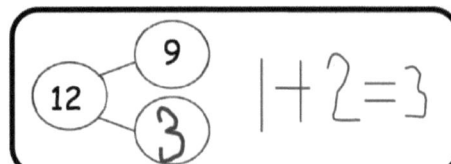

ա.  _____

բ. _____

գ.  _____

դ. 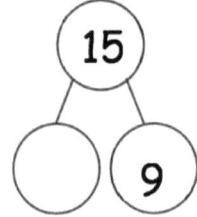 _____

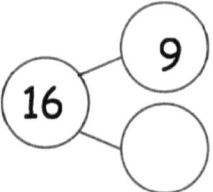

7. Գրեք թվային կապ, որը կարող է լինել հաջորդը, և գրեք թվային նախադասություն, որը համապատասխանում է։

1. Յուրաքանչյուր 5-խմբային շարքի գծապատկերի համար գրեք թվային նախադասություն:

Գիտեմ, որ 15-ը կազմված է 10-ից և 5-ից: Երբ 10-ից վերցնում եմ 9-ը, տեսնում եմ, որ մնացել է 6 շրջան:

15 − 9 = 6

2. Նկարեք 5-խմբեր՝ թվային կապը լրացնելու համար, և գրեք 9-թվային նախադասություն:

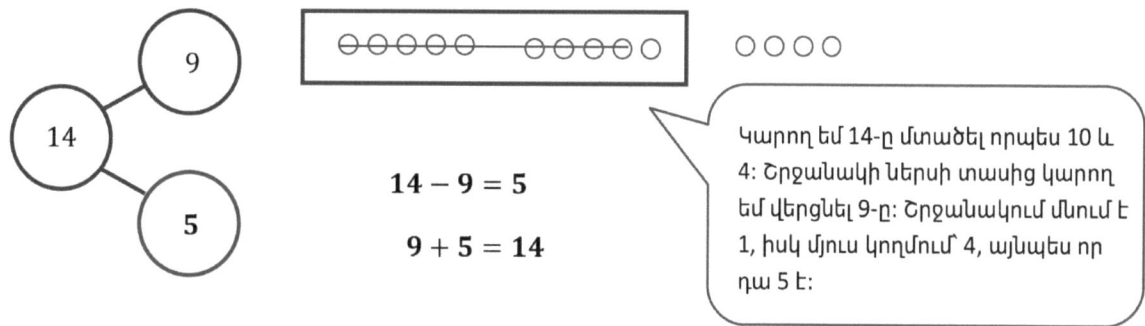

14 − 9 = 5

9 + 5 = 14

Կարող եմ 14-ը մտածել որպես 10 և 4: Շրջանակի ներսի տասից կարող եմ վերցնել 9-ը: Շրջանակում մնում է 1, իսկ մյուս կողմում՝ 4, այնպես որ դա 5 է:

3. Նկարեք 5-խմբեր՝ տասի ստացումը ցույց տալու և տասից հանելը ցույց տալու համար՝ երկու թվային նախադասությունները լուծելու համար:
Կազմեք թվային կապ, և գրեք երկու լրացուցիչ թվային նախադասություն, որը կունենա այս թվային կապը:

7 + 9 = ____

Կարող եմ սկսել 9-ից և կազմել 10-ը՝ վերցնելով 7-ից 1-ը, գիտեմ, որ 7 + 9 = 10 + 6:

7 + 9 = 16

16 − 7 = 9

16 − 9 = ____

Իմ թվային կապը համապատասխանում է իմ 5 խմբային գծապատկերին: Երբ խաչ եմ քաշում 9 շրջանակի վրա, ինձ մնում է 7 շրջանակ:

16 − 7 = 9

9 + 7 = 16

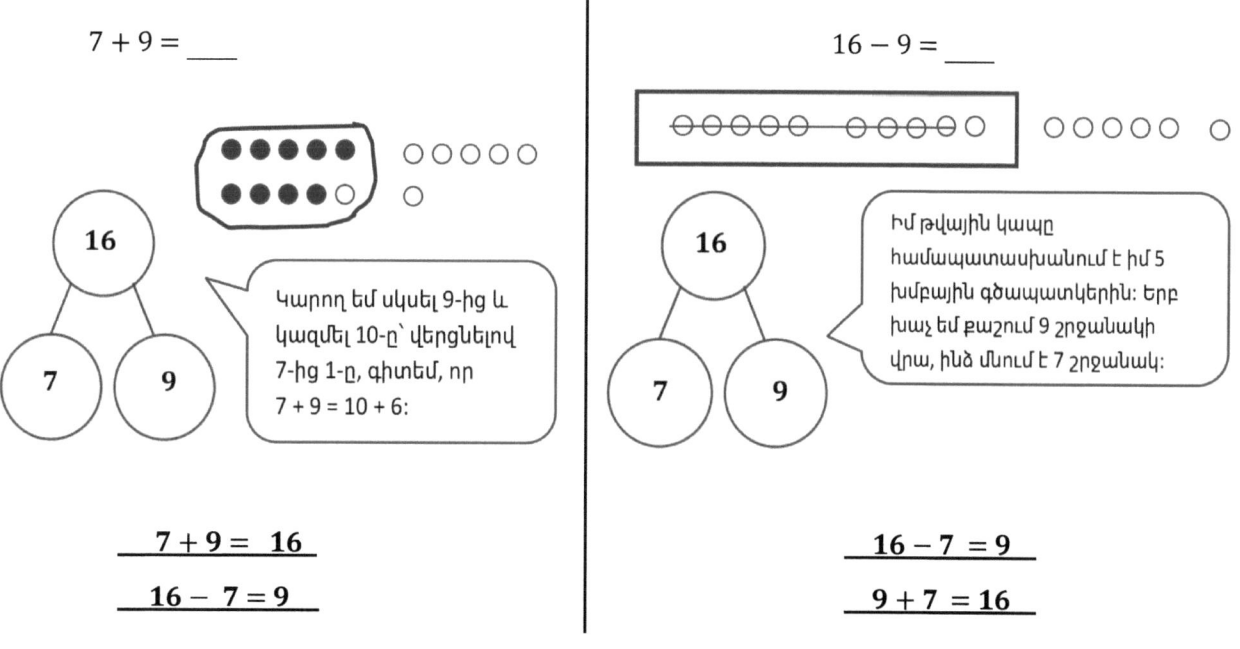

ՄԻԱՎՈՐՆԵՐԻ ՊԱՏՄՈՒԹՅՈՒՆ   Դաս 15 Տնային աշխատանք 1•2

Անուն _____   Ամսաթիվ _____

Յուրաքանչյուր 5-խմբային շարքի գծապատկերի համար գրեք թվային նախադասություն:

1.

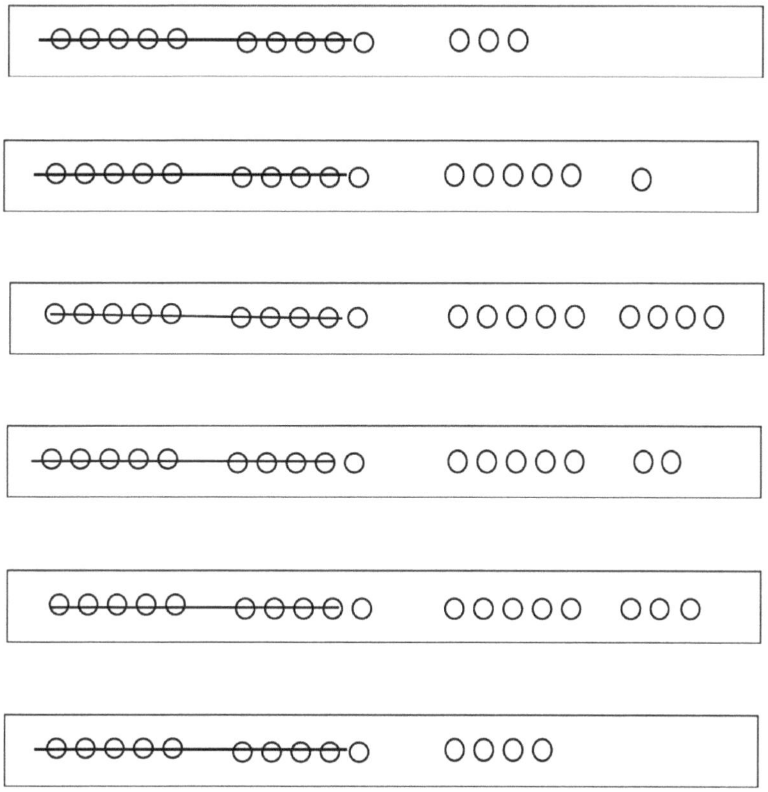

⊖⊖⊖⊖⊖ ⊖⊖⊖⊖○ ○○○ $13 - 9 = 4$

⊖⊖⊖⊖⊖ ⊖⊖⊖⊖○ ○○○○○ ○   _____

⊖⊖⊖⊖⊖ ⊖⊖⊖⊖○ ○○○○○ ○○○○ _____

⊖⊖⊖⊖⊖ ⊖⊖⊖⊖○ ○○○○○ ○○   _____

⊖⊖⊖⊖⊖ ⊖⊖⊖⊖○ ○○○○○ ○○○   _____

⊖⊖⊖⊖⊖ ⊖⊖⊖⊖○ ○○○○   _____

Նկարեք 5-խմբեր՝ թվային կապը լրացնելու համար, և գրեք 9-թվային նախադասություն:

2.
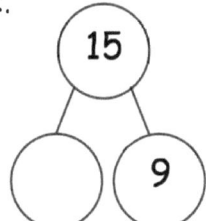

3.
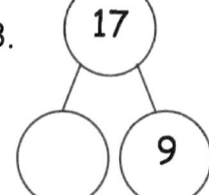

Դաս 15 :   Տասից քսանը թվերից 9-ի հանման մոդել: 225

ՄԻԱՎՈՐՆԵՐԻ ՊԱՏՄՈՒԹՅՈՒՆ　　　　Դաս 15　Տնային աշխատանք　1•2

Նկարեք 5-խմբեր՝ թվային կապը լրացնելու համար, և գրեք 9-թվային նախադասություն:

4.

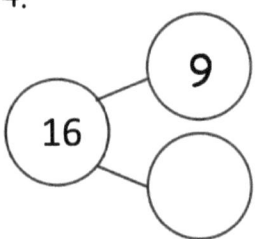

Նկարեք 5-խմբեր՝ տասի ստացումը ցույց տալու և տասից հանելը ցույց տալու համար՝ երկու թվային նախադասությունները լուծելու համար: Կազմեք թվային կապ, և գրեք երկու լրացուցիչ թվային նախադասություն, որը կունենա այս թվային կապը:

5. 8 + 9 = ____

6. 17 − 9 = ____

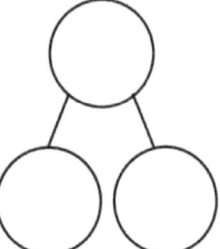

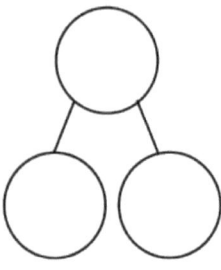

_____

_____

_____

_____

Դաս 15 :　Տասից քանը թվերից 9-ի հանման մոդել:

1. Լրացրեք հանման նախադասությունները՝ օգտագործելով կամ հաշվումը, կամ տասից հանելու ռազմավարությունը:
Ասեք, թե որ ռազմավարությունն եք օգտագործել:

11 − 9 = **2**

(9) 10 11

Քանի որ 9-ը մոտ է 11-ին, կարող եմ սկսել 9-ից և հաշվել ... ի՞նը, 10,11:

☐ հանեք տասից
☒ հաշվեք

15 − 9 = **6**

հաշվից վերցնելով 10-ը, կարող եմ 15-ը տրոհել 10-ի և 5-ի: Հետո կարող եմ վերցնել 9-ը տասից: 1 + 5 = 6.

☒ հանեք տասից
☐ հաշվեք

2. Շելլին հավաքեց 12 քար: Նա ներկեց նրանցից 9-ը: Նրա քարերից քանի՞սը ներկված չեն: Ընտրեք հաշվումը կամ տասից հանելու ռազմավարությունը՝ լուծելու համար:

(9) 10 11 12

9 + **3** = 12

Շելիի քարերից 3-ը ներկված չեն:

Ընտրեցի այս ռազմավարությունը.

☐ հանեք տասից
☒ հաշվեք

Դաս 16: Հաշվի առեք հաշվումը՝ տասը կազմելիս և տասից հանելուց: 227

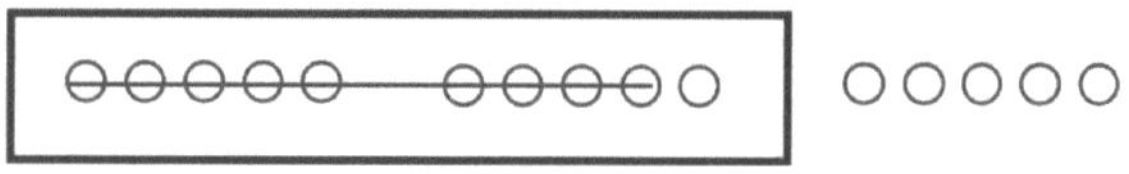

3. Հացաբուլկեղենը ունի 16 հաց: Ճաշից առաջ նրանք վաճառեցին 9 հաց: Քանի՞ հաց մնաց: Ընտրեք հաշվումը կամ տասից հանելու ռազմավարությունը՝ լուծելու համար:

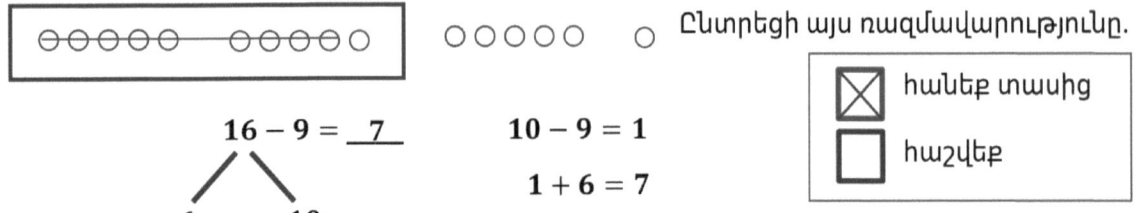

$16 - 9 = \underline{7}$

6 10

$10 - 9 = 1$

$1 + 6 = 7$

Ընտրեցի այս ռազմավարությունը.

- [x] հանեք տասից
- [ ] հաշվեք

4. Նկարեք 5-խմբեր՝ տասի ստացումը ցույց տալու և տասից հանելը ցույց տալու համար՝ լուծելու երկու թվային նախադասությունները:
Կազմեք թվային կապ, և գրեք երկու լրացուցիչ թվային նախադասություն, որը կունենա այս թվային կապը:

$7 + 9 = ___$

$7 + 9 = 16$

$16 - 7 = 9$

$16 - 9 = ___$

$16 - 7 = 9$

$9 + 7 = 16$

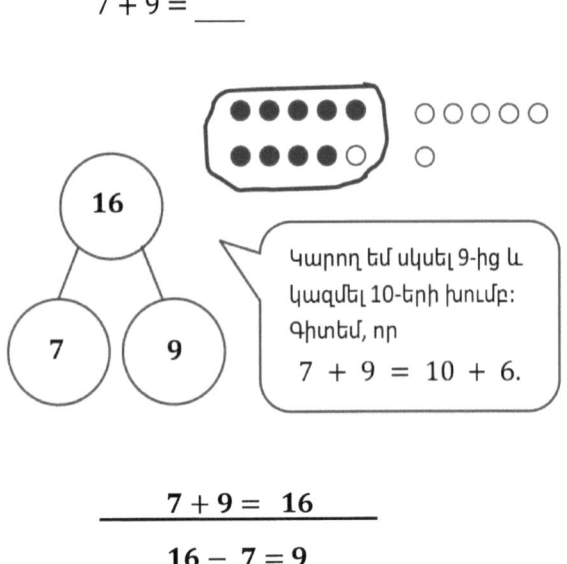

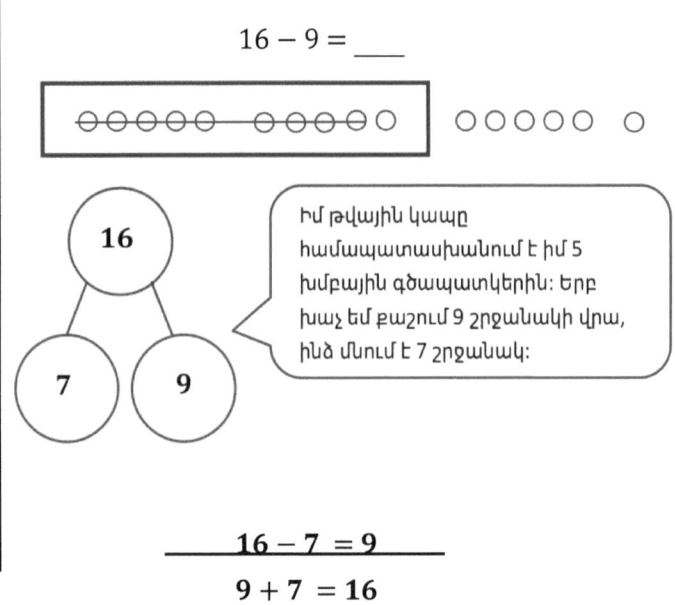

ՄԻԿՎՈՐՆԵՐԻ ՊԱՏՄՈՒԹՅՈՒՆ   Դաս 16 Տնային աշխատանք 1•2

Անուն _____   Ամսաթիվ _____

Լրացրեք հանման նախադասությունները՝ օգտագործելով կամ հաշվումը, կամ տասից հանելու ռազմավարությունը։ Ասեք, թե որ ռազմավարությունն եք օգտագործել։

1. $17 - 9 =$ ___
☐ հանել տասից
☐ հաշվեք

2. $12 - 9 =$ ___
☐ հանեք տասից
☐ հաշվեք

3. $16 - 9 =$ ___
☐ հանեք տասից
☐ հաշվեք

4. $11 - 9 =$ ___
☐ հանեք տասից
☐ հաշվեք

5. Նիկոլասը հավաքեց 14 տերև։ Նա տեղադրեց 9-ը իր նոթատետրում։ Քանի՞ տերև չեն տեղադրվել նրա նոթատետրում։
Ընտրեք հաշվումը կամ տասից հանելու ռազմավարությունը՝ լուծելու համար։

> Ես ընտրեցի այս ռազմավարությունը.
> ☐ հանել տասից
> ☐ հաշվել

Դաս 16 :   Հաշվի առեք հաշվումը՝ տասը կազմելիս և տասից հանելուց։

6. Շեյլան ուներ 17 նարինջ։ Նա 9 նարինջ տվեց իր ընկերներին։ Քանի՞ նարինջ մնաց Շեյլային։ Ընտրեք հաշվումը կամ տասից հանելու ռազմավարությունը՝ լուծելու համար։

Ես ընտրեցի այս ռազմավարությունը․

☐ հանել տասից

☐ հաշվել

7. Փոլն ունի 12 փոքրիկ մարմարե գնդակ։ Լիզան ունի 18 փոքրիկ մարմարե գնդակ։ Նրանք յուրաքանչյուրը գլորեց 9 փոքրիկ մարմարե գնդակ բլրով ներքև։ Քանի՞ փոքրիկ մարմարե գնդակ մնաց յուրաքանչյուր աշակերտին։ Ասեք, թե որ ռազմավարությունն եք ընտրել յուրաքանչյուր աշակերտի համար։

Փոլին մնաց _____ փոքրիկ մարմարե գնդակ։   Լիզային մնաց _____ փոքրիկ մարմարե գնդակ։

8. Ճիշտ այնպես, ինչպես այսօր արեցիք դասարանում, մտածեք, թե ինչպես լուծել հետևյալ խնդիրները և ձեր ծնողների կամ խնամողի հետ զրուցեք ձեր գաղափարների մասին։

   15 – 9   13 – 9   17 – 9

   18 – 9   19 – 9   12 – 9

   11 – 9   14 – 9   16 – 9

Շրջանակի մեջ առեք խնդիրները, որոնք կարծում եք ավելի հեշտ են լուծել՝ հաշվելով 9-ից։ Ուղղանկյուն տեղադրեք նրանց շուրջ, որոնք ավելի հեշտ է լուծել՝ օգտագործելով տասը ռազմավարությունից վերցված միջոցները։ Հիշեք, որ ոմանք կարող են նույնքան հեշտ լինել, օգտագործելով ցանկացած մեթոդ։

ՄԻԱՎՈՐՆԵՐԻ ՊԱՏՄՈՒԹՅՈՒՆ Դաս 17 Տնային աշխատանքների օգնական 1•2

> Կարող եմ հանել 8-ը տասից: 10 - 8 = 2. Հետո, կարող եմ ավելացնել 2-ը մյուս բաղադրիչին: 2 և 7 հավասար է 9

1. Համապատասխանեցրեք թվային նախադասությունը նկարի կամ թվային կապի հետ:

   13 − 8 = __5__

   17 − 8 = __9__

   17
   /\
   10 7

   10 − 8 = 2

   2 + 7 = 9

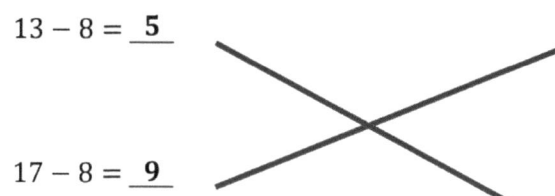

2. Նկարեք և ⟨Շրջանակի մեջ առեք⟩ 10: Հետո հանեք:

   Կիրան ունի 14 գնդիկ կավ: Նա 8 գնդակ է տալիս եղբորը: Քանի՞ գնդիկ կավ է պահում Կիրան:

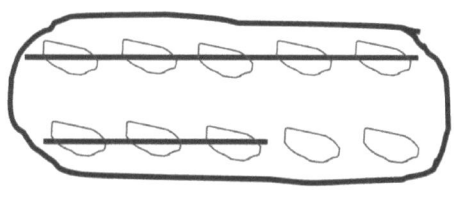

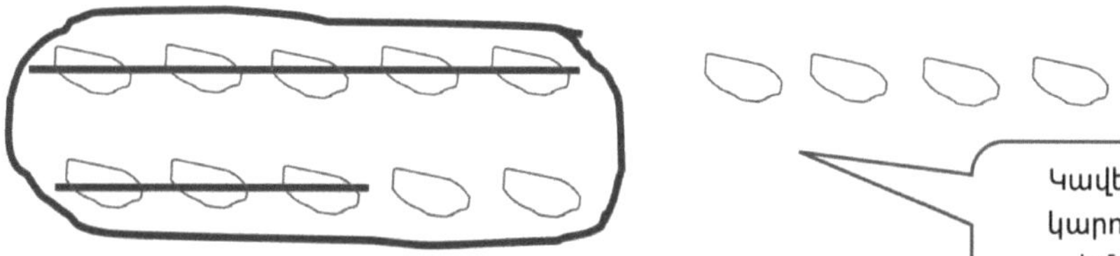

> Կավե գնդիկների ընդհանուր քանակը կարող եմ նկարել 10-ով և 4-ով: Կարող եմ գծել հանելու համար տասից 8: Տեսնում եմ դա:

   Կիրան պահում է __6__ գնդիկ կավ:

Դաս 17: Տասից քանը թվերից 8-ի հանման մոդել:

ՄԻԱՎՈՐՆԵՐԻ ՊԱՏՄՈՒԹՅՈՒՆ   Դաս 17 Տնային աշխատանքների օգնական   1•2

3. Մաթեմատիկայի պատմությունը լրացնելու համար օգտագործեք նկարը: Ցույց տվեք թվային նախադասություն:

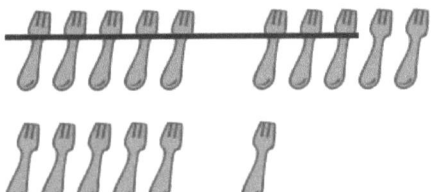

> Կարող եմ ստուգել մատներով: Ես ունեմ 10 մատ և 6 կենտ մատ: Երբ տասից 8 մատ եմ հանում, 2-ը դեռ վեր են: Կարող եմ դրանք ավելացնել իմ կենտ մատների վրա: Հիմա ունեմ 8:

> 5-խմբակային գծապատկերը ցույց է տալիս ընդհանուր 16 պատառաքաղ: Գիտեմ, որ ընթրիքի համար օգտագործվում էին 8 պատառաքաղ, քանի որ այդ թվերի վրա խաչ է քաշված:

Սեղանի վրա կար 16 պատառաքաղ: Ընթրիքի համար օգտագործվել է 8 պատառաքաղ: Քանի՞ պատառաքաղ է մնացել աղանդերի համար:

$$16 - 8 = 8$$

Աղանդերի համար մնացել է 8 պատառաքաղ:

Փորձիր: Կարող ես ցույց տալ՝ ինչպես լուծել այս խնդիրը թվային կապով:

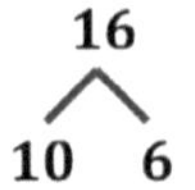

16
/\
10 6

$10 - 8 = 2$

$2 + 6 = 8$

Դաս 17: Տասից քանը թվերից 8-ի հանման մոդել:

Անուն ______________________________ Ամսաթիվ ______________

1. Համապատասխանեցրեք թվային նախադասությունը նկարի կամ թվային կապի հետ:

ա. 13 – 7 = _____

13
10 3

10 - 7 = 3

3 + 3 = 6

բ. 16 – 8 = _____

գ. 11 – 8 = _____

13
10 3

10 - 8 = 2

2 + 3 = 5

դ. 13 – 8 = _____

2. Ցույց տվեք, թե ինչպես եք լուծելու 14 – 8-ը՝ կամ թվային կապով կամ նկարով:

Շրջանակի մեջ առեք 10. Հետո հանեք:

3. Միլոն ունի 17 քար: Նա դրանցից 8-ը գցում է լճակը: Քանի՞ քար մնաց:

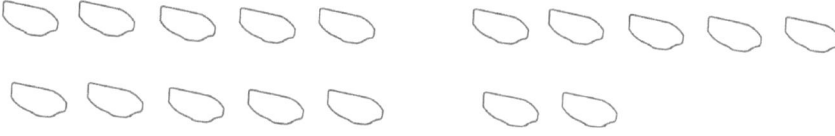

Միլոին մնաց ______ քար:

Նկարեք և (Շրջանակի մեջ առեք) 10: Հետո հանեք:

4. Լյուսին ունի 12 դոլար: Նա ծախսում է 8 դոլար: Ինչքա՞ն գումար ունի նա այժմ:

Լյուսին ունի _____ դոլար հիմա:

Նկարեք և (Շրջանակի մեջ առեք) 10-ը, կամ օգտագործեք թվային կապ՝ տասից քանի միջակայքում թվերը բաժանելու և հանելու համար:

5. Շոնն ունի 15 դինոզավր: Նա 8-ը տալիս է քրոջը: Քանի՞ դինոզավր է պահում նա:

Շոնը պահում է _____ դինոզավրեր:

---

6. Մաթեմատիկայի պատմությունը լրացնելու համար օգտագործեք նկարը: Ցույց տվեք թվային նախադասություն:

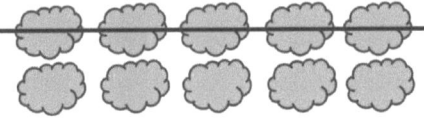

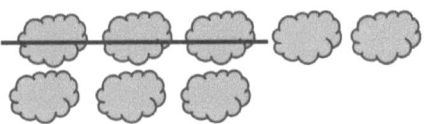

Օլիվիան տեսավ _____ ամպ երկնքում:

ամպ հեռացավ: Քանի՞ ամպ մնաց:

Փորձիր: Կարո՞ղ եք ցույց տալ, թե ինչպես լուծել այս խնդիրը մի շարք թվային կապերի հետ:

EUREKA MATH

1. 5-խմբային շարքեր նկարեք և ջնջեք՝ լուծելու համար: Գրեք 2 + գումարման նախադասություն, որոնք կօգնեն ձեզ գումարել երկու մասերը:

Սեմը գրասեղանի վրա 17 մարկեր ուներ: Նա իր գեղարվեստական նախագծի համար օգտագործել է 8 մարկեր: Քանի՞ մարկեր մնաց Սեմին:

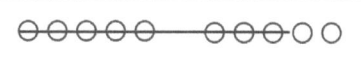

Կարող եմ նկարել 5-խմբային շարքեր: 17-ը կազմված է 10-ից և 7-ից: Կարող եմ խաչ քաշել 8 շրջանակի վրա, երբ թաքցնում եմ 8 մատները: Հիմա իմ նկարում կարող եմ տեսնել գումարման արտահայտությունը 2 + 7 = 9:

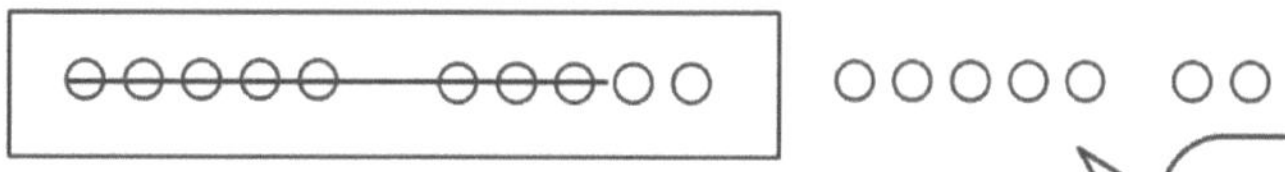

$17 - 8 = \underline{9}$

$2 + 7 = 9$

Իմ 5-խմբական շարքերը նման են 10 իրական և 7 կեղծ մատների: Կարող եմ 10-ը շրջանակի մեջ վերցնել:

Սեմին մնացել է <u>9</u> մարկեր:

2. Ցույց տվեք տասի ստացումը կամ տասից հանումը՝ թվային նախադասությունները լուծելու համար:

$5 + 8 = \underline{13}$

(5 → 3, 2)

$8 + 2 = 10$

$10 + 3 = 13$

$13 - 8 = \underline{5}$

(13 → 10, 3)

$10 - 8 = 2$

$2 + 3 = 5$

8.1-ով տասը դարձնելիս պետք է առանձնացնեմ մյուս թիվը, որպեսզի կարողանամ ավելացնել 2-ը 8-ին: 8 + 2 = 10. Հետո ավելացնում եմ մյուս բաղադրիչը, այսպիսով 10 + 3 = 13:

Ամեն անգամ, երբ տասից հանում եմ 8, գումարում եմ 2 մյուս բաղադրիչին, 2 + 3 = 5:

Անուն ______________________________ Ամսաթիվ ______________

5-խմբային շարքեր նկարեք և ջնջեք՝ լուծելու համար: Գրեք 2+ գումարման նախադասություն, որոնք կօգնեն ձեզ գումարել երկու մասերը:

1. Աննաբելը 13 ոսկե ձկնիկ ուներ: Ութ ոսկե ձկնիկ կերան ձկան սնունդ: Քանի՞ ոսկե ձկնիկ չկերավ սնունդը:

_____ ոսկե ձկնիկ սնունդ չկերան:

2. Սեմը հավաքեց 15 դույլ անձրևաջուր: Նա իր բույսերը ջրելու համար օգտագործեց 8 դույլ: Անձրևաջրի քանի՞ դույլ է մնացել Սեմին:

Սեմին մնաց_____ դույլ անձրևաջուր:

3. Լճակում լողում էր 19 կրիա: Մի քանի կրիա բարձրացավ չոր ժայռի վրա, և այս պահին լողում են ընդամենը 8-ը: Քանի՞ կրիա կա չոր ժայռի վրա:

Չոր ժայռի վրա կա_______ կրիա:

Ցույց տվեք տասի ստացումը կամ տասից հանումը՝ թվային նախադասությունները լուծելու համար:

4. 7 + 8 = _____

5. 15 - 8 = _____

Գտեք բացակայող թիվը՝ նկարելով 5 խմբային շարքեր:

6. 11 - 9 = _____

7. 14 - 9 = _____

8. 5-խմբային շարքեր նկարեք պատմությունը ցույց տալու համար: Ջնջեք կամ օգտագործեք թվային կապեր՝ լուծելու համար: Գրեք թվային նախադասություն՝ ցույց տալու համար, թե ինչպես եք լուծել խնդիրը:

Տանը 14 մարդ էր: Տասը հոգի հետևում էին ֆուտբոլային խաղին: Չորս հոգի խաղում էին սեղանի խաղ: Ութ մարդ գնաց: Քանի՞ մարդ մնաց:

_______ մարդ մնաց տանը:

EUREKA MATH

1. Լրացրեք հանման նախադասությունը՝ օգտագործելով տասից հանման ռազմավարությունը և հաշվումը:

Կարող եմ օգտագործել թվերի շարքը հաշվելով՝ սկզբում կազմելու համար տաս:

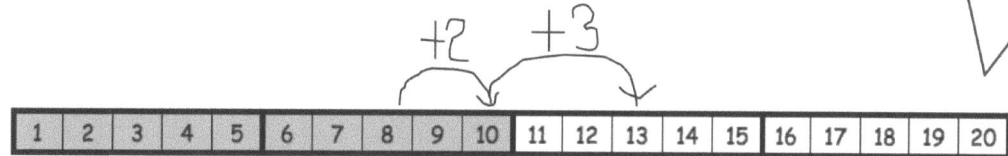

+2
+3

$13 - 8 = \underline{\mathbf{5}}$

10 **3**

$8 + \underline{\mathbf{5}} = 13$

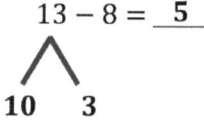

Կարող եմ սկսել 8-ից և ցատկել ուղիղ 2-ով հասնելով 10-ի, այնուհետև ցատկել ևս 3-ով՝ հասնելով 13-ի: 2 + 3 = 5. Սա պարզապես նման է, երբ հանում եմ տասից:
10 — 8 = 2, և 2 + 3 = 5.

2. Ընտրեք հաշվումը կամ տասից հանելու ռազմավարությունը՝ լուծելու համար:

$15 - 8 = \underline{\mathbf{7}}$

10 **5**

$12 - 8 = \underline{\mathbf{4}}$

(8) **9** **10** **11** **12**

Գիտեմ, որ 8-ին անհրաժեշտ է 2 հասնելու համար տասին: 12-ը կազմվում է 10 + 2. Ինձ անհրաժեշտ է 2-ով ավել, որ հասնեմ 12: Կարող եմ գումարել 2-ն, որն անհրաժեշտ է հասնելու համար տասին և 2-ն, որ հասնեմ 12-ին:

$2 + 2 = 4.$

EUREKA MATH Դաս 19: Համեմատեք հաշվելու և տասից հանելու արդյունավետությունը: 239

3. Օգտագործեք թվային կապ՝ ցույց տալու համար, թե ինչպես եք օգտագործել տասից հանման ռազմավարությունը՝ խնդիրը լուծելու համար:

Բենին կերավ 8 խնձորի կտոր: Եթե նա սկսել էր 17-ից, քանի՞ խնձորի կտոր է մնացել:

$17 - 8 = \underline{\mathbf{9}}$

10 **7**

$\mathbf{10 - 8 = 2}$

$\mathbf{2 + 7 = 9}$

Բեննիին մնաց **9** խնձորի կտոր:

4. Լրացրեք համարի հավելյալ նախադասությունը հանման համարի նախադասությանը: Լրացրեք բացակայող թվերը:

$14 - 8 = \underline{\mathbf{6}}$

$16 - 8 = \underline{\mathbf{8}}$

$8 + \underline{\mathbf{8}} = 16$

$8 + \underline{\mathbf{6}} = 14$

Կարող եմ սկսել 8-ից՝ թվերի շարքում և ցատկել ուղիղ 2 անգամ՝ հասնելու 10-ին, ապա ևս 4 ցատկեր, և ես հասա 14-ին: 2 + 4 = 6

Անուն ______________________________ Ամսաթիվ ________________

Լրացրեք հանման նախադասությունները՝ օգտագործելով տասից հանման ռազմավարությունը և հաշվումը:

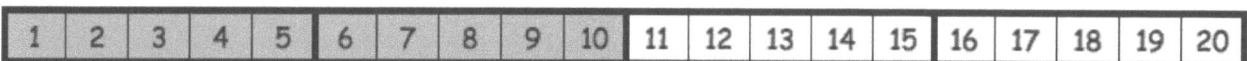

1	2	3	4	5	6	7	8	9	10	11	12	13	14	15	16	17	18	19	20

1. ա. 12 - 8 = ____ բ. 8 + = 12-ը

2. ա. 15 - 8 = ____ բ. 8 + = 15-ը

Ընտրեք հաշվումը կամ տասից հանելու ռազմավարությունը՝ լուծելու համար:

3. 11 – 8 = ____

4. 17 – 8 = ____

Օգտագործեք թվային կապ՝ ցույց տալու համար, թե ինչպես եք օգտագործել տասից հանման ռազմավարությունը՝ խնդիրը լուծելու համար:

5. Էլիսը մայթին հաշվել էր 16 ճիճու:
Ութ ճիճու ընկան կեղտի մեջ:

Քանի՞ ճիճու էր տեսել Էլիսը մայթին:

16 – 8 = _____

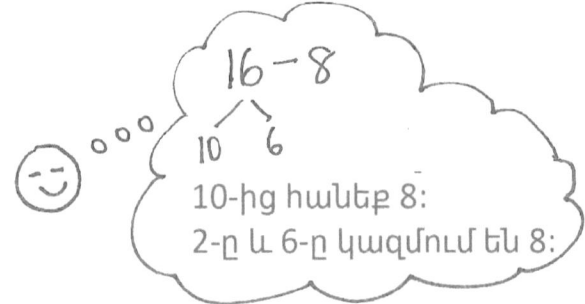

Էլիսը դեռ տեսնում է _____ ճիճու մայթին:

---

6. Ջոնը կերավ 8 նարնջի կտոր:
Եթե նա սկսել էր 13-ից, քանի՞ նարնջի կտոր է մնացել:

Ջոնին մնացել է _____ նարնջի կտոր:

---

7. Լրացրեք թվային հավելյալ արտահայտությունը հանման թվային արտահայտությամբ:
Լրացրեք բացակայող թվերը:

ա. 12 - 8 = _____

8 + _____ = 11

բ. 15 - 8 = _____

8 + _____ = 18

գ. 18 - 8 = _____

8 + _____ = 12-ը

դ. 11 - 8 = _____

8 + _____ = 15

1. Լրացրեք թվային նախադասությունները՝ դրանք ճշմարիտ դարձնելու համար:

$14 - 9 =$ **5** $14 - 8 =$ **6** $14 - 7 =$ **7**

Կարող եմ պատկերացնել մտքումս: Կարող եմ հանել տասից 9-ը և հետո գումարել 1 և 4:
$1 + 4 = 5$

Կարող եմ մտածել թվի շարքի մասին և հաշվելով կազմել առաջին տասը, թեքվելով պատկերացնել՝ սկսած 8-ից և ցատկելով ուղիղ 2 անգամ՝ հասնելով տասի: Ապա կարող եմ ցատկել 4 անգամ հասնելու համար 14-ին: 2-ը և 4-ը կազմում են 6:

Կարող եմ օգտագործել տասից հանելու ռազմավարությունը մատներովս: Կարող եմ ծալել 7 մատ, և կմնա 3 մատ: Կգումարեմ դրանք իմ 4 կեղծ մատերին: 3 + 4 = 7

2. Կարդացեք մաթեմատիկայի պատմությունը: Օգտագործեք գծանկար կամ թվային կապ՝ ցույց տալու համար, թե ինչպես իմացաք՝ ով է ճիշտ:

Էմման ասում է, որ 16 - 7 և 17 - 8 արտահայտությունները հավասար են: Ջորդանը ասում է, որ դրանք հավասար չեն: Ո՞վ է ճիշտ:

Էմման ճիշտ է:

$16 - 7 =$ **9**

10 **6**

$\mathbf{10 - 7 = 3}$
$\mathbf{3 + 6 = 9}$

$17 - 8 =$ **9**

10 **7**

$\mathbf{10 - 8 = 2}$
$\mathbf{2 + 7 = 9}$

Երբ ամեն խնդրից հանում եմ տասը, կազմում եմ ավելի հեշտ թվային արտահայտություններ, 3 + 6 = 9 և 2 + 7 = 9: Երկու արտահայտություններն էլ հավասար են 9-ի, Էմման ճիշտ էր, արտահայտությունները հավասար են:

EUREKA MATH Դաս 20: Տասից քանը թվերից 7-ի, 8-ի և 9-ի հանում: 243

ՄԻԱՎՈՐՆԵՐԻ ՊԱՏՄՈՒԹՅՈՒՆ   Դաս 20 Տնային աշխատանքների օգնական   1•2

Ջորդանը և Էմման փորձում են գտնել մի քանի հանման թվային նախադասություն, որոնք սկսվում են ավելի մեծ թվերով, քան 10-ը և ունեն 8-ի պատասխան։ Օգնեք նրանց հասկանալ թվային նախադասությունները։ Նրանք սկսեցին առաջինը․

$17 - 9 = \underline{\ 8\ }$	$18 - 10 = 8$
$16 - 8 = 8$	$15 - 7 = 8$

Եթե 17-ից 9 թվերից հանեմ 1-ը, կունենամ 16-ից 8-ը։ Տարբերություն չկա, այն դեռ 8 է։

Եթե 17-ից 9 թվերին գումարեմ 1, կունենամ 18-ից 10-ը։ Տարբերություն չկա, այն դեռ 8 է։

ՄԻԱՎՈՐՆԵՐԻ ՊԱՏՄՈՒԹՅՈՒՆ   Դաս 20 Տնային աշխատանք 1•2

Անուն _____ Ամսաթիվ _____

Լրացրեք թվային նախադասությունները՝ դրանք ճիշտ դարձնելու համար:

1. 15 - 9 = ____   2. 15 - 8 = ____   3. 15 - 7 = ____

4. 17 - 9 = ____   5. 17 - 8 = ____   6. 17 - 7 = ____

7. 16 - 9 = ____   8. 16 - 8 = ____   9. 16 - 7 = ____

10. 19 - 9 = ____   11. 19 - 8 = ____   12. 19 - 7 = ____

13. Համապատասխանեցրեք իրար հավասար արտահայտությունները:

　　ա.　19 - 9　　　　12 - 7

　　բ.　13 - 8　　　　18 - 8

Դաս 20 :   Տասից քանը թվերից 7-ի, 8-ի և 9-ի հանում:

245

14. Կարդացեք մաթեմատիկական պատմությունը:
Օգտագործեք գծանկար կամ թվային կապ՝ ցույց տալու համար, թե ինչպես իմացաք՝ ով է ճիշտ:

ա. Էլսին ասում է, որ 17 - 8 և 18 - 9 արտահայտությունները հավասար են: Ջոնը ասում է, որ դրանք հավասար չեն: Ո՞վ է ճիշտ:

բ. Ջոնը ասում է, որ 11 - 8 և 12 - 8 արտահայտությունները հավասար չեն: Էլսին ասում է, որ դրանք հավասար են: Ո՞վ է ճիշտ:

գ. Էլսին ասում է, որ 17 - 9-ը լուծելու համար նա կարող է 17-ից վերցնել մեկը և տալ 9-ին՝
ստանալով 10: Այսպիսով, 17 - 9-ը հավասար է 16 - 10-ի: Ջոնը կարծում է, որ Էլսին սխալ է թույլ տվել: Ո՞վ է ճիշտ:

դ. Ջոնն ու Էլսին փորձում են գտնել մի քանի հանման թվային նախադասություններ, որոնք սկսվում են 10-ից մեծ թվերով և ունեն 7-ի պատասխան: Օգնեք նրանց հասկանալ թվային նախադասությունները: Նրանք սկսեցին առաջինը:

16 - 9 = _____	

246 Դաս 20 : Տասից քանը թվերից 7-ի, 8-ի և 9-ի հանում:

EUREKA MATH

ՄԻԱՎՈՐՆԵՐԻ ՊԱՏՄՈՒԹՅՈՒՆ   Դաս 21 Տնային աշխատանքների օգնական   1•2

Օսկարը և Ջայան երկուսն էլ լուծեցին բառային խնդիրներ: Գրեք իրենց աշխատանքի ներքո օգտագործված ռազմավարությունը: Ստուգեք նրանց աշխատանքը: Եթե սխալ է, ճիշտ լուծեք: Եթե ճիշտ է լուծված, լուծեք` օգտագործելով այլ ռազմավարություն:

Ռազմավարություններ`
- Հանեք 10-ից
- Ստացեք 10
- Հաշվեք
- Ես պարզապես գիտեի

Ջեռոցում 16 հատ գրանոլային սալիկ: Նրանցից 7-ը ընկույզ ունեին: Մնացածն առանց ընկույզի էին: Քանի՞ հատ գրանոլային սալիկ կար առանց ընկույզի:

Ջայլան օգտագործել է լավ ռազմավարություն, բայց չի սկսել ճիշտ թիվ 7-ից: Նա պետք է հաշվեր 3-ով հասնելու համար 10-ին (տեսեք ներքևում):

Օսկարի աշխատանքը   Ջայլայի աշխատանքը:

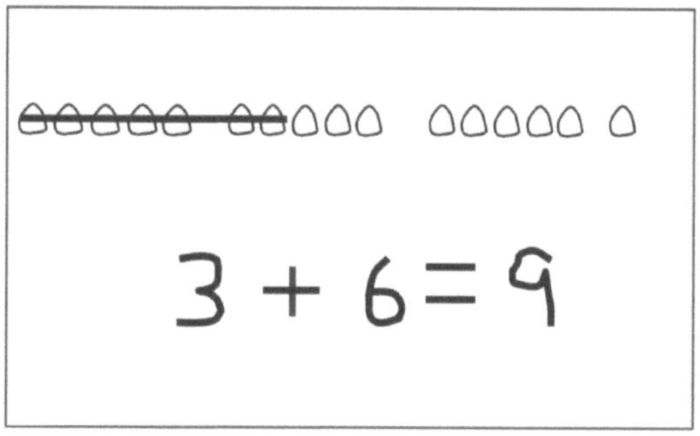

$3 + 6 = 9$ $2 + 6 = 8$

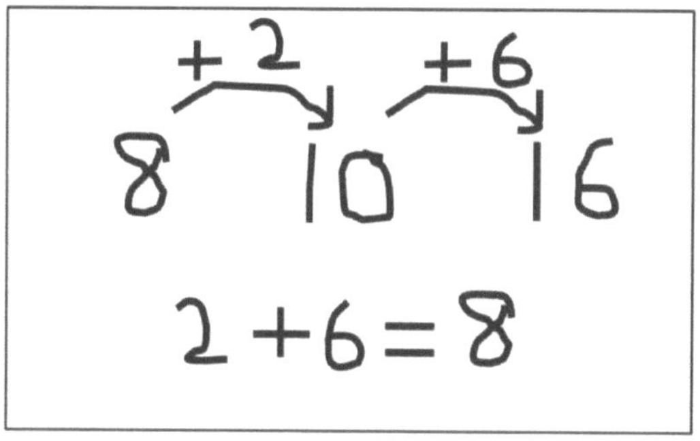

Օսկարը ճիշտ է: Նա 5-խմբակային շարքում գրեց հանրագումար 16-ը: Ապա խաչ քաշեց 7-ի վրա: Նայեք, մնացել է 3 և 6:

Դաս 21: Կիսվեք և քննադատեք գործընկերների լուծման ռազմավարությունը արդյունքից անհայտ և առանձնագրեք անհայտի լրացումով բառի հետ կապված խնդիրներ պատասխանները:

247

ա. Ռազմավարություն՝ **Հանեք 10-ից**

$$16 - 7 = 9$$
$$7 + 3 = 10$$
$$10 + 6 = 16$$
$$3 + 6 = 9$$

բ. Ռազմավարություն՝ **Հաշվեք**

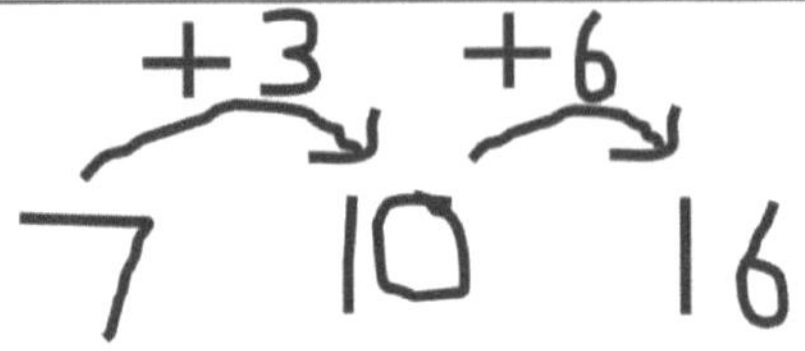

$7 \xrightarrow{+3} 10 \xrightarrow{+6} 16$

$$3 + 6 = 9$$

> 10-ի ռազմավարության կազմումը կարող է նույնպես օգնել լուծել: 7-ին անհրաժեշտ է 3 կազմելու համար 10: 10-ին անհրաժեշտ է 6 կազմելու համար 16:
> $3 + 6 = 9$

Անուն ______________________________ Ամսաթիվ ________________

Օլիվիան և Ջեյքը երկուսն էլ լուծում էին բառային խնդիրներ:
Գրեք իրենց աշխատանքի ներքո օգտագործված ռազմավարությունը:
Ստուգեք նրանց աշխատանքը: Եթե սխալ է, ճիշտ լուծեք:
Եթե ճիշտ է լուծված, լուծեք՝ օգտագործելով այլ ռազմավարություն:

Ռազմավարություններ՝

- Հանեք 10-ից
- Ստացեք 10
- Հաշվեք
- Ես պարզապես գիտեի

1. Մրգերի ամանում կա 13 խնձոր: Մայքը մրգերի ամանից կերավ 6 խնձոր: Քանի՞ խնձոր մնաց:

Օլիվիայի աշխատանքը

Ջեյքի աշխատանքը

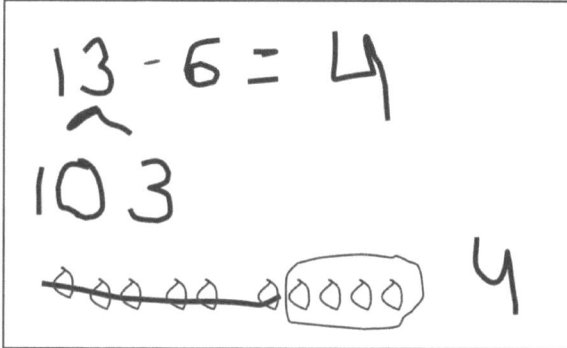

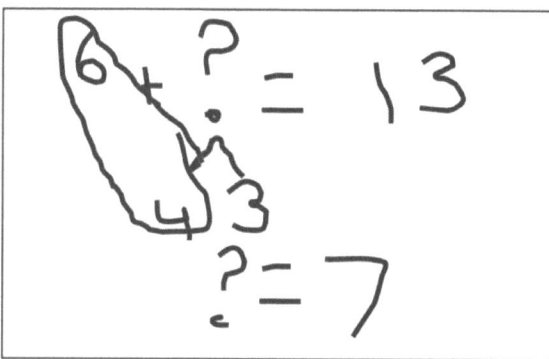

ա. Ռազմավարություն՝ ________________

բ. Ռազմավարություն՝ ________________

գ. Բացատրեք ձեր ռազմավարության ընտրությունը ստորև:

2. Դրյուն 17 բեյսբոլի քարտ ունի տուփի մեջ։ Նա 8 քարտ ունի Red Sox-ի խաղացողների հետ, իսկ մնացածը՝ Yankees-ի խաղացողների։ Քանի՞ Yankees խաղացողի քարտ ունի Դրյուն իր տուփում։

Օլիվիայի աշխատանքը

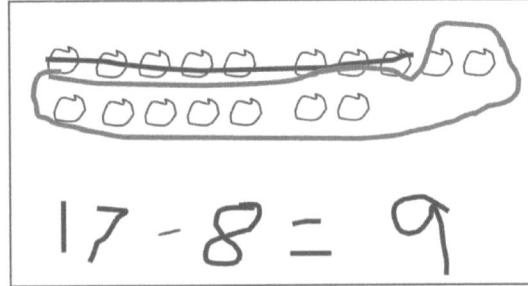

Ջեյքի աշխատանքը

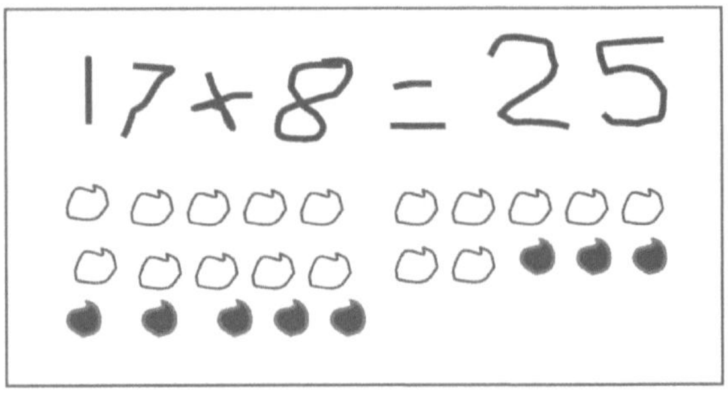

ա. Ռազմավարություն՝ _____

բ. Ռազմավարություն՝ _____

գ. Բացատրեք ձեր ռազմավարության ընտրությունը ստորև։

Կարդացեք խնդիրը: Նկարեք և նշումներ արեք: Գրեք թվային արտահայտություն և պնդում, որը համապատասխանում է պատմությանը:
Հիշեք, որ պետք է թվային արտահայտության մեջ ձեր լուծման շուրջ տուփ նկարեք:

Լին 16 մատիտ ունի: Մատիտներից 7-ը կարմիր են, իսկ մնացածը ՝ կանաչ: Քանի՞ կանաչ մատիտ ունի Լին:

r
g

5-խմբակային շարքում կարող եմ նկարել 16 օղակ՝ մատիտների համար: Կարող եմ շրջանակի մեջ վերցնել 7 օղակները և նշել այս R մասը, քանի որ կա 7 կարմիր մատիտ: Կարող եմ շրջանակի մեջ վերցնել, այն մասը՝ որը մնացել է և նշել այս G մասը, քանի որ մնացած մատիտները կանաչ են: Միանգամից տեսնում եմ որ կանաչ մասը 9-ն է: Կա 9 կանաչ մատիտ:

$16 - 7 = \boxed{9}$

Կարող եմ 16-ից հանել 7 ստանալու համար պատասխանը: Իմ թվային արտահայտությունն է՝ 16 - 7 = 9: Ես վանդակ եմ դնում 9-ի կողքին, քանի որ դա այն թիվն էր, որը չգիտեի պատմությունից:

Նաև կարող եմ գրել՝ 7 + 9 = 16: Սա խնդիրը լուծելու այլ ճանապարհ է: Վանդակ եմ դնում 9-ի կողքին, քանի որ դա է պատմության անհայտ թիվը:

Մատիտներից 9-ը կանաչ են:

Այս հարցին պատասխանելու համար իմ պնդումն է «Մատիտներից 9-ը կանաչ են»:

EUREKA MATH Դաս 22. Լուծեք գումարիր/հանիր անհայտ գումարելիով բառային խնդիրներ և հաշվեք տասից հանելու ռազմավարությամբ: 251

Copyright © Great Minds PBC

Անուն ______________________________ Ամսաթիվ ______________

Ռազմավարություններ՝

- Հանեք 10-ից
- Դարձրեք 10
- Շարունակեք հաշվել
- Ես պարզապես գիտեի

Կարդացեք բառային խնդիրը:

Նկարեք և նշումներ արեք:

Գրեք թվային արտահայտություն և պնդում, որը համապատասխանում է պատմությանը:

Հիշեք, որ պետք է թվային արտահայտության մեջ ձեր լուծման շուրջ տուփ նկարեք:

1. Մայքլը և Անաստասիան 14 ծաղիկ են ընտրում իրենց մայրիկի համար: Մայքլն ընտրում է 6 ծաղիկ: Քանի՞ ծաղիկ է ընտրում Անաստասիան:

2. Դաքուանը գնել է 6 խաղալիք մեքենա: Նա նաև գնել է որոշ ամսագրեր: Ընդհանուր առմամբ նա 15 ապրանք է գնել: Քանի՞ ամսագիր է գնել Դաքուանը:

3. Հենրին և Միլլին թխեցին 18 բլիթ: Բլիթներից ինը շոկոլադե փշուրներով էին: Մնացածը վարսակի ալյուրով էր: Քանի՞սն էին վարսակի ալյուրով:

EUREKA MATH Դաս 22. Լուծեք գումարիր/հանիր անհայտ գումարելիով բառային խնդիրներ և հաշվեք տասից հանելու ռազմավարությամբ: 253

4. Ֆելիքսը ծննդյան 8 հրավերներ արեց սրտիկներով: Նա մնացածը պատրաստեց աստղերով: Նա ընդհանուր առմամբ պատրաստեց 17 հրավեր: Քանի՞ հրավեր ունեին աստղեր:

5. Բենը և Միգելը մասնակցում են բոուլինգի մրցույթին: Բենը հաղթում է 9 անգամ: Նրանք ընդհանուր խաղում են 17 խաղ: Չկան կապված խաղեր: Քանի՞ անգամ է հաղթում Միգելը:

6. Այս ամիս Քենզին գնաց ֆուտբոլային մարզումների 16 օր: Նրա մարզումներից միայն 9-ն էր դպրոցական օրերին: Հանգստյան օրերին քանի՞ անգամ է մարզվել:

Կարդացեք խնդիրը: Նկարեք և նշումներ արեք: Գրեք թվային արտահայտություն և պնդում, որը համապատասխանում է պատմությանը:

Երկուշաբթի օրը Սյուն նկարեց 8 եռանկյունի և ևս երեք եռանկյունի երեքշաբթի օրը: Սյուն ընդհանուր առմամբ նկարեց 14 եռանկյունի: Երեքշաբթի օրը քանի՞ եռանկյուն է նկարել Սյուն:

Սկզբում կարող եմ գծել 8 եռանկյուն: Սրանք երկուշաբթի օրվա Սյուի նկարածներն են: Կարող եմ գրել (Ե) նշելու համար դրանք:

Հետո կշարունակեմ եռանկյունիներ գծելը, մինչև կունենամ 14 եռանկյունի: Անհրաժեշտ է 2-ով ավել եռանկյունի ունենալու համար 10, իսկ հետո կգծեմ 4 եռանկյունի կազմելու համար 14: Սրանք Սյուի երեքշաբթի օրվա գծած եռանկյունիներն են:

T նշանակում է երեքշաբթի, անցեք դրանք այնպես, որ ես իմանամ, թե որ եռանկյուններն եմ ավելացրել:

Թույլ տվեք շրջանակի մեջ վերցնել յուրաքանչյուր մաս:

8 + [6] = 14

Իմ թվային արտահայտությունն է՝ 8 + 6=14: Վանդակ դրեցի 6-ի կողքին, քանի որ դա այն թիվն էր, որը չգիտեի պատմությունից

Կարող եմ գրել 14-8 = 6, քանի որ դա պատասխանը գտնելու այլ ճանապարհ է: Միևնույն է 6-ի կողքին վանդակ կտեղադրեի:

Երեքշաբթի օրը Սյուն գծեց 6 եռանկյունի:

Սա է իմ պնդումը: Դա պատասխանում է խնդրի հարցին:

Անուն ______________________________ Ամսաթիվ ______________

Կարդացեք բառային խնդիրը:

Նկարեք և նշումներ արեք:

Գրեք թվային արտահայտություն և պնդում, որը համապատասխանում է պատմությանը:

1. Ուրբաթ օրը Միքան հավաքեց 9 սոճու կոն և մի քանիսը ՝ շաբաթ օրը: Միքան հավաքեց ընդհանուր 14 սոճու կոն: Շաբաթ օրը քանի՞ սոճու կոն հավաքեց Միքան:

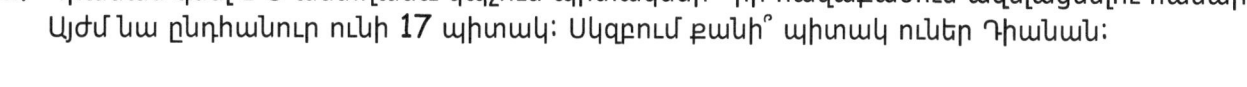

2. Դիանան գնել է 8 աստղաձև կպչուն պիտակներ ՝ իր հավաքածուն ավելացնելու համար: Այժմ նա ընդհանուր ունի 17 պիտակ: Սկզբում քանի՞ պիտակ ուներ Դիանան:

3. Սամիլը փողոցում հաշվեց 5 աղավնի: Եկան ևս մի քանի աղավնիներ: Ընդհանուր կար 13 աղավնի: Քանի՞ աղավնի եկավ:

4. Կլերը սառնարանում մի քանի ձու ուներ: Նա գնեց ևս 12 ձու: Այժմ նա ընդհանուր ունի 18 ձու: Քանի՞ ձու ուներ Քլերը սկզբում սառնարանի մեջ:

Կարդացեք խնդիրը: Նկարեք և նշումներ արեք: Գրեք թվային արտահայտություն և պնդում, որը համապատասխանում է պատմությանը:

Սեղանի վրա կար 14 մատիտ: Որոշ ուսանողներ վերցրեցին մատիտներ: Սեղանի վրա մնաց 9 մատիտ: Քանի՞ մատիտ վերցրեցին ուսանողները:

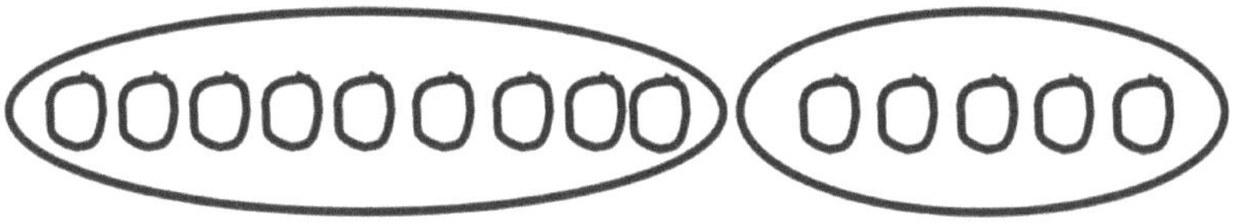

l *b*

Բ-ն նշանակվում է փոխառված: Սրանք ուսանողների փոխառված մատիտներն են:

/ սա նշանակում է այն մատիտները, որոնք մնացել են սեղանին:

Կարող եմ նկարել 14 օղակ 14 մատիտների համար: Հետո կարող եմ շրջանակի մեջ վերցնել դրանցից 9-ը: Սրանք են սեղանին մնացած 9 մատիտները: Մնացածը այն մատիտներն են, որոնք փոխ էին առել ուսանողները: Այդ մասը նույնպես կարող եմ շրջանակի մեջ վերցնել: Դա հեշտացնում է երկու մասը տեսնելը:

Իմ թվային արտահայտությունն է՝ 14 - 5 = 9: Դա ցույց է տալիս, որ կար 14 մատիտ՝ որից 5-ը փոխ առնված էին, իսկ 9-ը մնացել էին սեղանի վրա: Կարող էի ասել՝ 9 + 5 = 14 կամ 14 - 9 = 5: Դրանք նույնպես ճիշտ կլինեին: Ահա, թե ինչու է կարևոր ուղղանկյունը դնել իմ պատասխանի շուրջը թվային արտահայտության մեջ:

14 − 5 = 9 (5-ը ուղղանկյան մեջ)

5 մատիտները փոխ առնված էին:

Այս հարցին պատասխանելու համար իմ պնդումը կլինի «5 մատիտներ փոխ առնված էին»:

Դաս 24. Ռազմավարություն մշակեք՝ տարբերության անհայտ բաղադրիչով հանման խնդիրներ լուծելու համար:

Անուն ______________________________ Ամսաթիվ ______________

Կարդացեք բառային խնդիրը:

Նկարեք և նշումներ արեք:

Գրեք թվային արտահայտություն և պնդում, որը համապատասխանում է պատմությանը:

1. Տոբին դասարանի հատակին 12 խեցգետին նետեց: Թոբին հավաքեց 9 խեցգետին: Մարնին վերցրեց մնացածը: Քանի՞ խեցգետինվերցրեց Մարնին:

2. Խաղահրապարակում 11 ուսանող կար: Որոշ ուսանողներ վերադարձան դասարան: Եթե 7 ուսանող մնաց դրսում, քանի՞ ուսանող ներս մտավ:

Դաս 24. Ռազմավարություն մշակեք՝ տարբերության անհայտ բաղադրիչով հանման խնդիրներ լուծելու համար:

3. Պիեսի ժամանակ պարոն Ֆրենկի սենյակի 8 ուսանողներ նստեցին։ Եթե 24-րդ սենյակից 17 երեխա լիներ, քանի՞ երեխա չէր կարողանա նստել։

4. Սիմոնն ուներ 12 խորոված հաց։ Նա մի քանիսով կիսվեց ընկերների հետ։ Այժմ նրա մոտ մնացել է 9 խորոված հաց։ Քանի՞սը նա կիսեց ընկերների հետ։

1. Շրջանակի մեջ առեք «ճիշտ» կամ «սխալ»:

Հավասարում	ճիշտ կամ սխալ
$9+1=5+4$	ճիշտ / (սխալ)

Երկու հավասարումները պետք է լինեն նույն գումարով:
$9+1=10$
$5+4=9$
Դրանք նույնը չեն: *Պետք է օղակի մեջ վերցնեմ սխալը:*

2. Լոլան և Չարլին օգտագործում են արտահայտչական քարտեր՝ իրական թվային արտահայտություններ կազմելու համար: Օգտագործեք նկարներ և բառեր՝ ցույց տալու համար, թե ով է ճիշտ:

Չարլին ընտրեց 11 - 8, իսկ Լոլան ընտրեց 2 + 1: Չարլին ասում է, որ այս արտահայտությունները հավասար չեն, բայց Լոլան համաձայն չէ: Ո՞վ է ճիշտ: Օգտագործեք նկար `ձեր մտածելակերպը բացատրելու համար:

Երկու հավասարումները պետք է լինեն նույն գումարով: Կարող եմ լուծել 11-8-ը՝ տասը ռազմավարությամբ: 10 - 8 = 2, իսկ հետո ես գումարում եմ լրացուցիչ 1-ը 11.2 + 1 = 3, այնպես որ 11 - 8 = 3:

11 - 8 = 3 և 2 + 1 = 3.

10 1

$$\mathbf{10-8=2}$$
$$\mathbf{2+1=3}$$

2 + 1 հեշտ է: Դա 3 է: Քանի որ 11-8 = 3 և 2 + 1 = 3, երկու արտահայտություններն երը հավասար են:

Լոլան ճիշտ է: $\mathbf{11-8=2+1}$

3. Հետևյալը գումարման թվային արտահայտությունը ՍԽԱԼ է: Փոխեք մեկ թիվ յուրաքանչյուր խնդրի մեջ՝ ՃԻՇՏ թվային արտահայտություն կազմելու համար, ապա նորից գրեք թվային արտահայտությունը:

$10+5=8+6$ $\underline{\mathbf{10+5=9+6}}$

10 + 5 = 15. Բայց 8 + 6 = 14: Կարող եմ փոխել 8-ը 9-ի, քանի որ 9 + 6=15, ճիշտ այնպես, ինչպես 10 + 5:

Կարող եմ փոխել 5-ը 4-ի՝ կազմելու համար 10 + 4 = 8 + 6, եթե ուզեմ: Դա կլինի այլ ճիշտ թվային արտահայտություն:

EUREKA MATH Դաս 25. Ռազմավարություն մշակեք և կիրառեք հավասար նշանի հասկացությունը՝ հավասար արտահայտությունները լուծելու համար: 263

Copyright © Great Minds PBC

Անուն ______________________________ Ամսաթիվ ______________

1. Շրջանակի մեջ առեք «ճիշտ» կամ «սխալ»:

Հավասարում	Ճիշտ կամ սխալ
ա. 2 + 3 = 5 + 1	ճիշտ / սխալ
բ. 7 + 9 = 6 + 10	ճիշտ / սխալ
գ. 11 - 8 = 12 - 9	ճիշտ / սխալ
դ. 15 - 4 = 14 - 5	ճիշտ / սխալ
ե. 18 - 6 = 2 + 10	ճիշտ / սխալ
զ. 15 - 8 = 2 + 5	ճիշտ / սխալ

2. Լոլան և Չարլին օգտագործում են արտահայտչական քարտեր ՝ իրական թվային արտահայտություններ կազմելու համար: Օգտագործեք նկարներ և բառեր ՝ ցույց տալու համար, թե ով է ճիշտ:

ա. Լոլան վերցրեց 4 + 8, իսկ Չարլին՝ 9 + 3: Լոլան ասում է, որ այս արտահայտությունները հավասար են, բայց Չարլին համաձայն չէ: Ո՞վ է ճիշտ: Բացատրեք ձեր մտածելակերպը:

բ. Չարլին վերցրեց 11 - 4, իսկ Լոլան՝ 6 + 1: Չարլին ասում է, որ այս արտահայտությունները հավասար չեն, բայց Լոլան համաձայն չէ: Ո՞վ է ճիշտ: Օգտագործեք նկար ՝ձեր մտածողությունը բացատրելու համար:

գ. Լոլան ընտրեց 9 + 7, իսկ Չարլին՝ 15 - 8: Լոլան ասում է, որ այդ արտահայտությունները հավասար են, բայց Չարլին համաձայն չէ: Ո՞վ է ճիշտ: Օգտագործեք նկար ՝ձեր մտածողությունը բացատրելու համար:

3. Հետևյալ գումարման թվային արտահայտությունները ՍԽԱԼ են: Փոխեք մեկ թիվ յուրաքանչյուր խնդրի մեջ՝ ՃԻՇՏ թվային արտահայտություն կազմելու համար, ապա նորից գրեք թվային արտահայտությունը:

ա. 10 + 5 = 9 + 5 ______________________

բ. 10 + 3 = 8 + 4 ______________________

գ. 9 + 3 = 8 + 5 ______________________

1. Շրջանակի մեջ վերցրեք տասը: Գրեք թիվը: Քանի՞ տասեր և մեկեր կան:

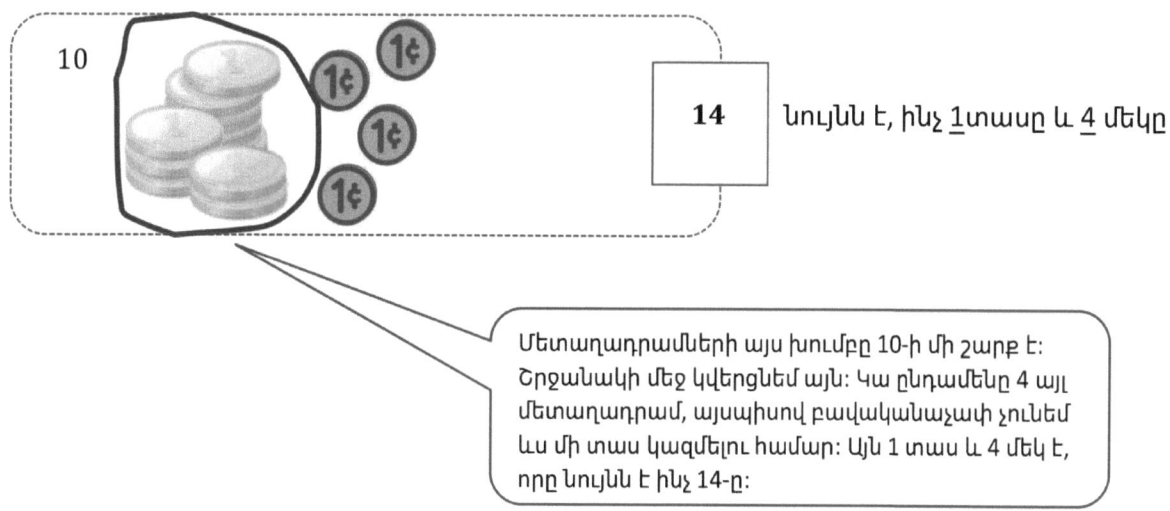

14 նույնն է, ինչ 1 տասը և 4 մեկը

Մետաղադրամների այս խումբը 10-ի մի շարք է: Շրջանակի մեջ կվերցնեմ այն: Կա ընդամենը 4 այլ մետաղադրամ, այսպիսով բավականաչափ չունեմ ևս մի տաս կազմելու համար: Այն 1 տաս և 4 մեկ է, որը նույնն է ինչ 14-ը:

2. Օգտագործեք «Թաքցնել զրոները» նկարները՝ գծելու համար քարտերի վրա ցուցադրված տասը և միավորները:

17-ը կազմված է 10-ից և 7-ից: Կարող եմ ցույց տալ 10-ը ավելի երկար քարտի, իսկ 7-ը՝ կարճ քարտի վրա: Պետք է նկարեմ 10 կետ՝ գծի կամ փայտի վրա: Դա ցույց է տալիս, որ ես հաճախ եմ ունենում ամբողջական հավաքածու: Այնուհետև հարկավոր է դրա կողքին նկարել 7 կետ, մյուս 7-ի համար:

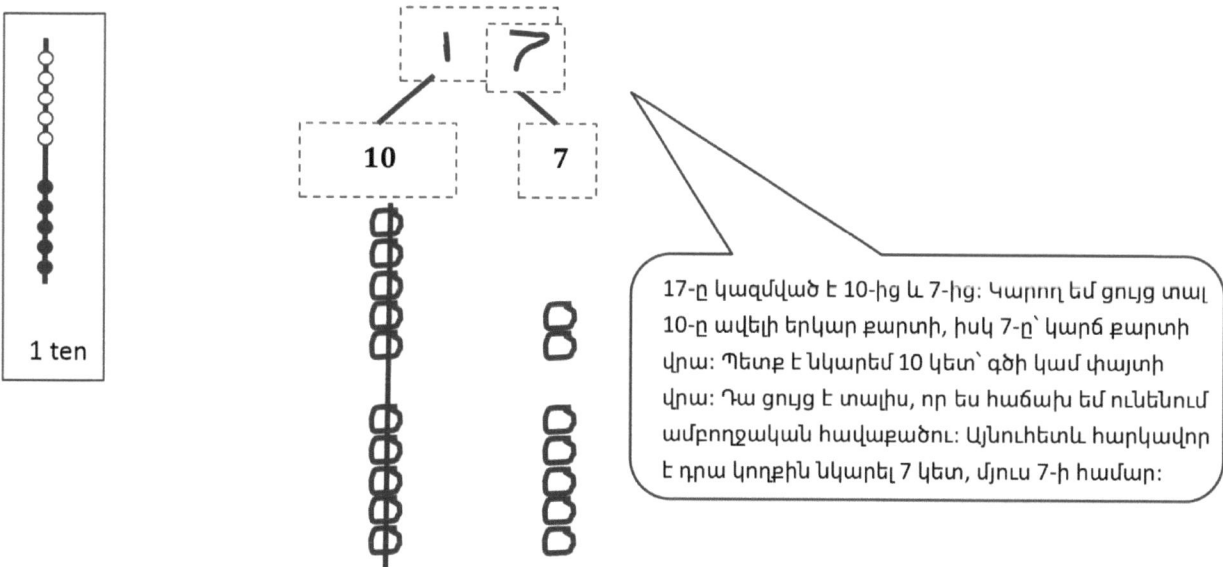

3. Նկարեք 5-խմբակային սյունակներ՝ ցույց տալու տասերը և միավորները:

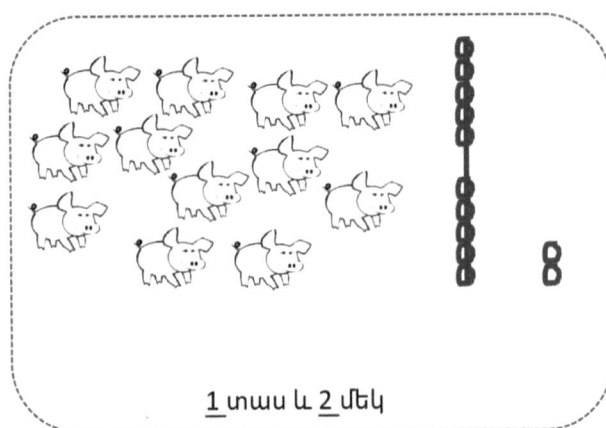

1 տաս և 2 մեկ

Սա նման է վերևի խնդրին: Թույլ տվեք հաշվել խոզերը... Հմմ, կա 12 խոզ: Կավելացնեմ կետերը իմ գծի կամ փայտի վրա: Դրա վրա պետք է լինի 10, քանի որ գիծը հիշեցնում է, որ մենք ունենք 1 ամբողջական 10՝ 1 տասը կազմելու համար: Հետո պետք է նկարեմ ևս 2-ը, քանի որ 12-ը 10-ից 2-ով ավել է: Սա 1 տաս և 2 մեկ է:

4. Նկարեք ձեր սեփական օրինակները՝ օգտագործելով 5 խմբակային սյունակները՝ ցույց տալու տասերը և միավորները:

13

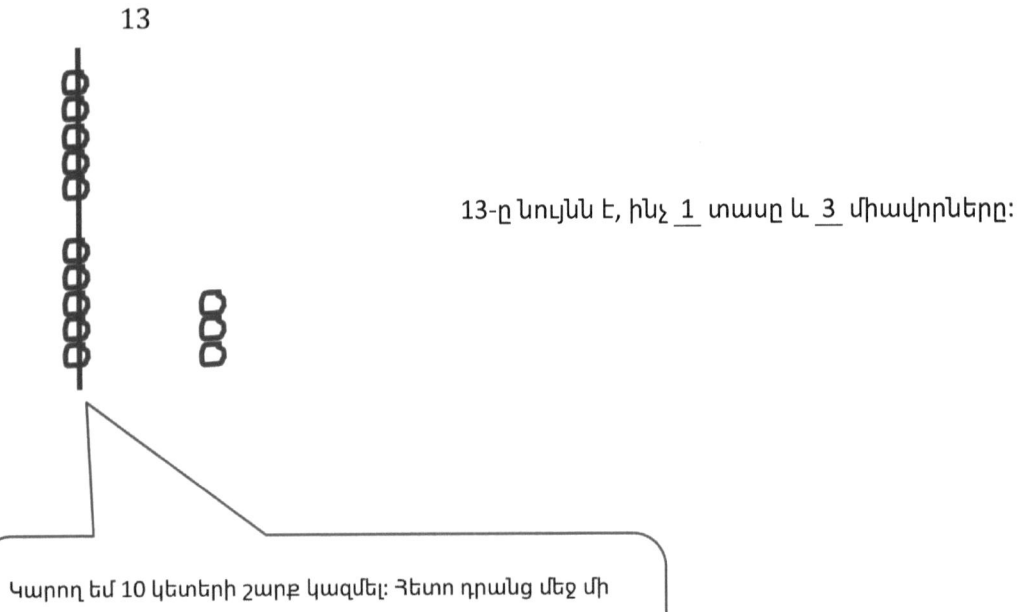

13-ը նույնն է, ինչ 1 տասը և 3 միավորները:

Կարող եմ 10 կետերի շարք կազմել: Հետո դրանց մեջ մի գիծ եմ դնում՝ ցույց տալու համար, որ դա մեկ տաս է: Ինձ անհրաժեշտ է ընդհանուր 13: Նոր սյունակում կարող եմ նկարել ևս 3 կետ: 13-ը նույնն է, ինչ 1 տասը և 3 մեկը:

Անուն ______________________________ Ամսաթիվ ______________

Շրջանակի մեջ վերցրեք տասը: Գրեք թիվը: Քանի՞ տասեր և մեկեր կան:

1.

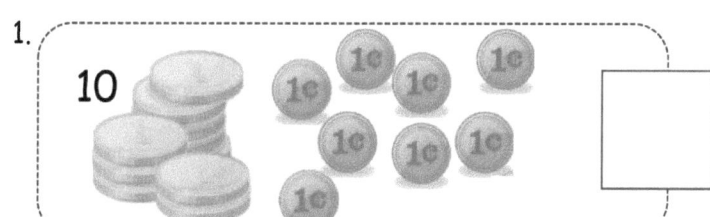

10

նույնն է, ինչ

_____ տասը և ______ միավորներ:

2.

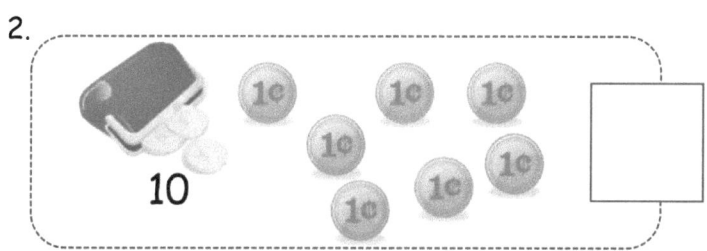

10

նույնն է, ինչ

_____ միավորներ և ______ տասը:

Օգտագործեք «Թաքցնել զրոները» նկարները՝ գծելու համար քարտերի վրա ցուցադրված տասը և միավորները:

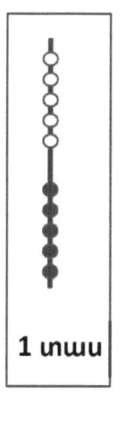

1 տաս

3.

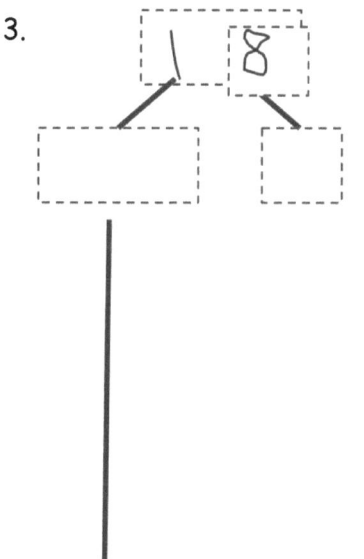

1

4.

10

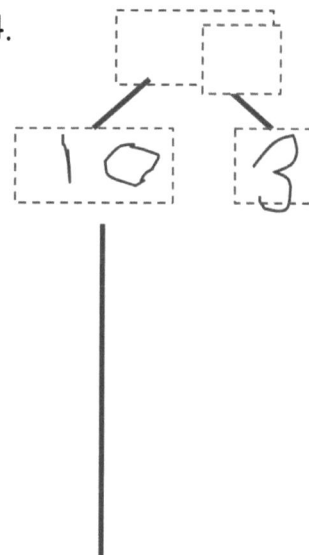

_____ տասը և _____ միավորներ ______ տասը և_____ միավորներ

Դաս 26. Գտեք 1 տասը՝ որպես միավոր, վերանվանելով 10-ի ներկայացուցչությունները:

Նկարեք 5-խմբակային սյունակներ՝ ցույց տալու տասերը և միավորները:

5. 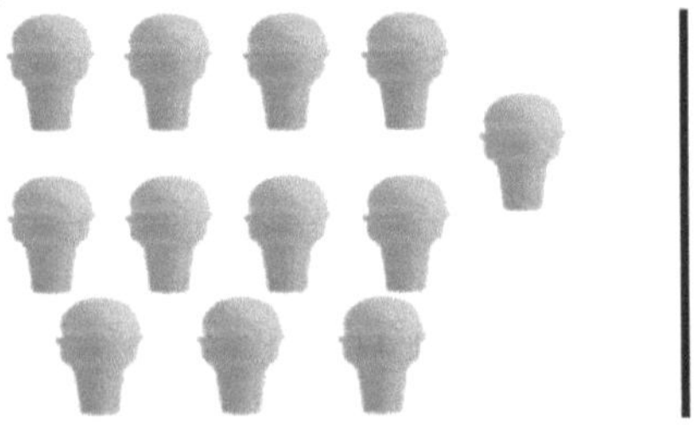
_____ տասեր և _____ մեկեր

6.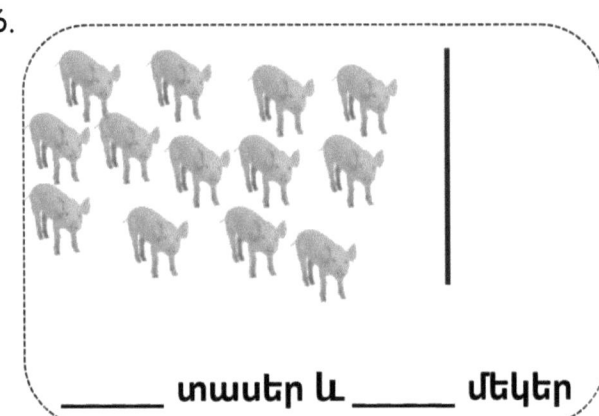
_____ տասեր և _____ մեկեր

Նկարեք ձեր սեփական օրինակները՝ օգտագործելով 5 խմբակային սյունակներ՝ ցույց տալու տասերը և միավորները:

7.   **16**

16-ը նույնն է, ինչ

____ տասը և _____ միավորներ:

8.   **19**

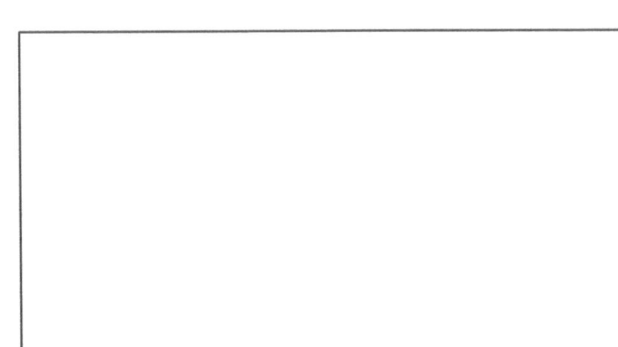

19-ը նույնն է, ինչ

_____ միավորներ և _____ տասը:

ՄԻԱՎՈՐՆԵՐԻ ՊԱՏՄՈՒԹՅՈՒՆ   Դաս 27 Տնային աշխատանքների օգնական   1•2

1. Լուծեք խնդիրները: Գրեք ձեր պատասխանները՝ ցույց տալու համար, թե քանի տասեր և մեկեր կան: Եթե կա ընդամենը մեկ տասը, ջնջեք «ներ»-ը:

Քանի որ դա ընդամենը 1 տաս է, կարող եմ խաչ քաշել «s»-ի վրա:

$8 + 6 =$ [1 | 4]

Որքա՞ն է ինձ անհրաժեշտ հասնելու համար 8-ից 10: 2. 6,1-ից 2-ը օգտագործելիս դեռ պետք է ավելացնեմ ևս 4-ը: Այն 1 տաս և 4 մեկ է, կազմելու համար 14:

<u>1</u> տաս և <u>4</u> մեկ

Այս անգամ թողնում եմ «s»-ն: Մենք ասում ենք 0 տաս:

$14 - 8 =$ [0 | 6]

10-8 = 2. Եթե վերցնեմ 8-ը 10-ից, կմնա 2 և 4: 2 + 4 = 6

<u>0</u> տաս և <u>6</u> մեկ

2. Ընթերցեք բառային խնդիրը: Նկարեք և նշումներ արեք:
Գրեք թվային նախադասություն և պնդում, որը համապատասխանում է պատմությանը:
Վերաշարադրեք ձեր պատասխանը՝ ցույց տալով դրա տասերն ու մեկերը: Եթե կա ընդամենը 1 տասը, ջնջեք «ներ»-ը:

Ջեքը տեսնում է 5 թռչուն թռչնաբնի վրա և 15 թռչուն՝ ծառի վրա: Քանի՞ թռչուն է տեսնում Ջեքը:

Կարող եմ ծառի թռչունների համար 15 օղակ նկարել, և ևս 5 օղակ թռչնաբնում գտնվողների համար: Ընդհանուր կա 20 թռչուն:

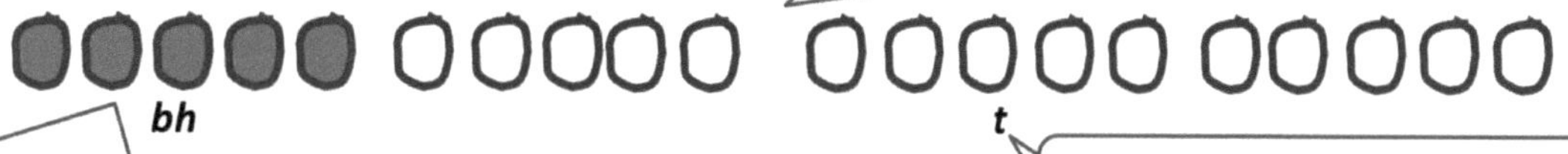

●●●●● ○○○○○ ○○○○○ ○○○○○
  bh   t

«bh»-ն նշանակում է թռչնաբույնի թռչուններ:

«t»-ն նշանակում է ծառի վրայի թռչուններ:

Իմ թվային արտահայտությունը համապատասխանում է իմ գծապատկերին:

$15 + 5 = \boxed{20}$
Կա 20 թռչուն:

20-ը կազմված է 2 տասից:

<u>2</u> տաս և <u>0</u> մեկ

Դաս 27. Լուծեք գումարման և հանման խնդիրները՝ տարրալուծելով և կազմելով տասից քսան թվերը որպես 1 տասնյակ և մի քանի միավոր:

271

Copyright © Great Minds PBC

Անուն ______________________________ Ամսաթիվ ______________

Լուծեք խնդիրները: Գրեք ձեր պատասխանները՝ ցույց տալու համար, թե քանի տասեր և մեկեր կան: Եթե կա ընդամենը մեկ տասը, ջնջեք «ներ»-ը:

1. 8 + 5 = ☐☐

_____ տասեր և _____ միավորներ

2. 12 - 4 = ☐☐

_____ տասեր և _____ մեկեր

3. 15 - 6 = ☐☐

տասնյակ և _____ նորերը

4. 14 + 5 = ☐☐

_____ տասը և _____ միավորներ

5. 13 + 5 = ☐☐

_____ տասեր և _____ միավորներ

6. 17 - 8 = ☐☐

_____ տասեր և _____ միավորներ

EUREKA MATH Դաս 27. Լուծեք գումարման և հանման խնդիրները՝ տարրալուծելով և կազմելով տասից քսան թվերը որպես 1 տասնյակ և մի քանի միավոր: 273

Կարդացեք բառային խնդիրը: Նկարեք և նշումներ արեք: Գրեք թվային նախադասություն և պնդում, որը համապատասխանում է պատմությանը: Վերաշարադրեք ձեր պատասխանը՝ ցույց տալով դրա տասերն ու մեկերը: Եթե կա ընդամենը 1 տասը, ջնջեք «ներ»-ը:

7. Մայքն ունի մի քանի կարմիր մեքենա և 8 կապույտ մեքենա: Եթե Մայքը 9 կարմիր մեքենա ունի, ընդամենը քանի՞ մեքենա ունի նա:

_____ տասեր և _____ միավորներ

---

8. Յանին և Հանը ունեին 14 գոլֆի գնդակ: Նրանք կորցրեցին մի քանի գնդակ: Մնաց 8 գոլֆի գնդակ: Քանի՞ գնդակ են կորցրել նրանք:

_____ տասեր և _____ միավորներ

---

9. Հանգստյան օրերին Նիկն իր հեծանիվը վարում է 6 մղոն: Շաբաթվա ընթացքում նա վարում է 14 մղոն: Քանի՞ մղոն է անցնում Նիկը:

_____ տասեր և _____ միավորներ

EUREKA MATH

ՄԻԱՎՈՐՆԵՐԻ ՊԱՏՄՈՒԹՅՈՒՆ   Դաս 28 Տնային աշխատանքների օգնական   1•2

1. Լուծեք խնդիրները: Գրեք ձեր պատասխանները՝ ցույց տալու համար, թե քանի տասեր և մեկեր կան:

   $9 + 6 = $ [1][5]

   $\underline{9} + \underline{1} = \underline{10}$

   $\underline{10} + \underline{5} = \underline{15}$

   > 9-ին անհրաժեշտ է ևս մի 1 կազմելու համար 10: Ապա պետք է գումարեմ ևս 5: 10 + 5 = 15: Սա 1 տաս և 5 մեկ է:

2. Լուծեք: Յուրաքանչյուր քայլի համար գրեք երկու թվային նախադասություն՝ ցույց տալու համար, թե ինչպես ստացաք տասը:

   Անին ուներ 9 ծաղիկ: Նա հավաքում է 5 նոր ծաղիկ: Քանի՞ ծաղիկ ունի Անին:

   $\underline{9} + \underline{5} = \underline{14}$

   $\underline{9} + \underline{1} = \underline{10}$

   $\underline{10} + \underline{4} = \underline{14}$

   > 9-ին անհրաժեշտ է ևս մի 1 կազմելու համար տաս:
   > $9 + 1 = 10$
   >
   > Քանի որ վերցրեցի 1-ը 5-ից, պետք է ավելացնեմ ևս 4:
   > $10 + 4 = 14$

Դաս 28.   Լուծեք գումարման խնդիրներ՝ օգտագործելով տասը որպես միավոր և գրեք երկքայլանի լուծումներ: 275

Copyright © Great Minds PBC

Անուն ______________________ Ամսաթիվ ____________

Լուծեք խնդիրները: Գրեք ձեր պատասխանները՝ ցույց տալու համար, թե քանի տասեր և մեկեր կան:

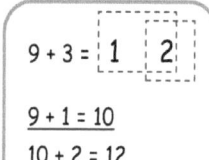

9 + 3 = 1 2

9 + 1 = 10

10 + 2 = 12

1. 9 + 7 = [ ][ ]

___ + ___ = ___

___ + ___ = ___

2. 8 + 5 = [ ][ ]

___ + ___ = ___

___ + ___ = ___

Լուծեք: Յուրաքանչյուր քայլի համար **գրեք** երկու թվային նախադասություն՝ ցույց տալու համար, թե ինչպես ստացաք տասը:

3. Բորիսն իր դարակի վրա ունի 9 սեղանի խաղ և 8 սեղանի խաղ՝ պահարանում: Ընդամենը քանի՞ սեղանի խաղ ունի Բորիսը:

9 + 8 =

___ + ___ = ___

___ + ___ = ___

---

4. Սաբրան կառուցեց աշտարակ՝ 8 բլոկով: Յուրին 7 բլոկներով մեկ այլ աշտարակ է կառուցել: Քանի՞ բլոկ են օգտագործել նրանք միասին:

5. Քեմդենը լուծեց 6 գումարման բառային խնդիր: Նա նաև լուծեց 9 հանման բառային խնդիր: Քանի բառային խնդիրներ նա ընդհանրապես լուծեց:

6. Մինան իր ուլունքներով պատրաստեց 4 ապարանջան և 8 վզնոց:
Քանի՞ զարդ է պատրաստել Մինան:

7. Ֆերմերի շուկայից 5 դեղձ ես դրեցի պայուսակիս մեջ:
Եթե ես արդեն 7 խնձոր ունեի իմ պայուսակում, ընդամենը քանի՞ միրգ ես ունեցա:

EUREKA MATH

ՄԻԱՎՈՐՆԵՐԻ ՊԱՏՄՈՒԹՅՈՒՆ Դաս 29 Տնային աշխատանքների օգնական 1•2

Լուծեք խնդիրները: Գրեք ձեր պատասխանները՝ ցույց տալու համար, թե քանի տասեր և մեկեր կան: Ցույց տվեք ձեր լուծումը երկու քայլով։

Քայլ 1. Գրեք մեկ թվային նախադասություն՝ տասից հանելու համար:

Քայլ 2. Գրեք մեկ թվային նախադասություն՝ մնացած մասերը գումարելու համար:

$$\boxed{1 \ \ 5} - 9 = 6$$

$\underline{10} - \underline{9} = \underline{1}$

15-ը կազմված է 10-ից և 5-ից: Կարող եմ տասից վերցնել 9 արագորեն: 10-9=1

$\underline{1} + \underline{5} = \underline{6}$

Այնուհետև կարող եմ ավելացնել 1-ը այն 5-ին, որին չեմ դիպչել: 1 + 5 = 6

Դաս 29.   Լուծեք հանման խնդիրները՝ օգտագործելով տասը որպես միավոր և գրեք երկքայլանի լուծումներ:

279

Անուն ______________________ Ամսաթիվ ______________

Լուծեք խնդիրները: Գրեք **ձեր** պատասխանները՝ ցույց տալու համար, թե **քանի** տասեր և մեկեր կան:

1 2 - 5 = 7
10 - 5 = 5
5 + 2 = 7

1. 1 7 - 8 = _____

_____ - _____ = _____

_____ + _____ = _____

2. 1 6 - 7 = _____

_____ - _____ = _____

_____ + _____ = _____

Լուծեք: Յուրաքանչյուր քայլի համար գրեք երկու թվային նախադասություն՝ ցույց տալու համար, թե ինչպես ստացաք տասը: Հիշեք, որ պետք է թվային նախադասության մեջ ձեր լուծման շուրջ տուփ նկարեք:

3. Իվեթն այգում հաշվեց 12 երեխա: Նա հաշվեց 3 երեխա խաղահրապարակում, իսկ մնացածը խաղում էին ավազի մեջ: Քանի՞ ավազի մեջ խաղացող երեխա նա հաշվեց:

12 - 3 = ____

_____ - _____ = _____

_____ + _____ = _____

---

4. Էլին ընթերցեց որոշ գիտական ամսագրեր: Այնուհետև նա կարդաց 9 սպորտային ամսագիր: Եթե նա ընդհանուր առմամբ կարդաց 18 ամսագիր, քանի՞ գիտական ամսագիր է կարդացել Էլին:

_____ - _____ = _____

_____ + _____ = _____

5. Երկուշաբթի օրը Պոլին գրադանից վերցրեց կետերի մասին 6 գիրք և մի քանի գիրք կրիաների մասին: Եթե նա ընդհանուր առմամբ վերցրել էր 13 գիրք, ապա քանի՞ գիրք վերցրեց Պոլին կրիաների մասին:

_____ - _____ = _____

_____ + _____ = _____

6. Որոշ երեխաներ զբոսայգում են և խաղում են ֆուտբոլ : Յոթը սպիտակ վերնաշապիկ են կրում: Եթե ընդհանուր առմամբ ֆուտբոլ խաղում են 14 երեխա, քանի՞ երեխա սպիտակ վերնաշապիկով չէ:

_____ - _____ = _____

_____ + _____ = _____

7. Դանթեն իր սենյակում ունի 9 փափուկ խաղալիք: Նրա մնացած փափուկ խաղալիքները հեռուստացույցի սենյակում են: Դանթեն ունի 15 փափուկ խաղալիք: Դանթեի փափուկ խաղալիքներից քանի՞ն է հեռուստացույցի սենյակում:

_____ - _____ = _____

_____ + _____ = _____

Դասարան 1
Մոդուլ 3

1. Հետևեք հրահանգներին։ Լրացրե՛ք արտահայտությունը։

   Շրջանակի մեջ առեք ավելի երկար շանը։

   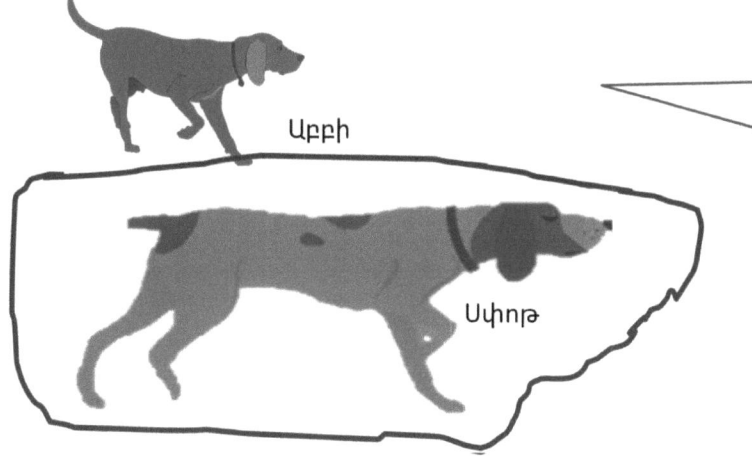

   Աբբի

   Սփոթ

   Ես տեսնում եմ, որ Սփոթը ավելի երկար է, քանի որ Սփոթը և Աբբին կատարյալ շարված են, և Սփոթը Աբբիից հեռու է գնում փայտի հետևից։

   __Սփոթը__ ավելի բարձրահասակ է, քան __Աբբին__։

2. Գրե՛ք բառեր **ավելի բարձրահասակ, քան** կամ **ավելի կարճահասակ, քան**՝ արտահայտությունը ճիշտ դարձնելու համար։

   Շշերի վերջավոր կետերը շարված են։ Ասես նրանք կանգնած են սեղանի վրա, ինչը հեշտացնում է տեսնելը։ Սոսինձն ավելի կարճ է։

   Սոսինձը __ավելի կարճ է, քան__ կետչուպը։

3.

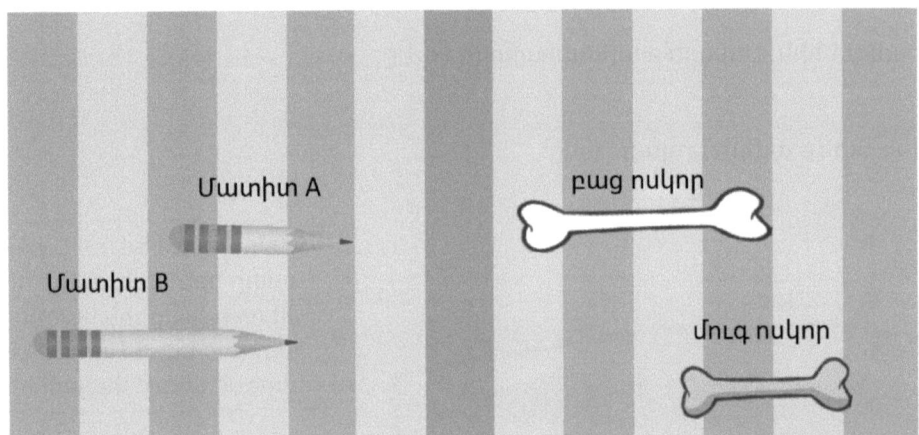

<u>Մատիտ B-ն Մատիտ A-ից</u> երկար է:

<u>Մուգ ոսկորը բաց ոսկորից</u> կարճ է:

Վերջնակետերը շարված չեն, բայց կարող եմ ասել, որ Մատիտ B- ն ավելի երկար է, քանի որ այն հատում է ավելի քան 3 շերտ: Մատիտ A-ն ընդամենը հատում է 2 շերտ:

Շրջանակի մեջ վերցրե՛ք ճիշտը կամ սխալը:

Սպորտային կոշիկը ավելի կարճ է, քան Ա մատիտը: **ճիշտ** կամ **Սխալ**

4. Գտե՛ք 3 դպրոցական գրենական պիտույք: Նկարե՛ք այստեղ՝ հերթականությամբ՝ **ամենակարճից** մինչև **ամենաերկարը:** Պիտակավորե՛ք յուրաքանչյուր գրենական պիտույքը:

EUREKA MATH

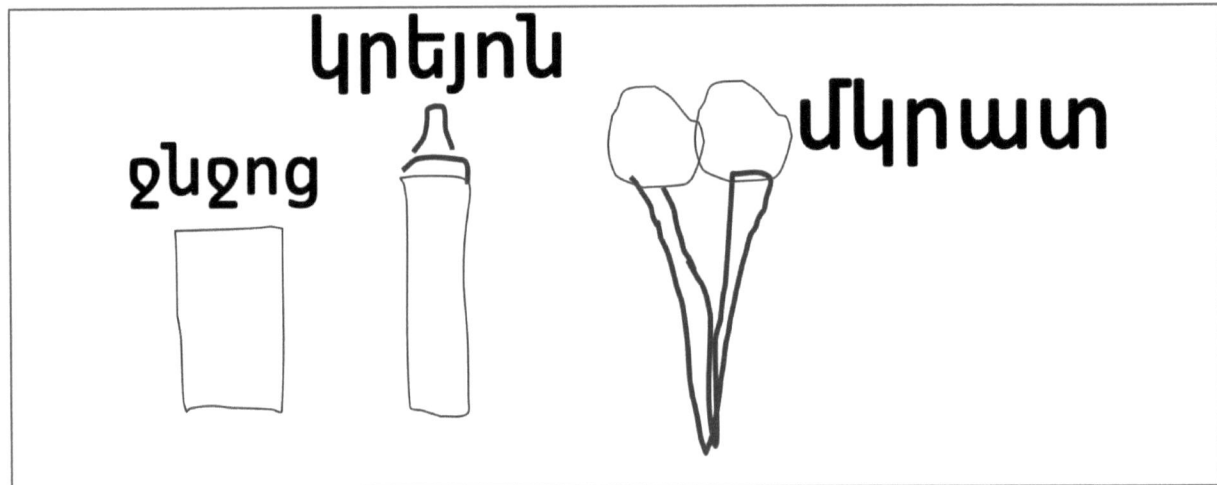

Անուն ____________________________________ Ամսաթիվ ________________

Հետևե՛ք հրահանգներին: Լրացրե՛ք նախադասությունները:

1. **Շրջանակի մեջ առեք ավելի երկար** նապաստակը:

Պիտեր

Սկավառակ

________ ավելի երկար է, քան ________.

2. Շրջանակի մեջ առեք **ավելի կարճ** միրգը:

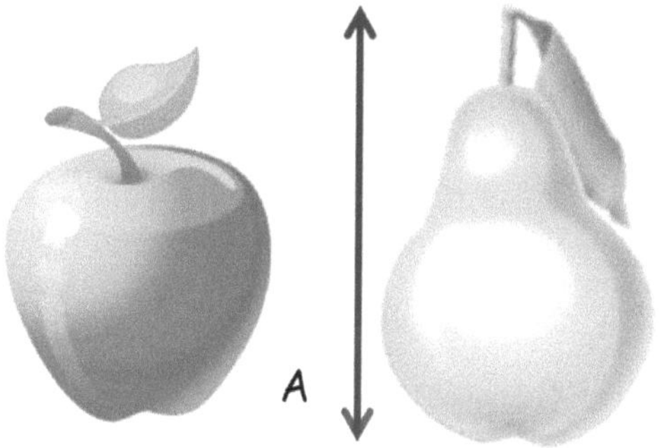

A
B

__________ ավելի կարճ է, քան __________.

Գրե՛ք բառեր **ավելի երկար, քան** կամ **ավելի կարճ, քան**՝ նախադասությունները ճիշտ դարձնելու համար:

3.

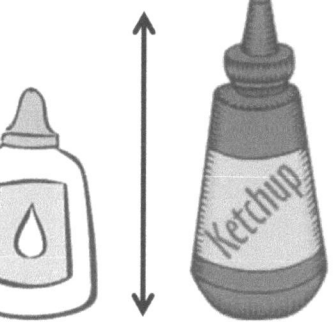

Սոսինձը

հավասար է ________________

կետչուպ:

4.

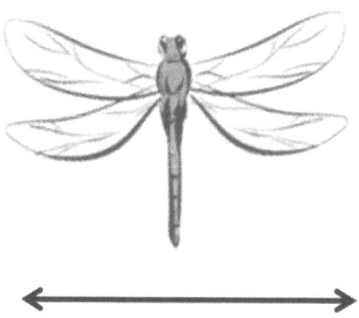

Ճպուռի թևերի բացվածքը

հավասար է ________________

թիթեռի թևերի բացվածքին:

ՄԻԱՎՈՐՆԵՐԻ ՊԱՏՄՈՒԹՅՈՒՆ   Դաս 1 Տնային աշխատանք   1•3

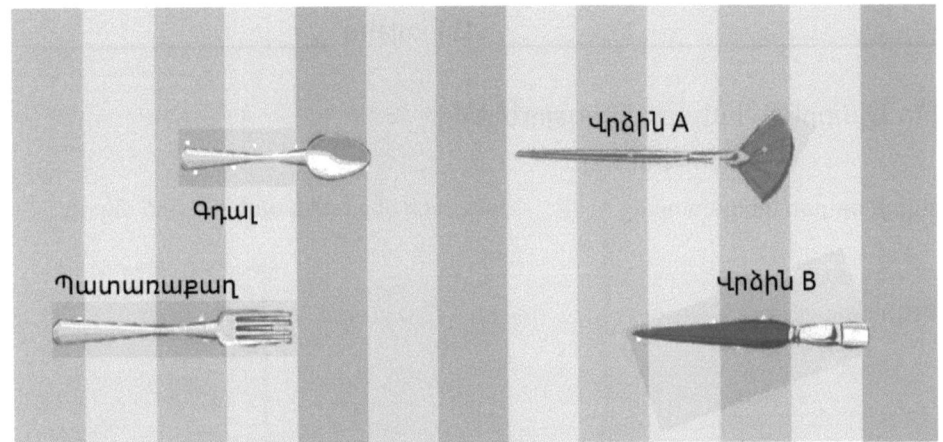

5. Վրձին A _____ Վրձին B։

6. Գդալը _____ պատառաքաղը։

7. Շրջանակի մեջ վերցրե՛ք ճիշտը կամ սխալը։

   Գդալը ավելի կարճ է, քան Վրձին B-ն։ **Ճիշտ** կամ **Սխալ**

---

8. Գտե՛ք 3 առարկա սենյակում։ Նկարե՛ք այստեղ՝ հերթականությամբ՝ ամենակարճից մինչև ամենաերկարը։ Պիտակավորե՛ք յուրաքանչյուր առարկան։

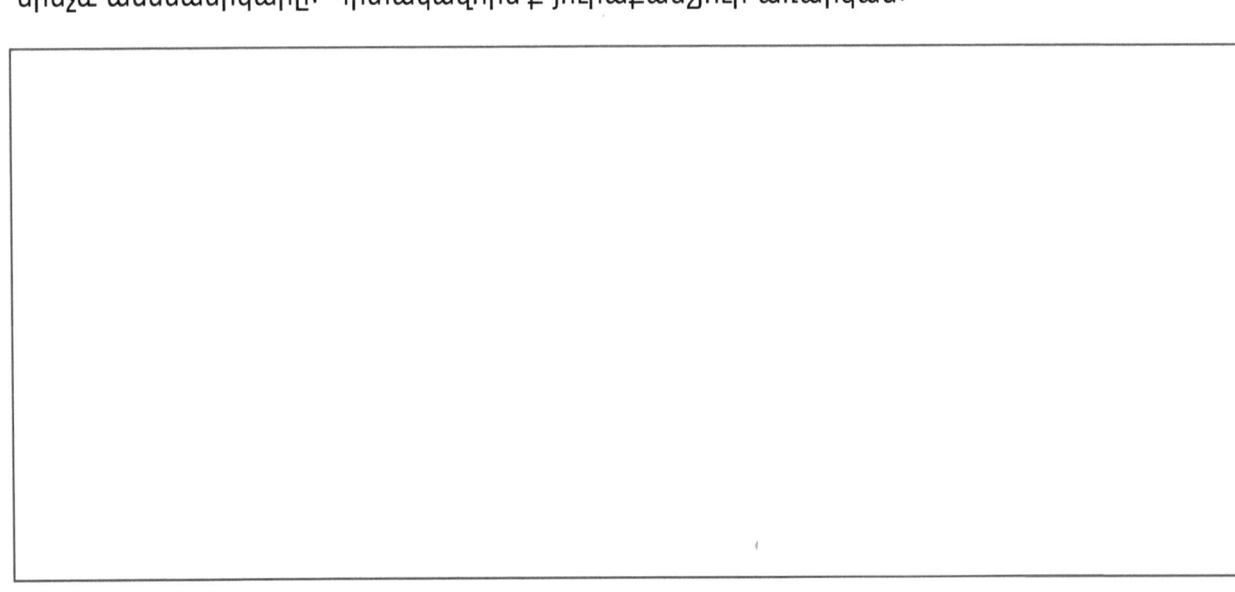

ՄԻԱՎՈՐՆԵՐԻ ՊԱՏՄՈՒԹՅՈՒՆ Դաս 2 Տնային աշխատանքների օգնական 1•3

1. Օգտագործե՛ք թղթե ժապավեն, որ Ձեր ուսուցիչը Ձեզ կտա՝ յուրաքանչյուր նկարը չափելու համար: Շրջանակի մեջ վերցրեք այն բառերը, որոնք անհրաժեշտ են նախադասությունը ճիշտ դարձնելու համար: Այնուհետև, լրացրեք բաց թողնված մասը:

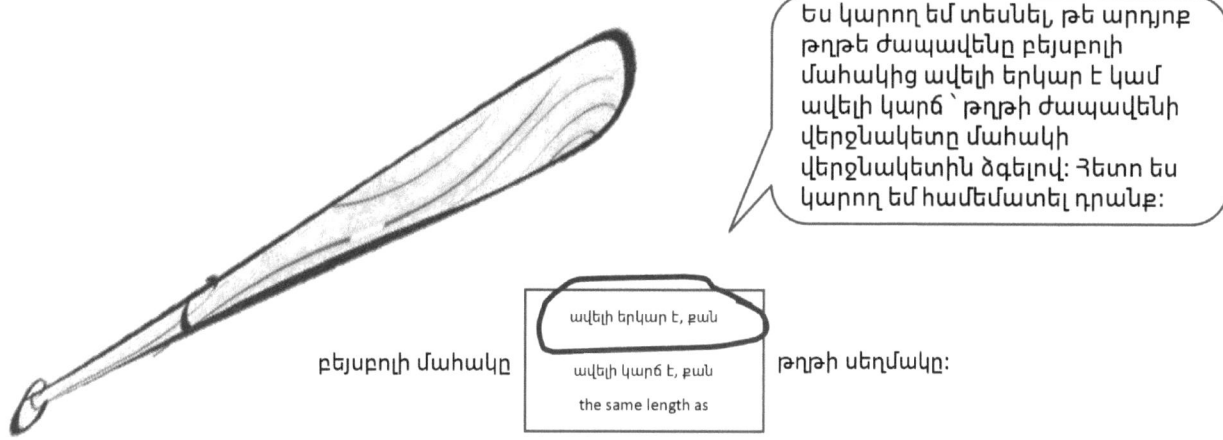

բեյսբոլի մահակը — ավելի երկար է, քան / ավելի կարճ է, քան / the same length as — թղթի սեղմակը:

Ես կարող եմ տեսնել, թե արդյոք թղթե ժապավենը բեյսբոլի մահակից ավելի երկար է կամ ավելի կարճ՝ թղթի ժապավենի վերջնակետը մահակի վերջնակետին ձգելով: Հետո ես կարող եմ համեմատել դրանք:

Գիրքը — ավելի երկար է, քան / ավելի կարճ է, քան / նույն երկարությունն ունի, ինչ — թղթի սեղմակը:

Ես գիտեմ, որ բեյսբոլի մահակն ավելի երկար է, քան թղթե սեղմակը, և գիրքն ավելի կարճ է, քան թղթի սեղմակը, ուստի բեյսբոլի մահակը պետք է լինի ավելի երկար, քան գիրքը:

Բեյսբոլի մահակը գրքից երկար է:

Դաս 2. Համեմատե՛ք երկարությունը՝ օգտագործելով անուղղակի համեմատություն, գտնելով առարկաներ որոնք *ավելի երկար են քան, ավելի կարճ են, քան* և *հավասար են երկարությամբ* թելին

ՄԻԱՎՈՐՆԵՐԻ ՊԱՏՄՈՒԹՅՈՒՆ   Դաս 2   Տնային աշխատանքների օգնական   1•3

2. Լրացրե՛ք նախադասությունները՝ գրելով **ավելի երկար, քան ավելի կարճ, քան,** կամ **միևնույն երկարության**՝ նախադասությունները ճիշտ դարձնելու համար:

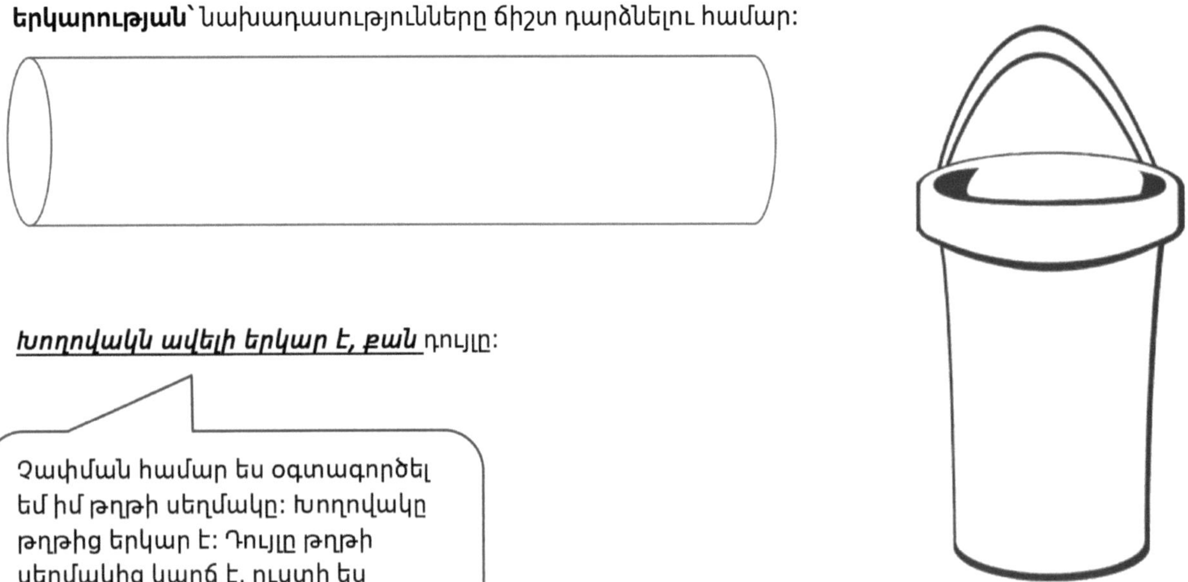

Խողովակն ավելի երկար է, քան դույլը:

> Չափման համար ես օգտագործել եմ իմ թղթի սեղմակը: Խողովակը թղթից երկար է: Դույլը թղթի սեղմակից կարճ է, ուստի ես գիտեմ, որ խողովակը պետք է լինի ավելի երկար, քան դույլը:

Օգտագործեք Խնդիր 1-ի և 2-ի չափումները: Շրջանակի մեջ վերցրե՛ք այն բառը, որով նախադասությունը ճիշտ է դառնում:

3. Բեյսբոլի մահակը դույլից (**ավելի երկար**/ավելի կարճ) է:

> Եթե բեյսբոլի մահակն ավելի երկար է, քան թղթե սեղմակը, իսկ դույլը թղթի սեղմակից կարճ է, ապա մահակն ավելի երկար է, քան դույլը:

4. Հերթականությամբ շարեք առարկաները՝ ամենակարճից դեպի ամենաերկարը. դույլ, խորանարդ, թղթե ժապավեն

___դույլ___   ___թղթի սեղմակ___   ___խողովակ___

> Դույլը թղթի ամրակից կարճ է, իսկ թղթե ամրակը խողովակից է կարճ, ուստի դույլն ամենակարճն է, իսկ խողովակը՝ ամենաերկարը:

5. Նկարե՛ք նկար, որը Ձեզ կօգնի լրացնել չափման նախադասությունները: Շրջանակի մեջ վերցրեք այն բառերը, որոնք նախադասությունը ճիշտ կդարձնեն:

Սյուզին ավելի բարձրահասակ է, քան Դոնին:

Ջեյսոնը ավելի բարձրահասակ է, քան Սյուզին:

Դոնին (**բարձրահասակ է, քան** /ավելի կարճ է, քան) Ջեյսոնը:

Նախ նկարում եմ Սյուզիին և Դոնիին: Հետո ես նկարում եմ Ջեյսոնին: Քանի որ Դոնին ավելի կարճահասակ է, քան Սյուզին, իսկ Սյուզին ավելի կարճահասակ է, քան Ջեյսոնը, Դոնին նույնպես ավելի կարճահասակ է, քան Ջեյսոնը:

Դաս 2. Համեմատե՛ք երկարությունը՝ օգտագործելով անուղղակի համեմատություն, գտնելով առարկաներ որոնք *ավելի երկար են քան*, *ավելի կարճ են*, *քան* և *հավասար են երկարությամբ* թելին

ՄԻԱՎՈՐՆԵՐԻ ՊԱՏՄՈՒԹՅՈՒՆ   Դաս 2 Տնային աշխատանք   1•3

Անուն _____   Ամսաթիվ _____

Օգտագործե՛ք թղթե ժապավեն, որ Ձեր ուսուցիչը Ձեզ կտա՝ յուրաքանչյուր **նկարը չափելու համար**: Շրջանակի մեջ վերցրեք այն բառերը, որոնք անհրաժեշտ են նախադասությունը ճիշտ դարձնելու համար: Այնուհետև, լրացրեք բաց թողնված մասը:

1.

Պաղպաղակը
| ավելի երկար է, քան
| ավելի կարճ է, քան
| նույն երկարությունն ունի, ինչ |
թղթի սեղմակը:

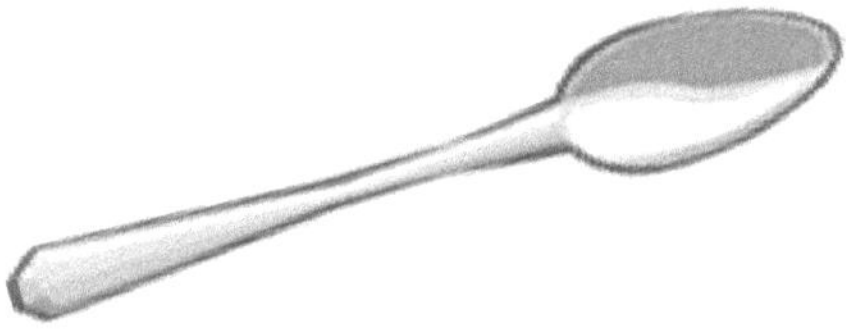

Գդալը
| ավելի երկար է, քան
| ավելի կարճ է, քան
| նույն երկարությունն ունի, ինչ |
թղթի սեղմակը:

Գդալը _____ the պաղպաղակը:

2.

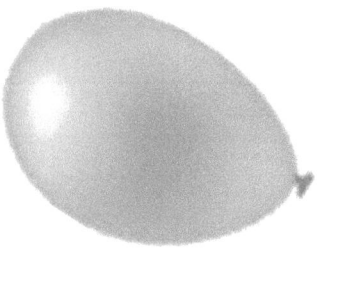

Փուչիկը _____ the տորթը:

Դաս 2. Համեմատե՛ք երկարությունը՝ օգտագործելով անուղղակի համեմատություն, գտնելով առարկաներ որոնք *ավելի երկար են քան*, *ավելի կարճ են*, *քան* և *հավասար են երկարությամբ* թելին

293

ՄԻԱՎՈՐՆԵՐԻ ՊԱՏՈՒՄՈՒԹՅՈՒՆ Դաս 2 Տնային աշխատանք 1•3

3.

Գնդակը **ավելի** կարճ է, քան թղթե ժապավենը:

Այսինքն, **կոշիկը** _____ **գնդակը**:

Օգտագործե՛ք խնդիր 1-3-ի չափումները: Շրջանակի մեջ վերցրե՛ք այն բառը, որը նախադասությունը
ճիշտ է դարձնում:

4. Գդալը **(ավելի երկար է/կարճ է)**, քան տորթը:

5. Փուչիկը **(ավելի երկար է/կարճ է)** քան պաղպաղակը:

6. Կոշիկը **(ավելի երկար է/կարճ է)** քան փուչիկը:

7. Այս առարկաները դասավորեք հերթականությամբ՝ ամենակարճից՝ ամենաերկարը:

    տորթ, գդալ և թղթե ժապավեն

    _____   _____   _____

Նկարե՛ք նկար, որը Ձեզ կօգնի լրացնել չափման նախադասությունները: Շրջանակի մեջ վերցրե՛ք այն բառը, որը նախադասությունը ճիշտ է դարձնում:

8. Մարնիի մազերը ավելի կարճ են, քան Վեսլիի մազերը:
   Մարնիի մազերը ավելի երկար են, քան Բիտայի մազերը:
   Բիտայի մազերը **(ավելի երկար են/կարճ են)**, քան Վեսլիինը

9. Էլիոթը ավելի կարճահասակ է, քան Բրենդին:
   Սինքլերը ավելի կարճահասակ է, քան Էլիոթը:
   Բրադին **(ավելի կարճահասակ է/բարձրահասակ է)**, քան Սինքլերը:

Դաս 2. Համեմատե՛ք երկարությունը՝ օգտագործելով անուղղակի համեմատություն, գտնելով առարկաներ որոնք *ավելի երկար են քան*, *ավելի կարճ են, քան* և *հավասար են երկարությամբ* թեյին

1. Տիկնիկի տնակից մինչև այգի ընկած ճանապարհին ավելի երկար է, քան այգուց մինչև խանութ: Շրջանակի մեջ վերցրե՛ք ավելի կարճ ճանապարհը:

տիկնիկի տնից դեպի զբոսայգի

դեպի խանութ զբոսայգին

Եթե ժապավենն ավելի երկար է, ապա ճանապարհը նույնպես ավելի երկար է:

Օգտագործե՛ք նկարը՝ ուղղանկյունների վերաբերյալ հարցերին պատասխանելու համար:

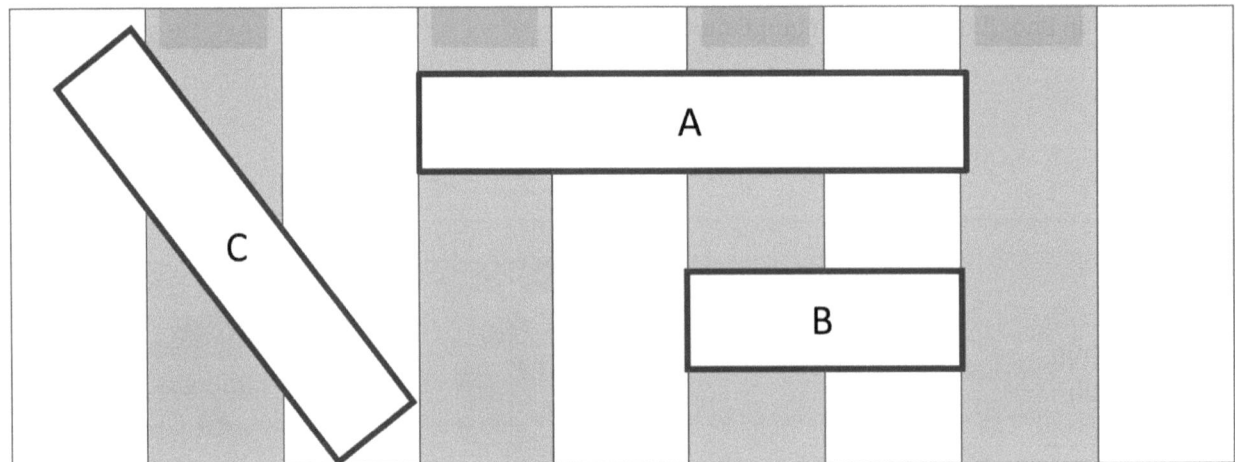

2. Ո՞րն է ամենակարճ ուղղանկյունը: __Ուղղանկյուն B__

3. Եթե ուղղանկյուն A-ն ավելի երկար է, քան ուղղանկյուն C-ն, ապա ամենաերկար ուղղանկյունը __ուղղանկյուն A-ն է__

4. Հերթականությամբ դասավորեք ուղղանկյունները՝ ամենակարճից ամենաերկարը:

    __B__   __C__   __A__

> Ես տեսնում եմ, որ ուղղանկյուն B- ն ամենակարճն է, և ասում է, որ ուղղանկյուն A- ն ավելի երկար է, քան Ուղղանկյուն C-ն, ուստի հերթականությունը պետք է լինի B, C, A:

Օգտագործե՛ք նկարը՝ պատասխանելու աշակերտների՝ դպրոցի ճանապարհի վերաբերյալ հարցերին:

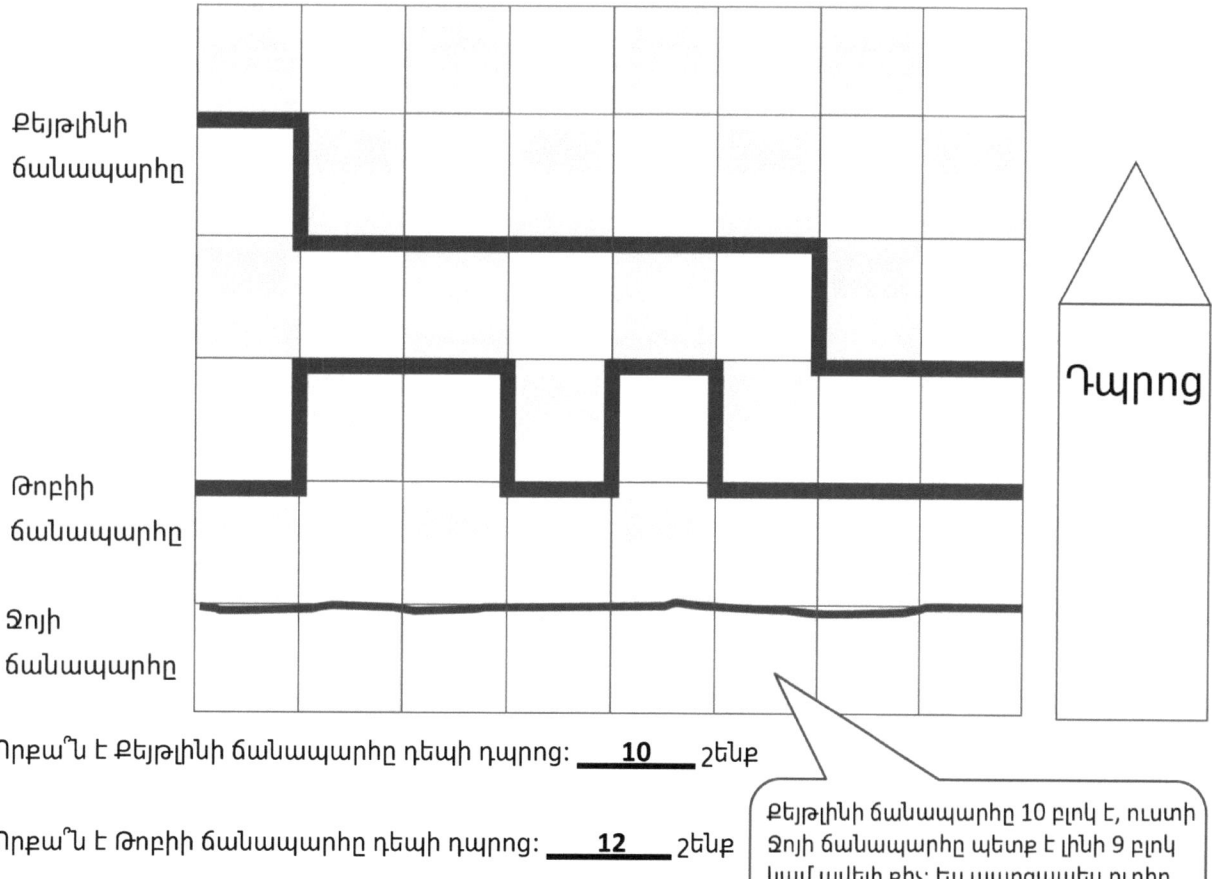

5. Որքա՞ն է Քեյթլինի ճանապարհը դեպի դպրոց: **10** շենք

6. Որքա՞ն է Թոբիի ճանապարհը դեպի դպրոց: **12** շենք

7. Ջոյի ճանապարհն ավելի կարճ է, քան Քայթլինը: Նկարե՛ք Ջոյի ճանապարհը:

Քեյթլինի ճանապարհը 10 բլոկ է, ուստի Ջոյի ճանապարհը պետք է լինի 9 բլոկ կամ ավելի քիչ: Ես պարզապես ուղիղ գիծ եմ գծել Ջոյի ճանապարհի համար, և այն դառնում է 8 բլոկ:

Շրջանակի մեջ վերցրեք այն բառերը, որոնք նախադասությունը ճիշտ կդարձնեն:

8. Թոբիի ճանապարհը ավելի երկար/ավելի կարճ է, քան Ջոյի ճանապարհը:

9. Ո՞վ է անցնում ամենակարճ ճանապարհը դեպի դպրոց: ***Ջոն***

Ջոյի ճանապարհն ամենակարճն է: Ուղիղ դպրոց ընդամենը 8 բլոկ է՝ առանց շրջադարձերի: Թոբիի ճանապարհը 12 բլոկ է: 12 բլոկն ավելի երկար զբոսանք է, քան 8 բլոկը:

10. Ճանապարհները դասավորեք հերթականությամբ՝ ամենակարճից՝ ամենաերկարը:

Ջո ***Քեյթին*** ***Թոբի***

EUREKA MATH Դաս 3. Հերթականությամբ դասավորե՛ք երեք երկարություններ՝ օգտագործելով անուղղակի համեմատություն 299

ՄԻԱՎՈՐՆԵՐԻ ՊԱՏՄՈՒԹՅՈՒՆ　　　　Դաս 3 Տնային աշխատանք

Անուն _____　　Ամսաթիվ _____

1. Պարտեզից դեպի ծառ ընկած ճանապարհն ավելի երկար է, քան ծառից մինչև ծաղիկներ։ Շրջանակի մեջ վերցրե՛ք ավելի կարճ ճանապարհը։

պարտեզից դեպի ծառ

ծառից մինչև ծաղիկներ

　　　　　　　　　　　　　　　　　　　　　　　　　　　Ծաղիկներ

Պարտեզ　　　　　　　　　　　Ծառ

Օգտագործե՛ք նկարը՝ ուղղանկյունների վերաբերյալ հարցերին պատասխանելու համար։

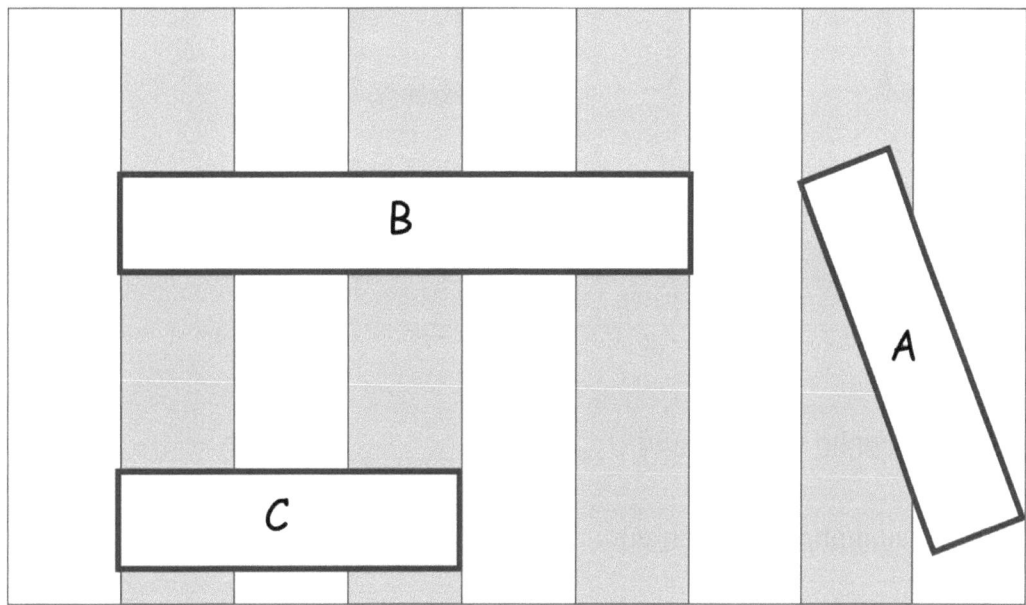

2. Ո՞րն է ամենաերկար ուղղանկյունը։ _____

3. Եթե ուղղանկյուն A-ն ավելի երկար է, քան ուղղանկյուն C-ն, ապա ամենակարճ ուղղանկյունն է _____.

Դաս 3.　Հերթականությամբ դասավորե՛ք երեք երկարություններ՝ օգտագործելով անուղղակի համեմատություն

301

4. Ուղղանկյունները դասավորեք ամենակարճից՝ ամենաերկարը:

____________________ ____________________ ____________________

Օգտագործե՛ք նկարը՝ պատասխանելու երեխաների՝դեպի ծովափ ճանապարհի մասին հարցերին:

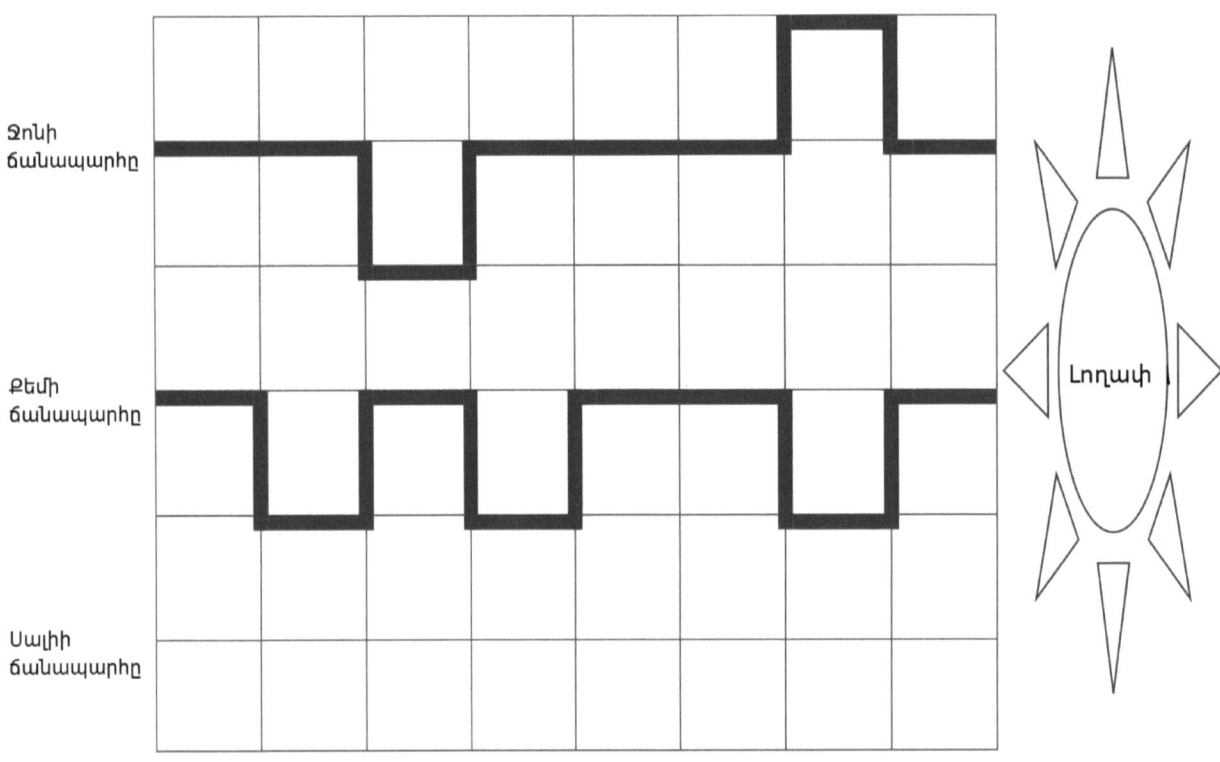

5. Որքա՞ն է Ջոյի ճանապարհը մինչև լողափ: ____________________ շենք

6. Որքա՞ն է Քամի ճանապարհը մինչև լողափ: ____________________ շենք

7. Ջոյի ճանապարհն ավելի երկար է, քան Սալիինը: Նկարե՛ք Սալիի ճանապարհը:

Շրջանակի մեջ վերցրեք այն բառը, որոնք նախադասությունը ճիշտ կդարձնի:

8. Կամիի ճանապարհն **ավելի երկար է/կարճ է**, քան Սալիի ճանապարհը:

9. Ո՞վ ամենակարճ ճանապարհով հասավ լողափ: ____________________________

10. Ճանապարհները դասավորեք հերթականությամբ՝ ամենակարճից՝ ամենաերկարը:

____________________ ____________________ ____________________

Օգտագործե՛ք նկարի երկարությունը՝ Ձեր խորանարդներով: Լրացրե՛ք ստորև պնդումը:

1. Մատիտը 3 սանտիմետր խորանարդ է:

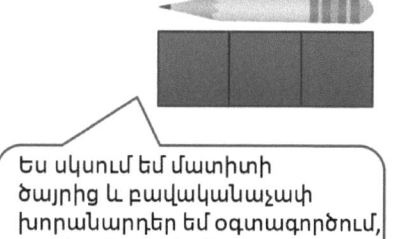

Կարող եմ մատիտը չափել իմ սանտիմետր խորանարդներով: Ես պետք է շարեմ վերջնակետերը և համոզվեմ, որ յուրաքանչյուր խորանարդի միջև տարածություն չկա:

Ես սկսում եմ մատիտի ծայրից և բավականաչափ խորանարդներ եմ օգտագործում, որպեսզի դեպի ջնջիչ ամբողջ ճանապարհին անցնեմ:

2. Շրջանակի մեջ վերցրե՛ք այն նկարը, որը ցույց է տալիս չափելու ճիշտ ձևը:

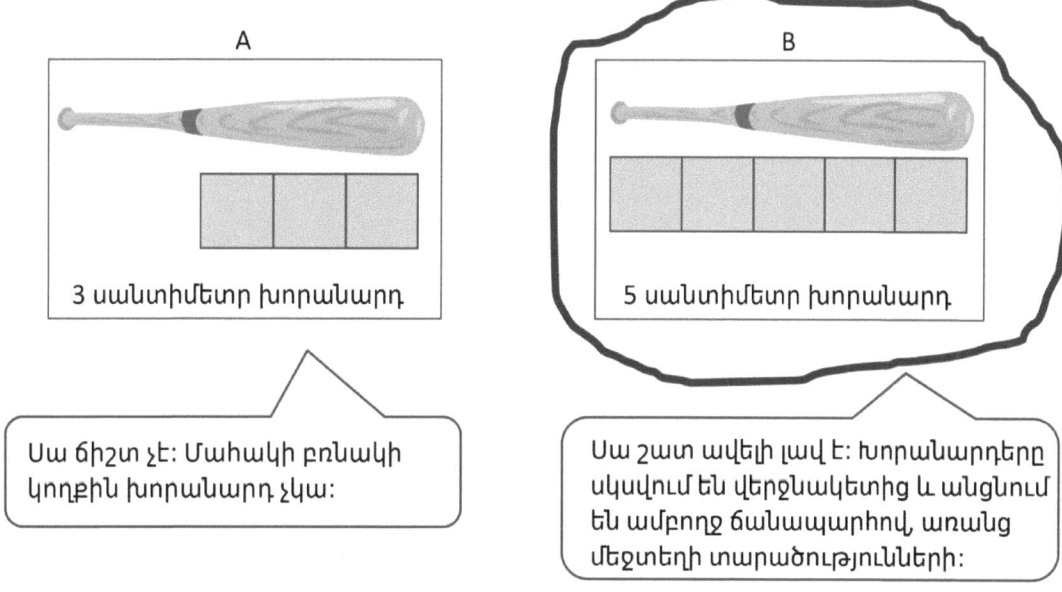

A

3 սանտիմետր խորանարդ

B

5 սանտիմետր խորանարդ

Սա ճիշտ չէ: Մահակի բռնակի կողքին խորանարդ չկա:

Սա շատ ավելի լավ է: Խորանարդները սկսվում են վերջնակետից և անցնում են ամբողջ ճանապարհով, առանց մեջտեղի տարածությունների:

3. Բացատրե՛ք, թե ի՞նչն է սխալ այդ նկարի չափումների մեջ, որ դուք ՉԵՔ առել շրջանակի մեջ:

Այն նկարը, որը ցույց է տալիս 3 խորանարդների չափումները սխալ է, որովհետև խորանարդները մինչև վերջ չեն գնում մինչև չոջիկը: Խորանարդները չեն սկսում վերջից կամ վերջանում վերջնակետում: Չկան բավարար խորանարդներ:

Անուն ______________________________ Ամսաթիվ ______________

Չափե՛ք յուրաքանչյուր նկարի երկարությունը Ձեր խորանարդներով: Լրացրե՛ք ստորև պնդումը:

1. Չուփաչուփսը _______ սանտիմետր խորանարդ երկարություն ունի:

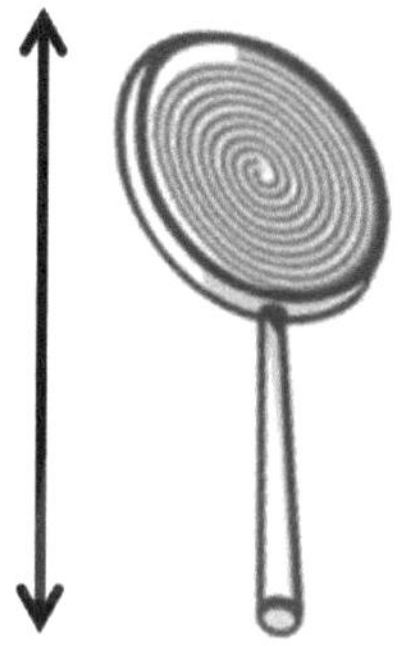

2. Դրոշմանիշը _______ սանտիմետր խորանարդ երկարություն ունի:

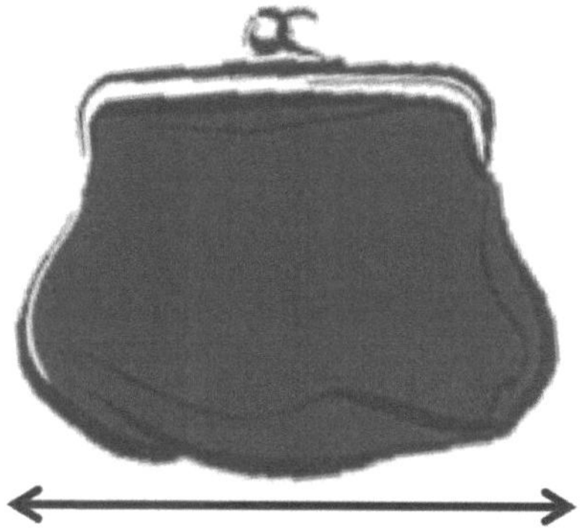

3. Դրամապանակը _______ սանտիմետր խորանարդ երկարություն ունի:

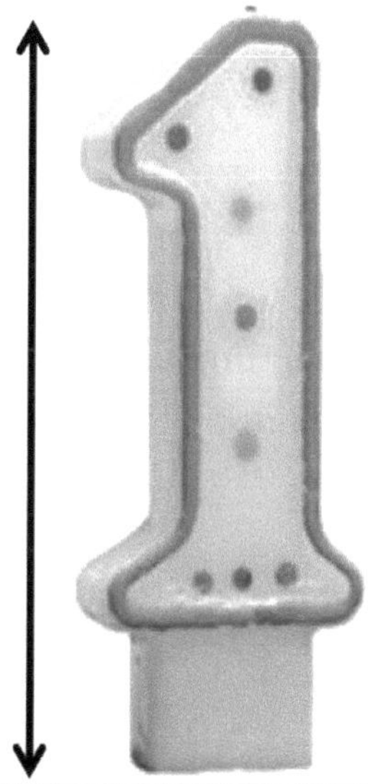

4. Մոմը _______ սանտիմետր խորանարդ երկարություն ունի:

Դաս 4. Արտահայտե՛ք առարկայի երկարությունը՝ օգտագործելով սանտիմետր խորանարդներ որպես երկարության միավոր չափելու համար՝ առանց բացթողումների կամ համընկնումների

Copyright © Great Minds PBC

5. Նետը _____ սանտիմետր խորանարդ երկարություն ունի:

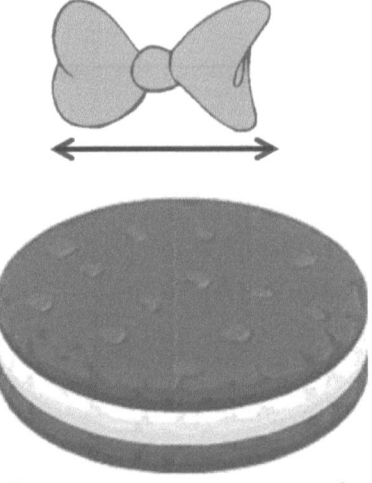

6. Խմորեղենը _____ սանտիմետր խորանարդ երկարություն ունի:

7. Բաժակը մոտավորապես _____ սանտիմետր խորանարդ երկարություն ունի:

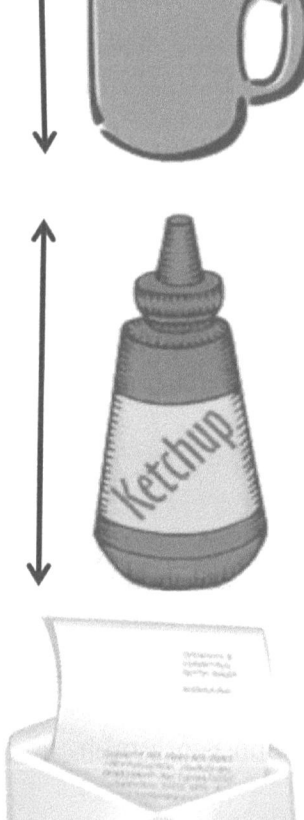

8. Կետչուփը մոտավորապես _____ սանտիմետր խորանարդ երկարություն ունի:

9. Ծրարը մոտավորապես _____ սանտիմետր խորանարդ երկարություն ունի:

10. Շրջանակի մեջ վերցրե՛ք այն նկարը, որը ցույց է տալիս չափելու ճիշտ ձևը:

A

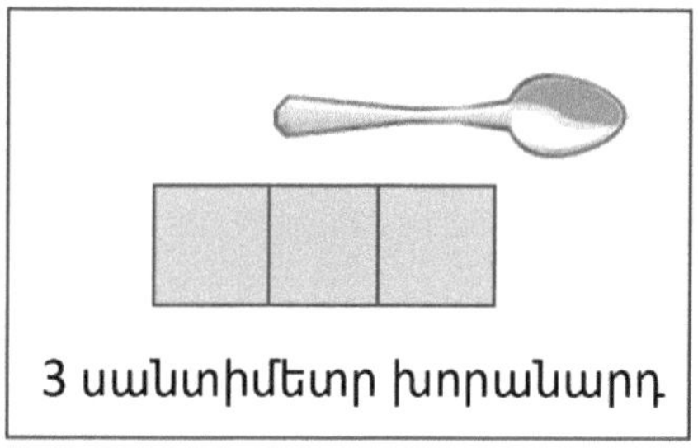

3 սանտիմետր խորանարդ

B

4 սանտիմետր խորանարդ

C

4 սանտիմետր
խորանարդ

D

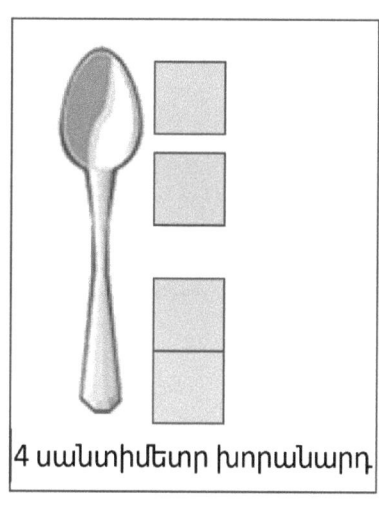

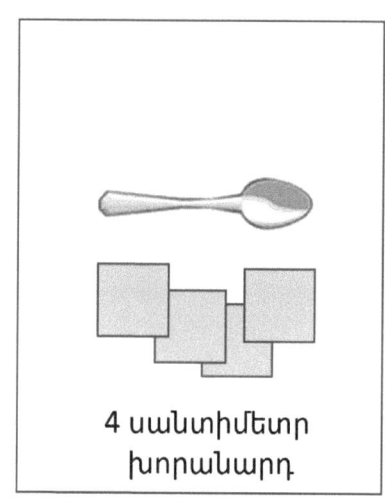

4 սանտիմետր խորանարդ

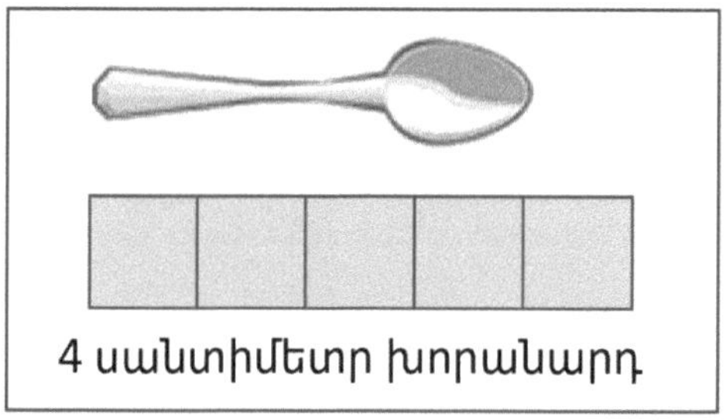

11. Բացատրե՛ք ինչն է սխալ այդ նկարի չափումների մեջ, որ դուք ՉԵՔ առել շրջանակի մեջ:

1. Օգտագործեք սանտիմետր խորանարդներ՝ ստորև նկարը չափելու համար: Լրացրե՛ք նախադասությունները:

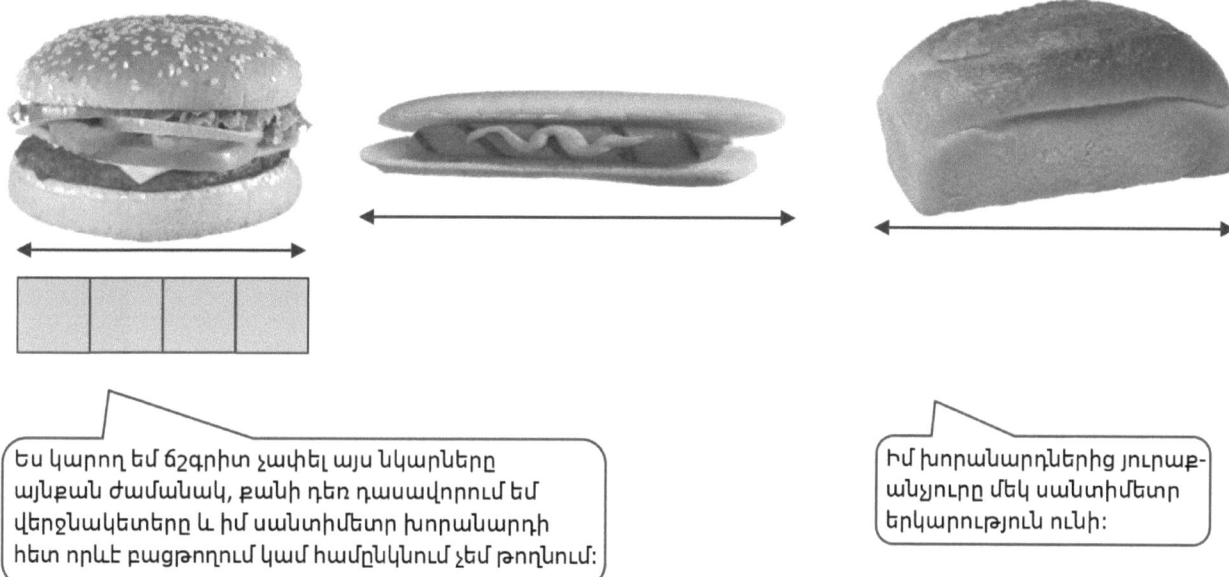

Ես կարող եմ ճշգրիտ չափել այս նկարները այնքան ժամանակ, քանի դեռ դասավորում եմ վերջնակետերը և իմ սանտիմետր խորանարդի հետ որևէ բացթողում կամ համընկնում չեմ թողնում:

Իմ խորանարդներից յուրաքանչյուրը մեկ սանտիմետր երկարություն ունի:

ա. Համբուրգերի նկարը __4__ սանտիմետր երկարություն ունի:

բ. Հոթ դոգի նկարը __6__ սանտիմետր երկարություն ունի:

գ. Հացի նկարը 5 սանտիմետր երկարություն ունի:

Հացի նկարը չափվում է 5 սանտիմետր խորանարդ եկարությամբ: Դա 5 սանտիմետր է:

EUREKA MATH Դաս 5. Վերանվանե՛ք և չափեք սանտիմետր խորանարդով՝ օգտագործելով սանտիմետրի ստանդարտ միավորի անվանումը 311

2. Օգտագործե՛ք նկարի չափումները՝ հերթականությամբ դասավորելու համար համբուրգերի նկարը, հոթ դոգի նկարը և հացի նկարը՝ ամենաերկարից՝ ամենակարճը: Կարող եք օգտագործել նկարներ կամ անուններ՝ նկարները հերթականությամբ շարելու համար:

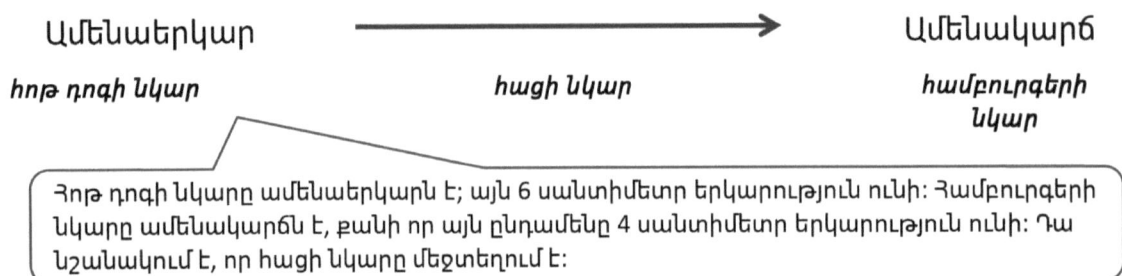

Ամենաերկար → Ամենակարճ

հոթ դոգի նկար ***հացի նկար*** ***համբուրգերի նկար***

Հոթ դոգի նկարը ամենաերկարն է; այն 6 սանտիմետր երկարություն ունի: Համբուրգերի նկարը ամենակարճն է, քանի որ այն ընդամենը 4 սանտիմետր երկարություն ունի: Դա նշանակում է, որ հացի նկարը մեջտեղում է:

3. Լրացրեք դատարկ տեղերը՝ պնդումները ճշգրտելու համար: (Կարող է լինել մեկից ավելի ճիշտ պատասխան:)

ա. Հոթ դոգի նկարը ավելի երկար է, քան ***հացի*** նկարը:

բ. Հացի նկարը ավելի երկար է, քան ***համբուրգերի*** նկարը և ավելի կարճ է, քան ***հոթ դոգի*** նկարը:

գ. Եթե բանանի նկար ավելացվի, որը ավելի երկար է, քան հացի նկարը, այն նաև ավելի երկար կլինի՞, քան մյուս նկարները: ***համբուրգեր***

EUREKA MATH

Անուն _____ Ամսաթիվ _____

1. Ժաստինը հավաքում է ստիկերներ։ Օգտագործե՛ք սանտիմետր խորանարդներ՝ չափելու համար Ժաստինի ստիկերները։ Լրացրե՛ք նախադասությունները Ժաստինի ստիկերների մասին։

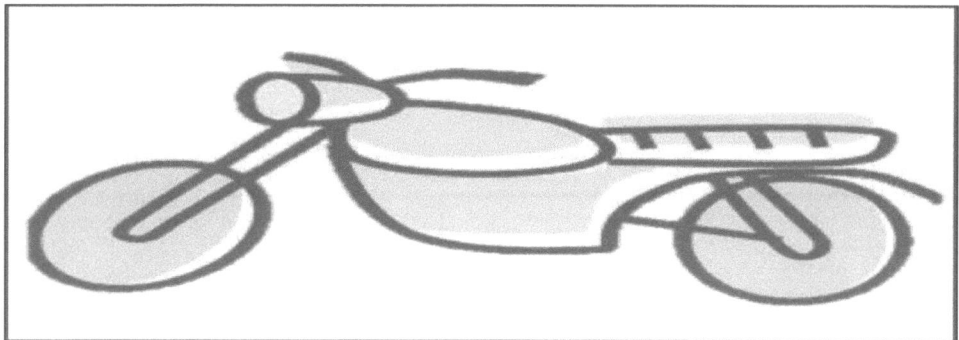

ա. Մոտոցիկլետի ստիկերը _____ սանտիմետր երկարություն ունի։

բ. Մեքենայի ստիկերը _____ սանտիմետր երկարություն ունի։

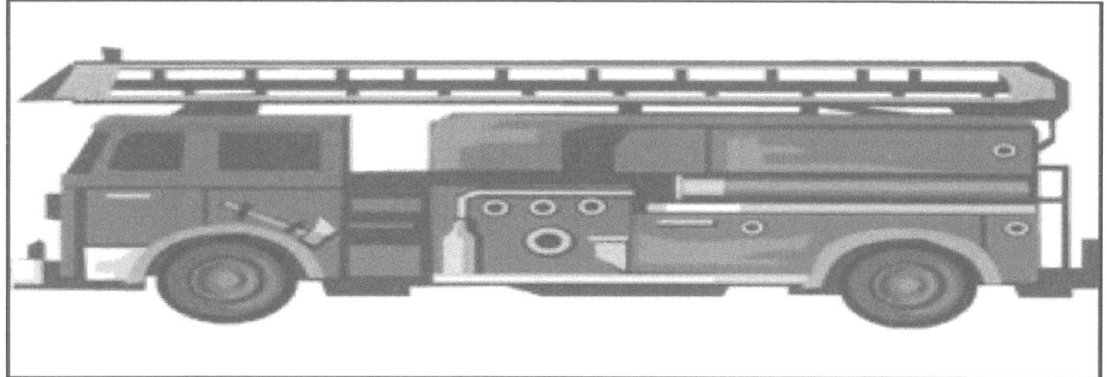

գ. Հրշեջ մեքենայի ստիկերը _____ սանտիմետր երկարություն ունի։

Դաս 5. Վերանվանե՛ք և չափեք սանտիմետր խորանարդով՝ օգտագործելով սանտիմետրի ստանդարտ միավորի անվանումը

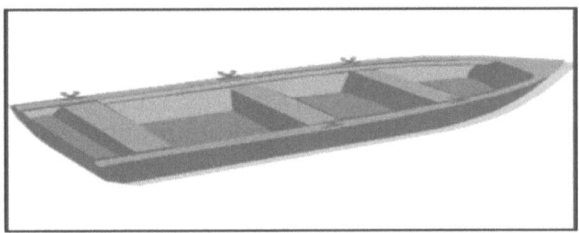

դ. Նավակի ստիկերը ________ սանտիմետր երկարություն ունի:

ե. Օդանավի ստիկերը ________ սանտիմետր երկարություն ունի:

2. Օգտագործե՛ք ստիկերների չափումները՝ հետևյալ ստիկերները հերթականությամբ շարելու համար **իրշեք մեքենան, նավակը,** և **օդանավը** ամենաերկարից՝ ամենակարճը: Կարող եք օգտագործել նկարներ կան անուններ՝ ստիկերները հերթականությամբ շարելու համար:

Ամենաերկար ⟶ Ամենակարճ

EUREKA MATH

3. Լրացրեք դատարկ տեղերը՝ պնդումները ճշգրտելու համար: (Կարող է լինել մեկից ավելի ճիշտ պատասխան:)

ա. Օդանավի ստիկերը ավելի երկար է, քան ________________ ստիկերը.

բ. Նավի ստիկերը ավելի երկար է, քան ________________ ստիկերը և ավելի կարճ,

քան ________________ ստիկերը:

գ. Մոտոցիկլետի ստիկերը ավելի կարճ է, քան ______________ ստիկերը և ավելի

երկար է, քան ______________ ստիկերը:

դ. Եթե Ժաստինը ծեռք բերի նոր ստիկեր, որն ավելի երկար է, քան նավակը, ապա այն

նաև ավելի երկար կլինի քան ո՞ր ստիկերները: ____________________

1. Հերթականությամբ դասավորե՛ք միջատները՝ ամենաերկարից ամենակարճը՝ գրելով միջատի անունը գծերի վրա: Օգտագտագործե՛ք սանտիմետր խորանարդներ Ձեր պատասխանը ստուգելու համար: Յուրաքանչյուր միջատի երկարությունը գրե՛ք նկարի աջ կողմում:

Ամենաերկարից՝ ամենակարճը միջատները սրանք են

Թրթուր *Ճպուռ* *Մեղու*

Ճպուռ

5 սանտիմետր

Թրթուրը ամենաերկար միջատն է: Թրթուրը 7 սանտիմետր երկարություն ունի:

Թրթուր

7 սանտիմետր

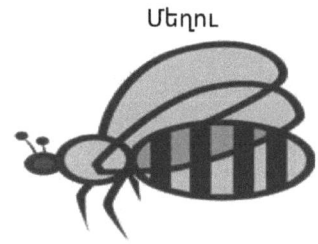

Մեղուն ամենակարճ միջատն է: Մեղուն ընդամենը 4 սանտիմետր երկարություն ունի:

Մեղու

4 սանտիմետր

2. Օգտագործե՛ք բոլոր միջատների չափերը՝ նախադասությունները ավարտելու համար:

   ա. Ճանճը ավելի երկար է, քան ***մեղուն*** և ավելի կարճ է, քան ***որդը***:

   բ. ***Մեղուն*** ամենակարճ միջատն է:

   գ. Եթե մեկ այլ միջատ ավելացվի, որը ավելի կարճ է, քան մեղուն, այդ դեպքում գրեք միջատները, որից տվյալ միջատը նույնպես ավելի կարճ է

   Նոր միջատը կլինի կարճ, քան ճանճը և թրթուրը:

   Մեղուն ամենակարճ միջատն է, այնպես որ, եթե միջատը մեղվից կարճ է, այն նաև կարճ է մնացած բոլոր միջատներից:

3. Տանիան պատրաստում է խորանարդների աշտարակ, որը 3 սանտիմետրով ավելի բարձր է, քան Վինսի աշտարակը: Եթե Վինսի աշտարակը 9 սանտիմետր բարձրություն ունի, ապա որքա՞ն է Տանիայի աշտարակը:

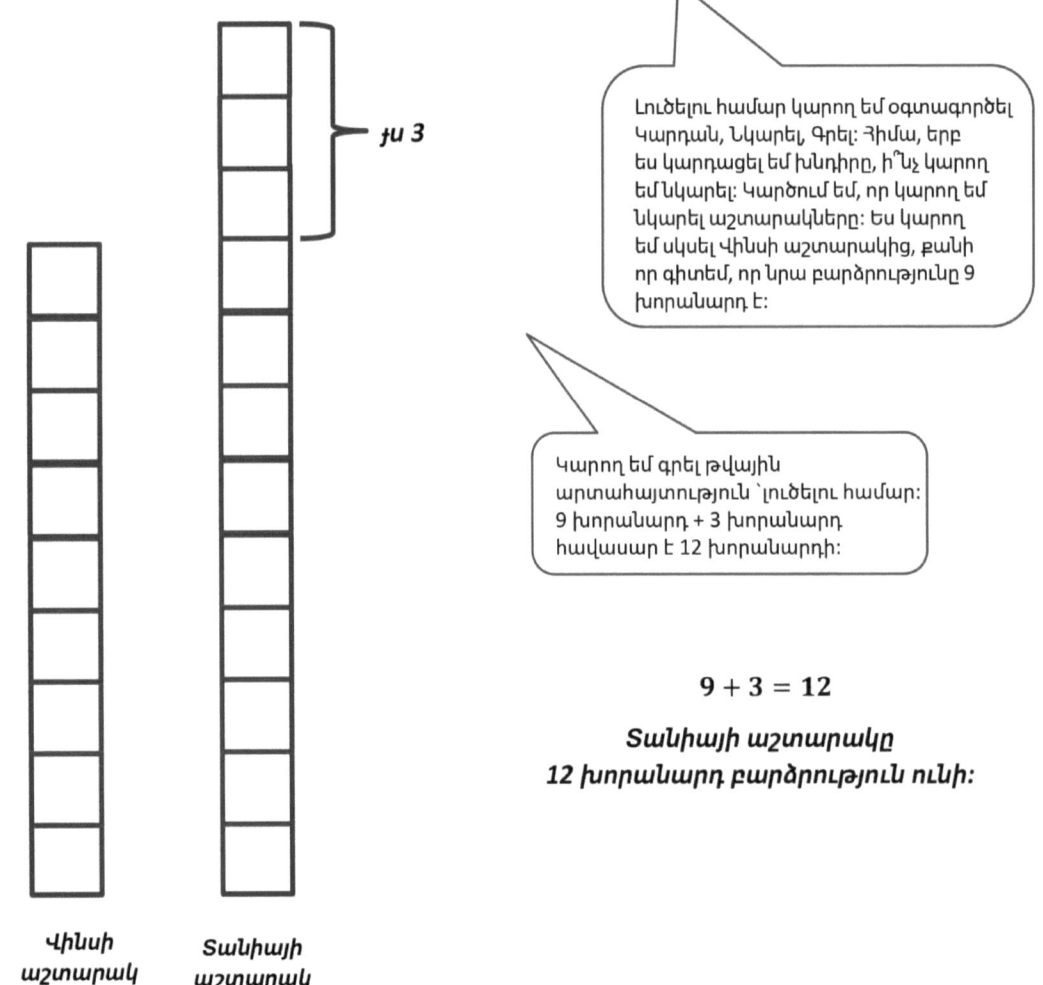

Վինսի աշտարակ ***Տանիայի աշտարակ***

Լուծելու համար կարող եմ օգտագործել Կարդալ, Նկարել, Գրել: Հիմա, երբ ես կարդացել եմ խնդիրը, ի՞նչ կարող եմ նկարել: Կարծում եմ, որ կարող եմ նկարել աշտարակները: Ես կարող եմ սկսել Վինսի աշտարակից, քանի որ գիտեմ, որ նրա բարձրությունը 9 խորանարդ է:

Կարող եմ գրել թվային արտահայտություն `լուծելու համար: 9 խորանարդ + 3 խորանարդ հավասար է 12 խորանարդի:

$$9 + 3 = 12$$

Տանիայի աշտարակը
12 խորանարդ բարձրություն ունի:

ՄԻԱՎՈՐՆԵՐԻ ՊԱՏՄՈՒԹՅՈՒՆ   Դաս 6 Տնային աշխատանք 1•3

Անուն _____   Ամսաթիվ _____

1. Նատաշայի ուսուցիրը ցանկանում է, որ նա ձկները շարի հերթականությամբ՝ ամենաերկարից՝ ամենակարճը։ Չափե՛ք յուրաքանչյուր ձուկը սանտիմետր խորանարդներով, որ Ձեր ուսուցիչը տվել է Ձեզ։

Ա

Բ

_____ սանտիմետրեր

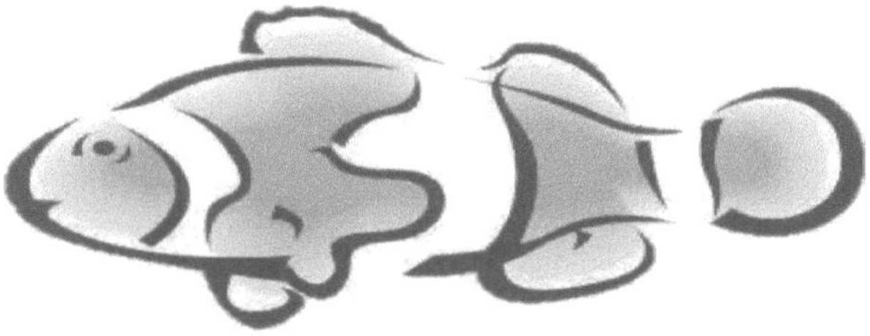

_____ սանտիմետրեր

Դ

_____ սանտիմետրեր

C

_____ սանտիմետրեր

Ե

_____ սանտիմետրեր

2. Հերթականությամբ դասավորեք A, B, և C ձկները՝ ամենաերկարից՝ ամենակարճը։

_____   _____   _____

Դաս 6. Հերթականությամբ դասավորեք, չափեք և համեմատեք առարկաների երկարություն՝ սանտիմետր խորանարդներով չափելուց առաջ և հետո և դա անելիս *համեմատե՛ք տարբեր անհայտ բառային խնդիրները*

319

3. Օգտագործե՛ք ձկան բոլոր չափումները՝ նախադասությունները լրացնելու համար:

   ա. Ձուկ A-ն ավելի երկար է քան Ձուկ _____ և ավելի կարճ է, քան Ձուկ _____:

   բ. Ձուկ C ավելի կարճ է, քան Ձուկ _____ և ավելի երկար է, քան Ձուկ _____:

   գ. Ձուկ _____ ամենակարճ ձուկն է:

   դ. Եթե Նատաշան ստանա նոր ձուկ, որն ավելի կարճ է, քան Ձուկ A, այդ դեպքում գրեք այն ձկները, որոնք ավելի կարճ են, քան նոր ձուկը:

Օգտագործե՛ք սանտիմետր խորանարդներ՝ մոդելավորելու համար յուրաքանչյուրի երկարությունը և պատասխանե՛ք հարցին:

4. Հենրին ստացավ նոր մատիտ, որը 19 սանտիմետր երկարություն ունի։ Նա սրեց մատիտը մի քանի անգամ։ Եթե մատիտը հիմա 9 սանտիմետր է, որքանո՞վ է կարճ մատիտը, քան երբ նոր էր։

5. Մալիկը և Ջերդը յուրաքանչյուրը գտան մի փայտ այգում։ Մալիկը գտավ փայտ, որը 11 սանտիմետր երկարություն ուներ։ Ջերդը գտավ փայտ, որը 17 սանտիմետր երկարություն ուներ։ Որքանո՞վ էր Ջերդի փայտը ավելի երկար։

Չափե՛ք առարկաները թղթի մեծ սեղմակներով (որը ներառված է Ձեր տնային աշխատանքի գործերի մեջ) և հետո նորից՝ փոքր սեղմակներով (որը ներառված է Ձեր տնային աշխատանքի գործերի մեջ):

Լրացրե՛ք սխեման էջի հակառակ կողմում չափումներով:

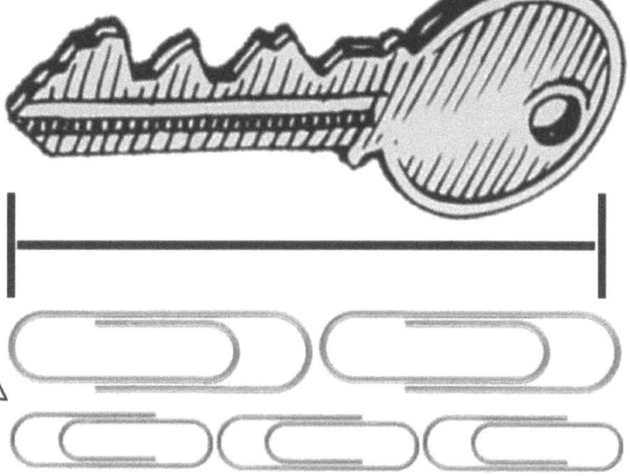

Թղթի ամրակները դնում եմ վերջից մինչև վերջ, առանց բացակերի և փոխծածկումների:
Ես պետք է օգտագործեմ նույն երկարության միավորը: Ես կարող եմ օգտագործել բոլոր մեծ թղթե ամրակները կամ բոլոր փոքր թղթե ամրակները, բայց ես չեմ կարող խառնել մեծ թղթե ա մրակներըև փոքր թղթի ամրակները:

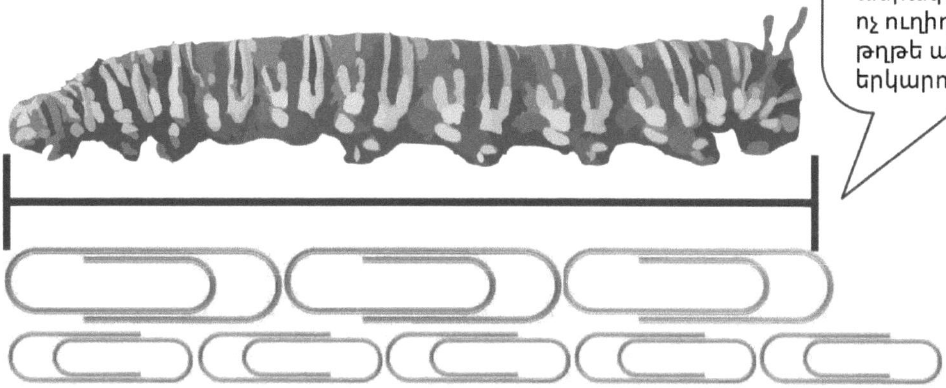

Թրթուրը մոտ 5 փոքր թղթե ամրակի երկարության է: Դա ավելի երկար է, քան 4 փոքր թղթե ամրակները, բայց ոչ ուղիղ 5 փոքր թղթե ամրակների երկարության չափ:

Դաս 7. Չափեք նույն առարկաները Topic B-ից՝ տարբեր ոչ ստանդարտ միավորներով՝ միաժամանակ հաշվի առեք հաստատուն միավորով չափելու անհրաժեշտությունը

ՄԻԱՎՈՐՆԵՐԻ ՊԱՏՄՈՒԹՅՈՒՆ   Դաս 7 Տնային աշխատանքների օգնական   1•3

Առարկայի անվանումը	Երկարությունը մեծ թղթե ամրակներով	Երկարությունը փոքր թղթե ամրակներով
a. բանալի	2	3
b. թրթուր	3	5

> Ես գիտեի, որ փոքր թղթի ամրակներով երկարությունն ավելի մեծ թիվ է։ Որքան փոքր է երկարության միավորը, այնքան մեծ է չափումը։

Թղթի մեծ սեղմակ

Թղթի փոքր սեղմակ

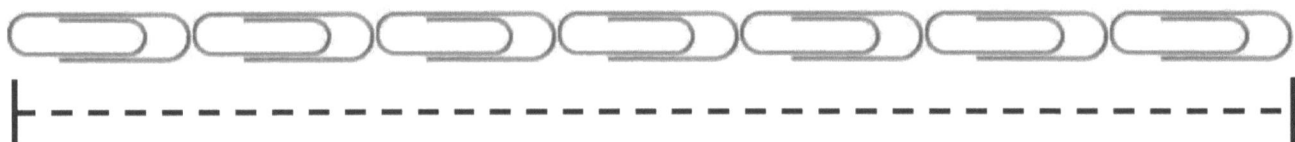

Դաս 7. Չափեք նույն առարկաները Topic B-ից՝ տարբեր ոչ ստանդարտ միավորներով՝ միաժամանակ հաշվի առեք հաստատուն միավորով չափելու անհրաժեշտությունը

Անուն ______________________________ Ամսաթիվ ____________

Կտրեք թղթի սեղմակների ժապավենը: Չափե՛ք յուրաքանչյուր առարկայի երկարությունը **մեծ** թղթի սեղմակներով՝ աջ կողմում: Այնուհետև՝ չափե՛ք երկարությունը **փոքր** թղթի սեղմակներով՝ ձախ կողմում:

1. Լրացրե՛ք սխեման էջի հակառակ կողմում չափումներով:

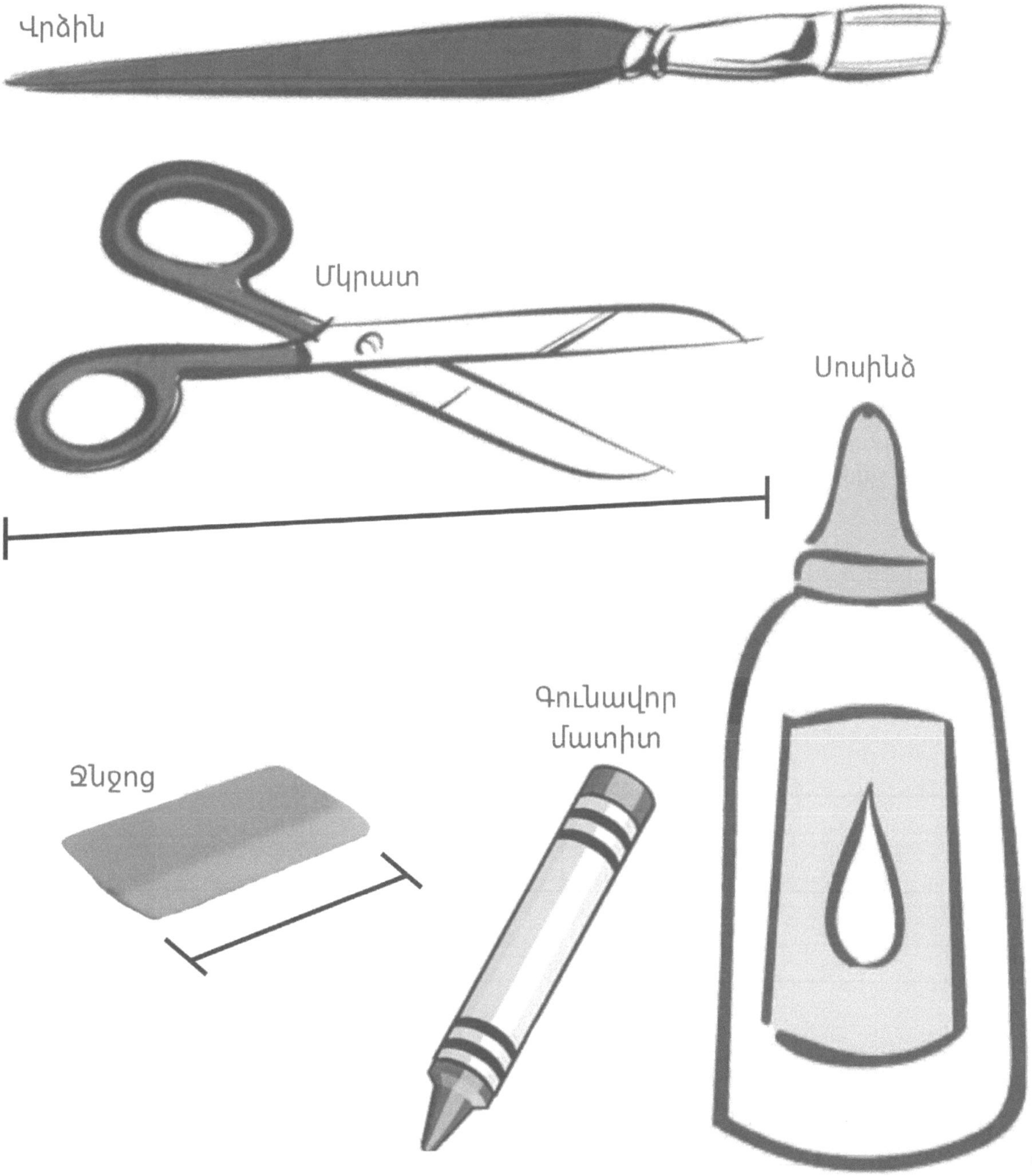

Վրձին
Մկրատ
Սոսինձ
Գունավոր մատիտ
Ջնջոց

Դաս 7. Չափեք նույն առարկաները Topic B-ից՝ տարբեր ոչ ստանդարտ միավորներով՝ միաժամանակ հաշվի առեք հաստատուն միավորով չափելու անհրաժեշտությունը

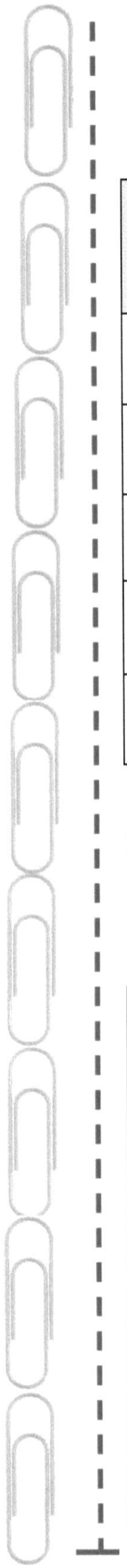

ՄԻԱՎՈՐՆԵՐԻ ՊԱՏՄՈՒԹՅՈՒՆ　　　　　　　　　　　Դաս 7 Տնային աշխատանք　1•3

Առարկայի անվանումը	Երկարությունը մեծ թղթի սեղմակներով	Երկարությունը փոքր թղթի սեղմակներով
ա. վրձին		
բ. մկրատ		
գ. ջնջոց		
դ. կրեյոն		
ե. սոսինձ		

2. Ձեր տանը առարկաներ գտե՛ք չափելու համար։ Նշեք Ձեր գտած առարկաները և դրանց չափումները սխեմայի վրա։

Առարկայի անվանումը	Երկարությունը մեծ թղթի սեղմակներով	Երկարությունը փոքր թղթի սեղմակներով
ա.		
բ.		
գ.		
դ.		
ե.		

Դաս 7.　Չափեք նույն առարկաները Topic B-ից՝ տարբեր ոչ ստանդարտ միավորներով՝ միաժամանակ հաշվի առեք հաստատուն միավորով չափելու անհրաժեշտությունը

1. Շրջանակի մեջ վերցրե՛ք երկարության միավորը, որը պետք է օգտագործեք չափելիս: Երկարության միևնույն միավորը օգտագործեք բոլոր առարկաների համար:

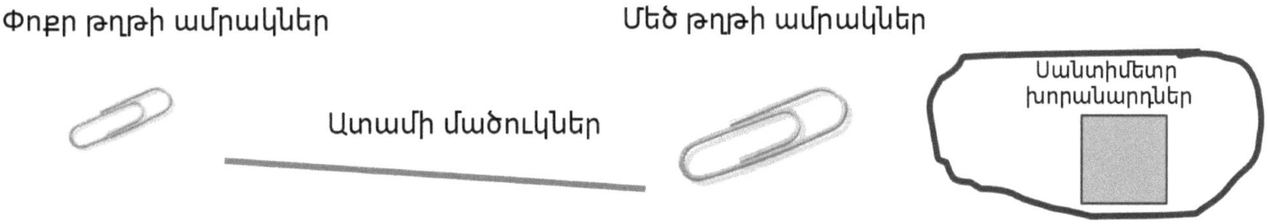

Փոքր թղթի ամրակներ
Ատամի մածուկներ
Մեծ թղթի ամրակներ
Սանտիմետր խորանարդներ

Չափե՛ք սխեմայում նշված յուրաքանչյուր առարկան և նշե՛ք չափումը: Ավելացրեք այլ առարկաներ Ձեր դասասենյակից և նշեք չափումները:

Դասարանի առարկա	Չափում
ա. սոսինձ	***8 սանտիմետր խորանարդ***
բ. չոր ջնջվող մարկեր	***12 սանտիմետր խորանարդ***
գ. չսրված մատիտ	***19 սանտիմետր խորանարդ***
դ. Նոր կրեյոն	***9 սանտիմետր խորանարդ***

2. Դուք չե՞ք մոռացել ավելացնել երկարության միավորի անվանումը թվից հետո այո Ոչ

Ես պետք է ասեմ սանտիմետր խորանարդներ: Եթե ոչ, ինչ-որ մեկը կարող է մտածել, որ չափում եմ ինչ-որ այլ խորանարդի հետ:

Դաս 8. Յասկացե՛ք, որ պետք է օգտագործեք նույն միավորները երբ համեմատում եք չափումները

325

Copyright © Great Minds PBC

3. Սխեմայից վերցրե՛ք 3 առարկա: Ձեր առարկաները նշեք՝ ամենաերկարից՝ ամենակարճը:

ա. ***չորված մատիտ***

բ. ***չոր ջնջվող մարկեր***

գ. ***սոսինձ***

Ես սկսեցի չափել ամենաերկար բանը՝ չորված մատիտը: Հետո ես գրեցի ամենակարճը ՝ սոսինձը: Այնուհետև ես չոր ջնջիչի մարկերը դրեցի մեջտեղում, քանի որ այն կարճ է, քան չորված մատիտը, բայց սոսինձից ավելի երկար է:

326 Դաս 8. Հասկացե՛ք, որ պետք է օգտագործեք նույն միավորները երբ համեմատում եք չափումները

ՄԻԱՎՈՐՆԵՐԻ ՊԱՏՄՈՒԹՅՈՒՆ   Դաս 8 Տնային աշխատանք 1•3

Անուն _____ Ամսաթիվ _____

Շրջանակի մեջ վերցրե՛ք երկարության միավորը, որը պետք է օգտագործեք չափելիս։ Երկարության միևնույն միավորը օգտագործեք բոլոր առարկաների համար։

Փոքր թղթի ամրակներ   Մեծ թղթի ամրակներ

Ատամի մածուկներ    Սանտիմետր խորանարդներ

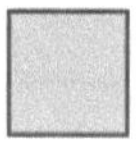

1. Չափե՛ք սխեմայում նշված յուրաքանչյուր առարկան և նշե՛ք չափումը։ Ավելացրեք Ձեր տան առարկաների անվանումները և նշե՛ք չափումները։

Տան առարկա	Չափում
ա. պատառաքաղ	
բ. նկարի երիզակ	
գ. թավա	
դ. կոշիկ	

Դաս 8. Հասկացե՛ք, որ պետք է օգտագործեք նույն միավորները երբ համեմատում եք չափումները

ՄԻԱՎՈՐՆԵՐԻ ՊԱՏՄՈՒԹՅՈՒՆ Դաս 8 Տնային աշխատանք 1•3

Տան առարկա	Չափում
ե. խաղալիք կենդանի	
զ.	
է.	

Դուք չե՞ք մոռացել ավելացնել երկարության միավորի անվանումը թվից հետո։ Այո Ոչ

2. Սխեմայից վերցրե՛ք 3 առարկա։ Ձեր առարկաները նշեք՝ ամենաերկարից՝ ամենակարճը։

  ա. _____

  բ. _____

  գ. _____

1. Նայեք ստորև նկարին։ Որքանո՞վ է երկար Կիթառ A-ը՝ Կիթառ B-ից։

Կիթառ A- ն **1** միավոր(ներ)
երկար է Կիթառ B-ից։

Կիթառ A- ն 4 միավոր է։
Կիթառ B- ն 3 միավոր է։
4 - 3 = 1, այնպես որ Կիթառ
A- ն 1 միավորով ավելի երկար է։

2. Չափե՛ք յուրաքանչյուր առարկան սանտիմետր խորանարդով։

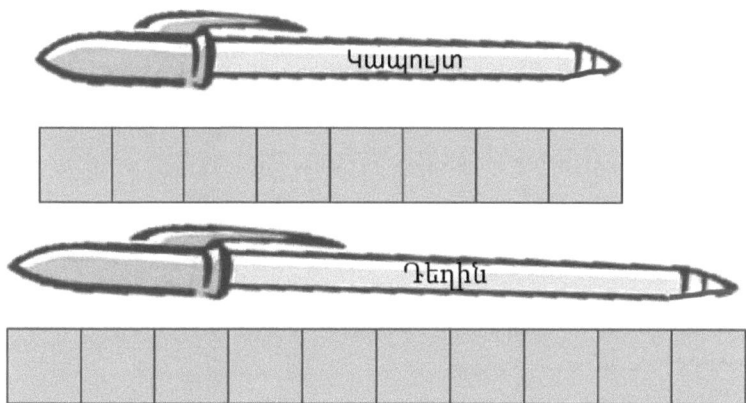

Կապույտ գրիչը __**8** սանտիմետր խորանարդ է__ ։

Դեղին գրիչը __**10** սանտիմետր խորանարդ է__ ։

3. Որքա՞ն **ավելի երկար** է դեղին գրիչը՝ համեմատած կապույտ գրիչի:

   Դեղին գրիչը __2__ սանտիմետր ավելի երկար է, քան կապույտ գրիչը:

Օգտագործե՛ք սանտիմետր խորանարդներ՝ մոդելավորելու համար խնդիրը: Այնուհետև՝ լուծե՛ք նկարելով նկար Ձեր մոդելի և գրելով թվային նախադասություն և պնդում:

4. Ուստինը ցանկանում է գնացք պատրաստել որը 13 սանտիմետ խորանարդ երկարություն ունի: Եթե գնացքը արդեն 9 սանտիմետր խորանարդ է, քանի՞ խորանարդ է պահանջվում:

$9 + \boxed{4} = 13$

Օսթինին պետք է ևս 4 խորանարդ:

Ես կարող եմ օգտագործել գումարման կամ հանման արտահայտություն՝ լուծելու համար: Ես կարող եմ ասել 13 - 9 = 4, կամ կարող եմ ասել 9 + 4 = 13:

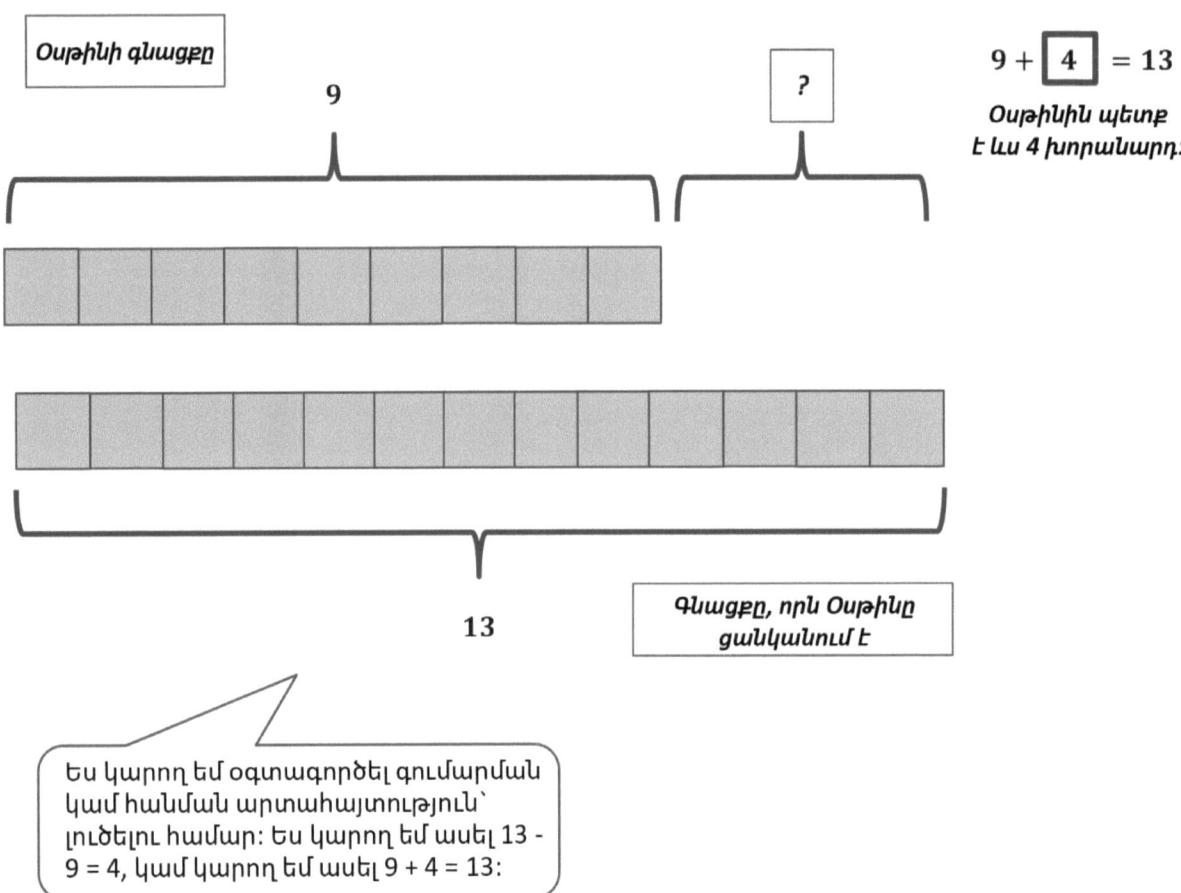

Անուն ______________________________ Ամսաթիվ ________________

1. Նայեք ստորև նկարին: Որքա՞ն ավելի կարճ է Մրցանակ A-ը Մրցանակ B-ից:

Մրցանակ A-ն ________ միավոր **ավելի կարճ է** քան Մրցանակ B-ն:

2. Չափե՛ք յուրաքանչյուր առարկան սանտիմետր խորանարդով:

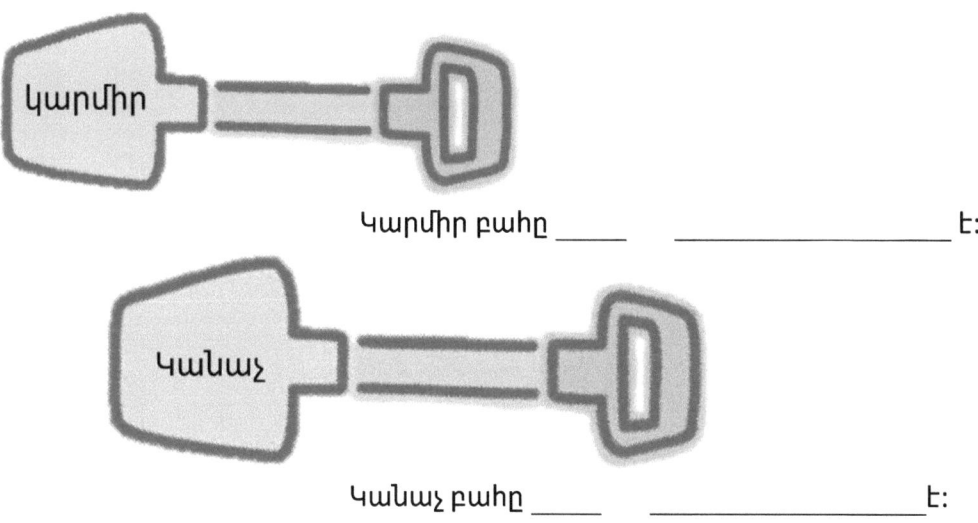

Կարմիր բահը _____ ________________ է:

Կանաչ բահը _____ ________________ է:

3. Որքա՞ն **ավելի երկար է** կանաչ բահը կարմիր բահից:
Կանաչ բահը _____ սանտիմետր **ավելի երկար է** կարմիր բահից:

Դաս 9. Պատասխանե՛ք, *համեմատե՛ք անհայտ տարբերությամբ* խնդիրները՝ տարբեր առարկաների երկարության վերաբերյալ, որոնք չափվել են սանտիմետրով

Օգտագործե՛ք սանտիմետր խորանարդներ՝ մոդելավորելու համար խնդիրը:. Այնուհետև՝ լուծե՛ք նկարելով նկար Ձեր մոդելի և գրելով թվային նախադասություն և պնդում:

4. Սուսանը մեծացավ 15 սանտիմետրով, իսկ Թայլերը մեծացավ 11 սանտիմետրով: Որքանո՞վ **ավելի** Սուսանը մեծացավ Թայլերից:

5. Բոբի ձողիկները 13 սանտիմետր են: Եթե Թոմի ձողիկները 6 սանտիմետր են, որքա՞ն **ավելի կարճ են** Թոմի ձողիկները, քան Բոբինը:

6. Վարդագույն քարտը 8 սանտիմետր է: Կարմիր քարտը 12 սանտիմետր է: Որքա՞ն **ավելի երկար է** կարմիր քարտը, քան վարդագույն քարտը:

7. Կարլի լոբու բույսը աճեց 9 սանտիմետր: Դանի լոբու բույսը աճեց 14 սանտիմետր: Որքա՞ն **ավելի բարձր է** Դանի բույսը, քան Կարլի բույսը:

Աշակերտներին հարցրեցին իրենց սիրած մրգի մասին: Օգտագործե՛ք ստորև ներկայացված տվյալները՝ հարցերին պատասխանելու համար:

Պաղպաղակի համ	Թվային նշաններ	Ձայներ
Խնձոր	||	2
Ելակ	||||	4
Բանան	~~||||~~ |||	8

1. Լրացրեք բաց թողնված տեղերը աղյուսակում՝ գրելով այն աշակերտների թիվը, որոնք քվեարկել են մրգի համար:

> Ես կարող եմ լուծել՝ ավելացնելով 2 + 4, քանի որ կան 2 ուսանողներ, ովքեր սիրում են խնձոր և 4 ուսանողներ, ովքեր սիրում են ելակ:

2. Քանի՞ աշակերտ է ընտրել խնձորը, որպես նախընտրելի միրգ:
   __2__ աշակերտ

3. Որքա՞ն է ընդհանուր թիվը աշակերտների, որոնք ընտրել են խնձորը կամ ելակը, որպես լավագույնը: __6__ աշակերտ

> Նայելով աղյուսակի նշաններին՝ հեշտ է տեսնել, որ խնձորի օգտին քվեարկել են ամենաքիչ թվով մարդիկ:

4. Ո՞ր միրգը ստացավ ամենաքիչ ձայները: ***խնձորը***

5. Որքա՞ն է աշակերտների ընդհանուր թիվը, որոնք սիրում են բանան կամ խնձոր:
   __10__ աշակերտ

6. Ո՞ր երկու համերն են հավանել 12 աշակերտները՝ ընդհանուր կտրվածքով:

   ելակ և ***բանան***

> Ես պետք է մտածեմ այն մասին, թե որ երկու թվից կարող է ստացվել 12: Կա 2, 4 և 8: 4 + 8 = 12, այնպես որ դա նշանակում է, որ ելակը և բանանը դուր եկան 12 աշակերտների:

7. Գրե՛ք գումարման նախադասություն, որը ցույց է տալիս, քանի աշակերտ է ձայն տվել իր սիրած մրգին:
   $2 + 4 + 8 = 14$

Դաս 10. Հավաքե՛ք, տեսակավորե՛ք և կազմակերպեք տվյալները, այնուհետև հարցրե՛ք և պատասխանե՛ք հարցերին տվյալների կետերի թվի վերաբերյալ

8. Մի խումբ մարդկանց հարցրեցին իրենց սիրած գույնի մասին: Կազմակերպե՛ք տվյալները՝ օգտվելով ընդհանուր նիշերից և պատասխանե՞ք հարցերին:

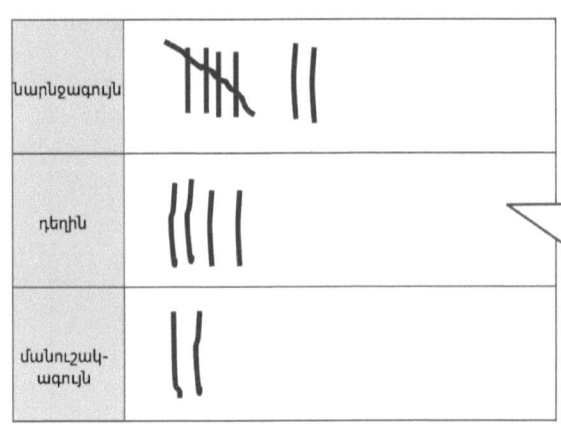

նարնջագույն
նարնջագույն
դեղին
նարնջագույն
դեղին
դեղին
կագույն
նարնջագույն
նարնջագույն
նարնջագույն
դեղին
նարնջագույն
կագույն

նարնջագույն	卌 II
դեղին	IIII
մանուշակ-ագույն	II

Ես կարող եմ հաշվել յուրաքանչյուր քվե և աղյուսակ լրացնել: Մի փոքր ավելի դժվար է, քան դասարանում էր, քանի որ չեմ կարող տեսնել, թե որոնք եմ հաշվել, այնպես որ ես պարզապես դրանք հաշվելիս ջնջում եմ:

9. Ո՞ր գույն ստացավ ամենաքիչ ձայնը: ***վարդագույնը***

10. Քանի՞ մարդ է նախընտրում դեղինը վարդագույնից:
<u>2</u> աշակերտ

Ես տեսնում եմ, որ դեղինն ունի ևս երկու համընկնում, քան մանուշակագույնը:

11. Որքա՞ն է մարդկանց ընդհանուր թիվը, որոնք սիրում են նարնջագույնը և վարդագույնը:
<u>9</u> աշակերտ

12. Ո՞ր երկու գույնի համար են ձայն տվել ընդհանուր թվով 11 մարդ:

7 ուսանող սիրում է նարնջագույն, իսկ 4 ուսանող ՝դեղին: 7 + 4 = 11.

նարնջագույն և **դեղին**

13. Գրե՛ք գումարման նախադասություն, որը ցույց է տալիս, թե քանի մարդ է ձայն տվել իր սիրած գույնին:
7 + 4 + 2 = 13

Անուն ______________________________ Ամսաթիվ ________________

Աշակերտներին հարցրեցին իրենց սիրելի պաղպաղակի համի մասին: Օգտագործե՛ք ստորև ներկայացված տվյալները՝ հարցերին պատասխանելու համար:

Պաղպաղակի համ	Թվային նշաններ	Ձայներ
Շոկոլադ	||||	
Ելակ	|||	
Խմորեղեն	𝍸 𝍸	

1. Լրացրեք բաց թողնված տեղերը աղյուսակում՝ գրելով այն աշակերտների թիվը, որոնք քվեարկել են յուրաքանչյուրիամի օգտին:

2. Որքա՞ն աշակերտ են ընտրել խմորեղենի համար՝ որպես նախընտրելի համ **որ նրանք ամենաշատն են սիրում:** ______ աշակերտ

3. Գրեք աշակերտների ընդհանուր թիվը, որոնք սիրում են շոկոլադ կամ ելակ **որրպես նախընտրելի տարբերակ:** ______ աշակերտ

4. Ո՞ր համը ստացավ **ամենաքիչ** ձայները: ______________________________

5. Որքա՞ն է աշակերտների ընդհանուր թիվը, որոնք սիրում են խմորեղեն կամ շոկոլադ **որպես նախընտրելի տարբերակ:** ______ աշակերտ

6. Ո՞ր երկու համարն են հավանել **ընդամենը** 7 աշակերտներ:

______________________________ և ______________________________

7. Գրե՛ք գումարման նախադասություն, որը ցույց է տալիս, թե քանի աշակերտ են ձայն տվել իրենց սիրելի պաղպաղակին:

____

EUREKA MATH Դաս 10. Հավաքե՛ք, տեսակավորե՛ք և կազմակերպեք տվյալները, այնուհետև հարցրե՛ք և պատասխանե՛ք հարցերին տվյալների կետերի թվի վերաբերյալ 337

Copyright © Great Minds PBC

Աշակերտները քվեարկեցին, թե ինչ են սիրում ամենից շատ կարդալ: Կազմակերպե՛ք տվյալները՝ օգտվելով ընդհանուր նիշերից և պատասխանե՛ք հարցերին:

երգիծական գիրք	ամսագիր	գլուխներով գիրք	երգիծական գիրք	ամսագիր
գլուխներով գիրք	երգիծական գիրք	երգիծական գիրք	գլուխներով գիրք	գլուխներով գիրք
գլուխներով գիրք	գլուխներով գիրք	ամսագիր	ամսագիր	ամսագիր

Ո՞ր աշակերտներն են սիրում կադալ ամենաշատը	Աշակերտների թիվը
Երգիծական գիրք	
Ամսագիր	
Գլուխներով գիրք	

8. Քանի՞ աշակերտ են սիրում կարդալ գլուխներով գիրք ամենից շատը: ______ աշակերտ

9. Ո՞ր գիրքը ստացավ **ամենաքիչ** ձայները: ____________________

10. Քանի՞ աշակերտ ևս սիրում են կարդալ գլուխներով գիրք ավելի, քան ամսագրեր: ______ աշակերտ

11. Որքա՞ն է աշակերտների ընդհանուր թիվը, որոնք սիրում են կարդալ ամսագիր կամ գլուխներով գրքեր: ______ աշակերտ

12. Ո՞ր երկու տեսակը հավանեցին ընդհանուր թվով 9 աշակերտներ:

____________________ և ____________________

13. Գրե՛ք գումարման նախադասություն, որը ցույց է տալիս, քանի աշակերտ է ձայն տվել:

____

Հավաքե՛ք տեղեկություններ այն շենքի մասին, որտեղ ապրում եք: Օգտագործե՛ք թվային նշաններ կամ թվեր՝ կազմակերպելու տվյալները ստորև աղյուսակում:

Քանի **աղյուսե շենքեր/տներ** փողոցո՞ւմ են	Քանի **երկու հարկանի շենքեր/տներ** փողոցո՞ւմ են	Քանի **մեկ հարկանի շենքեր/տներ** փողոցո՞ւմ են	Քանի **խոտածածկ արահետներ** փողոցո՞ւմ են	Քանի **ավտոտնակով շենքեր/տներ** փողոցո՞ւմ են
||	||||	~~||||~~	~~||||~~ ||||	~~||||~~ |

- Լրացրեք հարցական նախադասության շրջանակները՝ Ձեր տվյալների մասին հարցեր տալու համար:
- Պատասխանեք Ձեր սեփական հարցերին:

Հեշտ է տեսնել, որ տների մեծ մասում կան խոտածածկ գազոններ, քանի որ այդքան համընկնում կա:

1. Քանի՞ *__խոտածածկույթ արահետներ__* կան: (Ընտրե՛ք կատեգորիան, որն ունի**ամենաշատը:**) __9__

2. Քանի՞ *__աղյուսիկ շենք__* կա: (Ընտրե՛ք կատեգորիան, որն ունի **ամենաքիչը:**) __2__

3. **Ընդամենը,** քանի՞ աղյուսե տներ և ավտոտնակով տներ կան: __8__

4. Գրե՛ք և պատասխանե՛ք երկու հարցի ևս՝ օգտագործելով Ձեր հավաքած տվյալները:

   ա. *__Կա՞ն ավելի շատ մեկ հարկանի կամ երկու հարկանի տներ: Կան ավելի շատ մեկ հարկանի տներ:__*

   բ. *__Միասին, քանի՞ մեկ հարկանի և երկու հարկանի տներ կան__* __9__

Դաս 11. Հավաքե՛ք, տեսակավորե՛ք և կազմակերպեք տվյալները, այնուհետև հարցրե՛ք և պատասխանե՛ք հարցերին տվյալների կետերի թվի երաբերյալ

Աշխատողները քվեարկեցին իրենց սիրելի նախուտեստի մասին գրասենյակի խոհանոցի համար: Յուրաքանչյուր աշխատող կարող էր մեկ ձայն տալ: Պատասխանե՛ք հարցերին՝ աղյուսակի տվյալների հիման վրա:

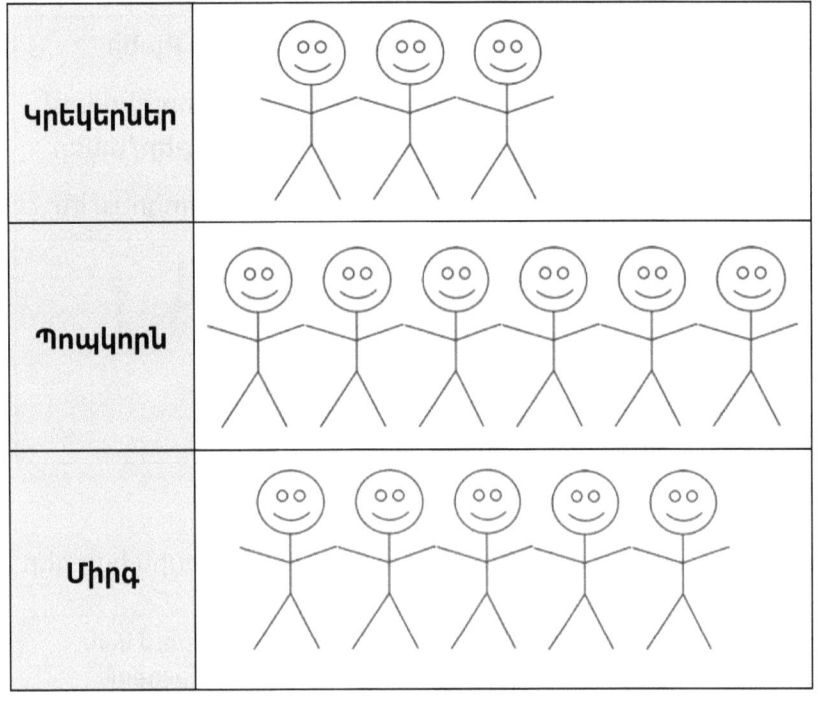

Կրեկերներ	
Պոպկորն	
Միրգ	

3 աշխատող ընտրեց կրեկեր, իսկ 5-ը՝ միրգ ընտրեց: 3 + 5 = 8, այնպես որ 8 աշխատող ընտրեցին մրգեր կամ կրեկեր:

5. Քանի՞ աշխատող է ընտրել պոպկորն: __**6**__ աշխատող

6. Քանի՞ աշխատող է ընտրել միրգ կամ կրեկեր:
   __**8**__ աշխատող

7. Այս տվյալների հիման վրա, կարո՞ղ եք ասել, թե քանի աշխատող կա գրասենյակում: Բացատրեք, թե ինչպես եք մտածում:

   Ես կարծում է, պետք է որ լինի 14 աշխատող գրասենյակում, որովհետև ես հաշվել եմ քվեարկած յուրաքանչյուր անձի: Կարող է ավելին լինել, որովհետև կարող է ինչ-որ մեկը բացակա է այդ օրը, կամ պարզապես չի քվեարկել:

Ես գիտեմ, որ 3 + 6 = 9, և հետո ևս 5-ը: 9 + 1 = 10, իսկ հետո ես ավելացնում եմ ևս 4, և ստանում եմ 14:

ՄԻԱՎՈՐՆԵՐԻ ՊԱՏՄՈՒԹՅՈՒՆ

Դաս 11 Տնային աշխատանք 1•3

Անուն _____ Ամսաթիվ _____

Հավաքե՛ք տեղեկություններ այն բաների մասին, որ դուք ունեք: Օգտագործե՛ք թվային նշաններ կամ թվեր՝ կազմակերպելու տվյալները ստորև աղյուսակում:

Քանի ընտանի կենդանի դու ունես:	Քանի՞ **ատամի խոզանակ** կա Ձեր տանը:	Քանի՞ **բարձ** կա Ձեր տանը:	Քանի **բանկա տոմատ** կա ձեր տանը:	Քանի **նկարի շրջանակ** կա Ձեր տանը:

- Լրացրեք հարցական նախադասության շրջանակները՝ Ձեր տվյալների մասին հարցեր տալու համար:
- Պատասխանեք Ձեր սեփական հարցերին:

1. Քանի՞սը _____ դուք ունեք: (Ընտրե՛ք այն բանը, որ դուք ունեք **ամենաշատը** :)

2. Քանի՞սը _____ դուք ունեք: (Ընտրե՛ք այն բանը, որ դուք ունեք **ամենաքիչը** :)

3. **Միասին**՝ քանի՞ նկարի շրջանակ և բարձ ունեք դուք:

4. Գրե՛ք և պատասխանե՛ք երկու հարցի ևս՝ օգտագործելով Ձեր հավաքած տվյալները:

   ա. _____?

   բ. _____?

Դաս 11. Հավաքե՛ք, տեսակավորե՛ք և կազմակերպեք տվյալները, այնուհետև հարցրե՛ք և պատասխանե՛ք հարցերին տվյալների կետերի թվի վերաբերյալ

341

Copyright © Great Minds PBC

Աշակերտները քվեարկեցին իրենց ամենասիրելի թանգարանի համար, որ այցելել են: Յուրաքանչյուր աշակերտ կարող էր քվեարկել միայն մեկ անգամ: Պատասխանե՛ք հարցերին՝ աղյուսակի տվյալների հիման վրա:

Գիության թանգարան	
Արվեստի թանգարան	
Պատմության թանգարան	

5. Քանի՞ աշակերտ ընտրեցին արվեստի թանգարանը: __________ աշակերտ

6. Քանի՞ աշակերտ ընտրեցին արվեստի թանգարանը կամ գիության թանգարանը: _________ աշակերտ

7. Այս տվյալների հիման վրա, կարո՞ղ եք ասել, թե քանի աշակերտ կա դասարանում: Բացատրեք, թե ինչպես եք մտածում:

Դասարանում կա 20 աշակերտ: 10 աշակերտ հեծանիվով են գալիս դպրոց, 7-ը՝ ավտոբուսով և 3-ը գալիս են մեքենայով: Օգտագործե՛ք քառակուսիներ՝ առանց բացթողումների կամ համընկնումներ՝ կազմակերպելու համար տվյալները: Ձեր քառակուսիները շարեք զգուշորեն:

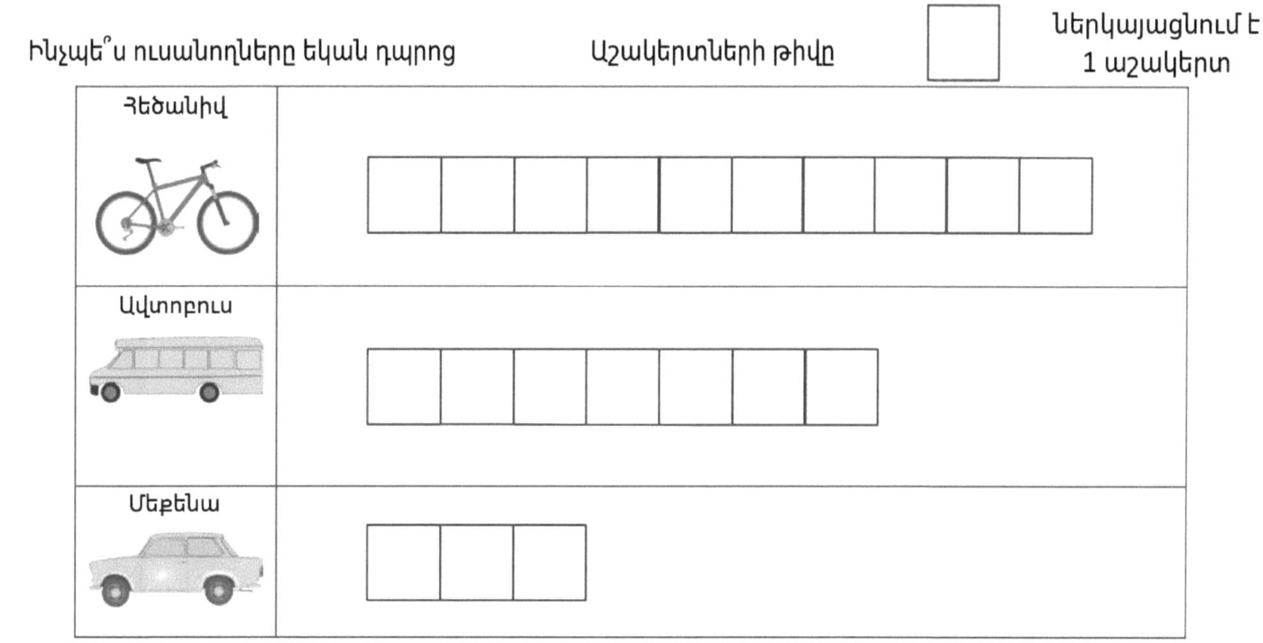

Ինչպե՞ս ուսանողները եկան դպրոց
Աշակերտների թիվը
ներկայացնում է 1 աշակերտ
Հեծանիվ
Ավտոբուս
Մեքենա

Ես քառակուսիներս խնամքով գծի վրա եմ շարում՝ առանց բացերի և առանց փոխծածկումների: Ես սկսեցի նույն վերջնակետերից:

Կարող եմ նայել այն աշակերտների թվին, որոնք հեծանիվ են վարել և այն աշակերտների թվին, ովքեր ավտոբուս են վարել: Կարող եմ հաշվել, թե ևս քանի ուսանող հեծանիվ վարեց:

1. Քանի՞ աշակերտ ավելի է հեծանիվ վարել, քան ավտոբուս: <u>3</u> աշակերտ

2. Գրեք թվային արտահայտություն՝ ասելու, թե քանի աշակերտի են հարցրել, թե ինչպես են նրանք գալիս դպրոց:

   $10 + 7 + 3 = 20$

Ես գումարում եմ հեծանվորդների, ավտոբուսներ և մեքենաներ վարողների քանակները:

3. Գրե՛ք թվային նախադասություն՝ ցույց տալու համար, թե քանի՞ աշակերտ քիչ է մեքենա վարել, քան ավտոբուս:

   $7 - 3 = 4$

Անուն ______________________________ Ամսաթիվ ____________

Դասարանում կա 18 աշակերտ: Ուրբաթ օրը 9 աշակերտ կրում էին սպորտային կոշիկներ, 6 աշակերտ՝ սանդալներ և 3 աշակերտ՝ ճտքավոր կոշիկներ: Օգտագործե՛ք քառակուսիներ՝ առանց բացթողումների կամ համընկնումներ՝ կազմակերպելու համար տվյալները: Ձեր **քառակուսիները** շարեք զգուշորեն:

□ = 1 աշակերտ

Կոշիկներ

Ուրբաթ օրը հագած կոշիկներ	Աշակերտների թիվը

1. Քանիսո՞վ ավելի աշակերտ էր կրում սպորտային կոշիկ, քան սանդալ: __________ աշակերտ

2. Գրեք թվային նախադասություն՝ պատմելու համար, թե քանի աշակերտին էին հարցրել իրենց կոշիկների մասին ուրբաթ օրը:

____

3. Գրե՛ք թվային նախադասություն՝ ցույց տալու համար, թե որքանո՞վ քիչ թվով աշակերտներ են կրում ճտքավոր կոշիկներ, քան սպորտային կոշիկներ:

____

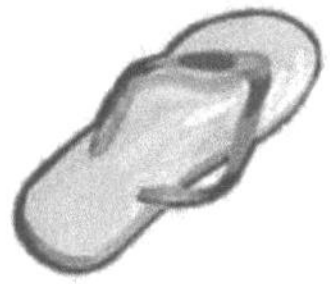

Մեր դպրոցի պարտեզը աճում է երկու ամիս: Ստորև աղյուսակը ցույց է տալիս այն բանջարեղենների թիվը, որոնց բերքահավաքը կատարվել է մինչև հիմա:

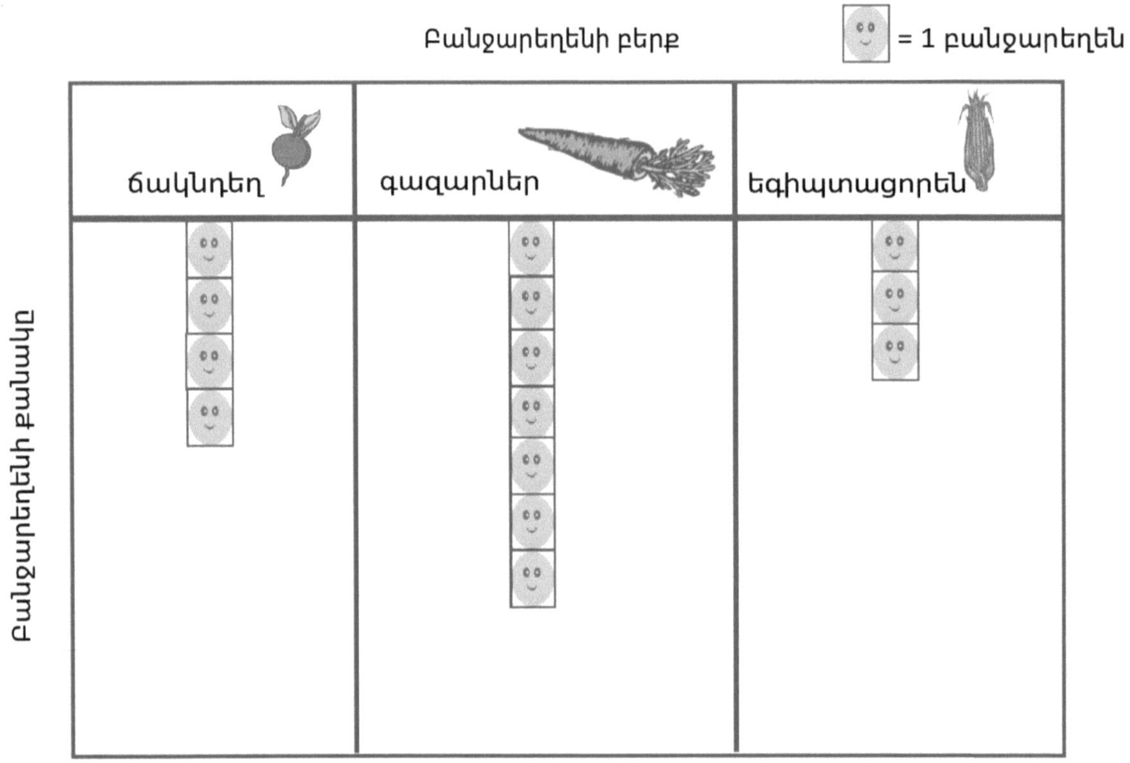

Բանջարեղենի բերք
= 1 բանջարեղեն
ճակնդեղ
գազարներ
եգիպտացորեն
Բանջարեղենի քանակը

4. Ընդհանուր քանի՞ բանջարեղեն է բերքահավաք կատարվել:

______ բանջարեղեն

5. Ո՞ր բանջարեղենն է ամենաշատը հավաքվել:

____

6. Որքանո՞վ ավելի ճակնդեղ է հավաքվել, քան եգիպտացորեն:

________ ավելի ճակնդեղ, քան եգիպտացորեն

7. Որքանո՞վ ավելի ճակնդեղ պետք է հավաքվի, որպեսզի ստացվի գազարին հավասար թիվ:

____

Օգտագործե՛ք աղյուսակը հարցերին պատասխանելու համար։ Լրացրեք բաց թողնված թվերը և գրե՛ք թվային նախադասություն։

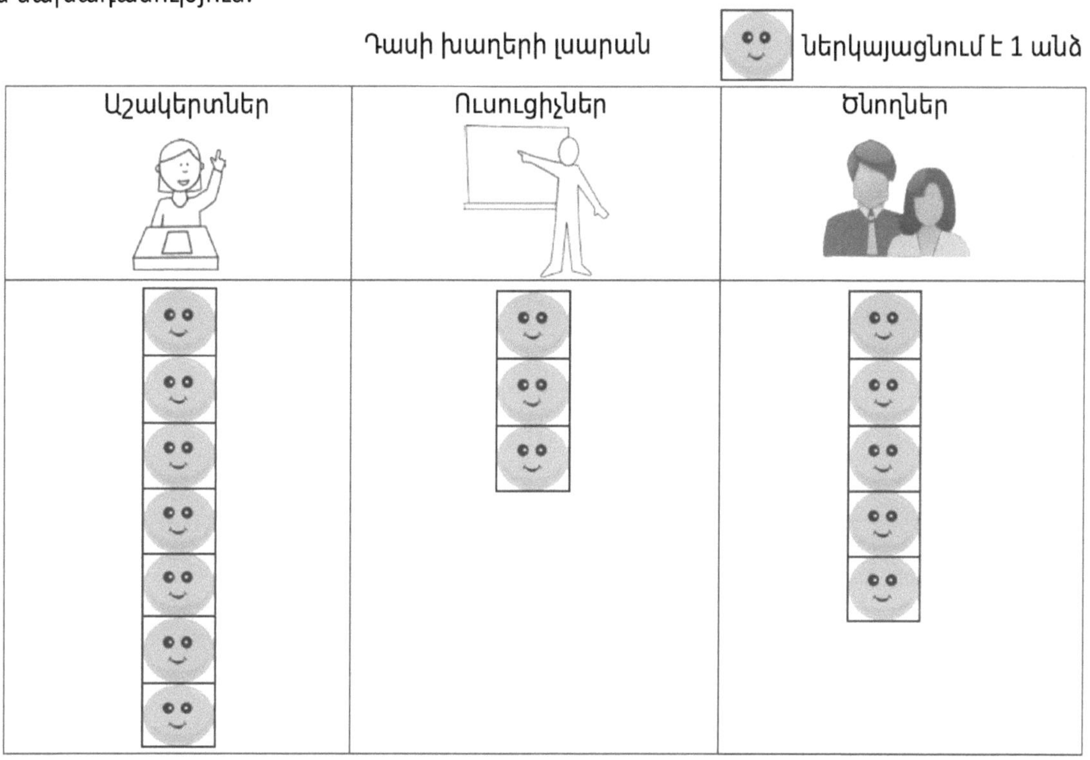

Դասի խաղերի լսարան ներկայացնում է 1 անձ

Աշակերտներ	Ուսուցիչներ	Ծնողներ

1. Որքանո՞վ ավելի շատ աշակերտ կա խաղահրապարակում, քան ուսուցիչներ։ **7 – 3 = 4**

   Կա **4** ավելի աշակերտ, քան ուսուցիչ։

   Ես տեսնում եմ, թե որն է ավելի շատ, և որն ավելի քիչ է՝ նայելով քառակուսիներին։ Ես կարող եմ հանել՝ գտնելու, թե քանիսով շատ կամ քիչ։

2. Որքանո՞վ ավելի քիչ ծնողներ կա խաղահրապարակում, քան աշակերտներ։ **7 – 5 = 2**

   Կա **2** ավելի քիչ ծնող։

3. Եթե ևս 2 ուսուցիչ գան խաղահրապարակ, քանի՞ մարդ կլինի։ **5 + 5 + 7 = 17**

   Կլինի **17** մարդ։

   3 ուսուցիչներին կարող եմ ավելացնել ևս 2 ուսուցիչ։ Սա հավասար է 5 ուսուցիչների։ Գիտեմ, որ 5 ուսուցիչ և 5 ծնող հավասար են 10 հոգու։ Այնուհետև ես կարող եմ գումարել 7 աշակերտներին։ 10 + 7 = 17

ՄԻԱՎՈՐՆԵՐԻ ՊԱՏՄՈՒԹՅՈՒՆ   Դաս 13 Տնային աշխատանք   1•3

Անուն _____   Ամսաթիվ _____

Օգտագործե՛ք աղյուսակը հարցերին պատասխանելու համար։ Լրացրեք բաց թողնվածները և գրե՛ք թվային նախադասություն։

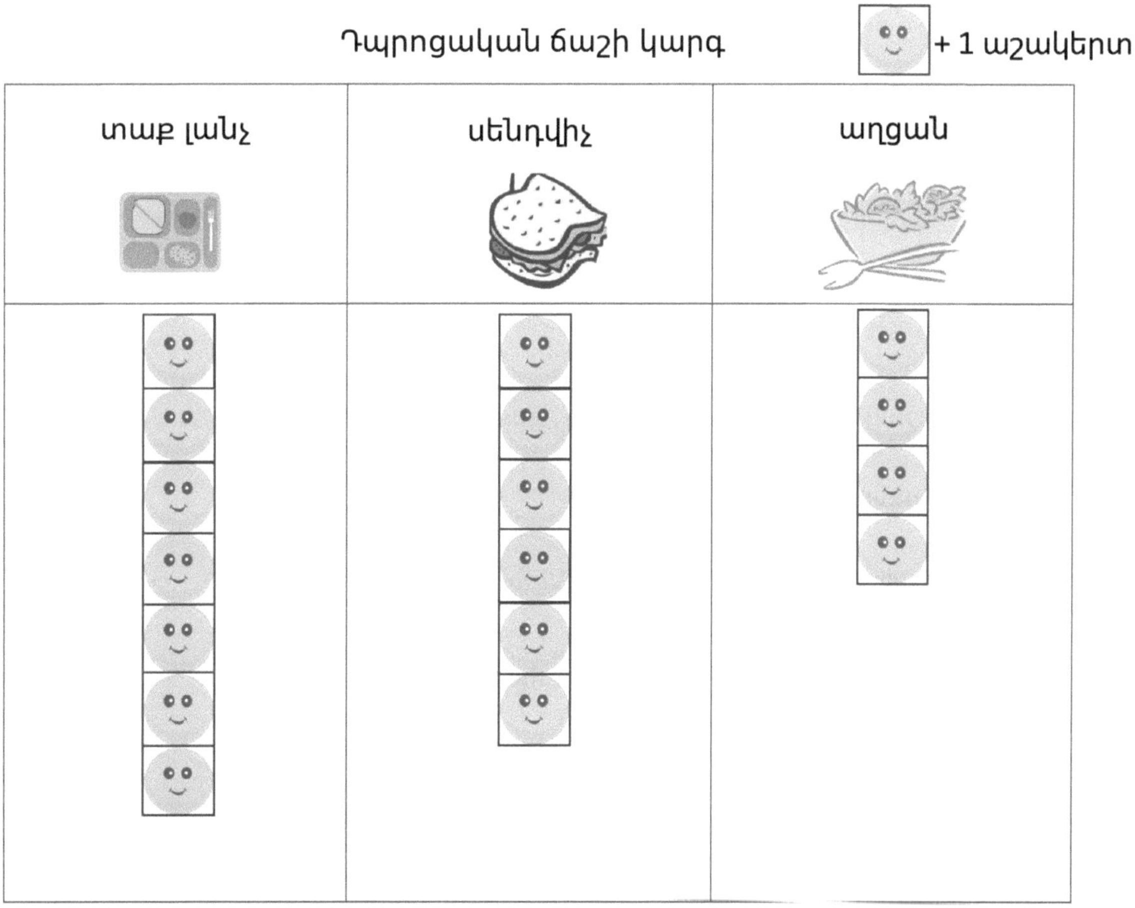

Դպրոցական ճաշի կարգ   😊 + 1 աշակերտ

տաք լանչ	սենդվիչ	աղցան
😊😊😊😊😊😊😊	😊😊😊😊😊😊	😊😊😊😊

1. Քանիսո՞վ ավելի տաք լանչի պատվերների կային, քան սենդվիչի պատվերներ։

   Կար _____ ավելի տաք լանչի պատվեր։ _____

2. Քանիսո՞վ ավելի քիչ աղցանի պատվերների կային, քան տաք լանչի պատվերներ։

   Կար _____ ավելի քիչ աղցանի պատվեր։ _____

3. Եթե 5 աշակերտ ավելի պատվիրեր տաք լանչ, քանի՞ տաք լանչի պատվեր կլիներ։

   Կլիներ _____ տաք լանչի պատվեր։ _____

Դաս 13.   Հարցրե՛ք և պատասխանե՛ք տարբեր բառային խնդիրների տվյալների համալիրի վերաբերյալ, որոնք կազմակերպված են երեք կատեգորիաներով

349

ՄԻԱՎՈՐՆԵՐԻ ՊԱՏՄՈՒԹՅՈՒՆ | Դաս 13 Տնային աշխատանք 1•3

Օգտագործե՛ք աղյուսակը՝ հարցերին պատասխանելու համար: Լրացրեք բաց թողնված թվերը և գրե՛ք թվային նախադասություն:

Սիրելի գիրքը

𝍿𝍿 = 5 աշակերտ

հեքիաթներ	 𝍿𝍿 𝍿𝍿 |	
գիտական գրքեր	 𝍿𝍿 |||	
պոեզիայի գրքեր	 𝍿𝍿 𝍿𝍿 𝍿𝍿	

4. Քանիսո՞վ ավելի աշակերտ է սիրում հեքիաթ, քան գիտական գրքեր:

   _____ ավելի աշակերտ սիրում են հեքիաթ: _____

5. Քանիսո՞վ պակաս աշակերտ է սիրում գիտական գրքեր, քան պոեզիա:

   _____ ավելի քիչ աշակերտ սիրում են գիտական գրքեր: _____

6. Քանի՞ աշակերտ վերցրեց հեքիաթ կամ գիտական գիրք՝ ընդհանուրը:

   _____ աշակերտ վերցրել են հեքիաթ կամ գիտական գրքեր: _____

7. Քանիսո՞վ ավելի աշակերտ պետք է վերցնի գիտական գրքեր՝ հեքիաթներին հավասար թվով գրքեր ունենալու համար:

   _____ ավելի աշակերտ պետք է վերցնեն գիտական գրքեր:. _____

8. Եթե 5-ով ավելի աշակերտ ուշացան և բոլորը վերցրեցին հեքիաթ, ապա դա ամենատարածված գիրքը կլինի՞: Օգտագործե՛ք թվային նախադասություն՝ Ձեր պատասխանը ցույց տալու համար:

   _____

Հավաստագիր

Great Minds®-ը գործադրել բոլոր ջանքերը՝ հեղինակային իրավունքով պաշտպանված բոլոր նյութերի վերատպման թույլտվությունը ստանալու համար: Եթե հեղինակային իրավունքով պաշտպանված սույն նյութում որևէ սեփականատեր նշված չի, խնդրում ենք ճանաչման համար կապ հաստատել «Great Minds»-ի հետ՝ այս մոդուլի հետագա բոլոր հրատարակված և վերատպված տարբերակներում:

9 781649 291615

Printed by Libri Plureos GmbH in Hamburg, Germany